KB055506

우주탐사
매뉴얼

Physical
Understanding
of
Space
Exploration

우주탐사
매뉴얼

로켓의 경제학부터 궤도의 물리학까지
지구에서도 쓸모 있는 우주과학의 이론과 실제

김성수 지음

Physical
Understanding
of
Space
Exploration

위즈덤하우스

태양계 내의 행성 간 공간이라는 새로운 바다에서
다시, 대항해시대가 시작되고 있다.

Physical
Understanding
of
Space
Exploration

이 책은 독자의 '우주탐사 전반에 대한 물리학적 이해'를 높이는 데 도움을 드리는 것이 목표입니다. 로켓, 우주선, 로버 등의 제작이나 우주기지 건설 등은 매우 수준 높은 기술을 기반으로 하는 공학적인 문제이나, 여기서 제공하고자 하는 것은 우주탐사의 주요 이슈들에 대한 과학적 통찰력과 식견입니다. 예를 들어 '왜 비행기를 타고 올라가 공중에서 로켓을 발사하는 것이 기대보다 덜 효율적인가?', '왜 35,800 km 고도의 정지궤도에 이르는 비용과 그보다 10배 이상 먼 달 공전 반경에 이르는 비용이 비슷한가?', '왜 레이저와 같은 빛을 쏘아서 추력을 얻는 것은 매우 비효율적인가?' 등과 같은 근본적인 질문에 물리학을 이용하여 답하는 것이 이 책의 목적이라고 할 수 있습니다.

《우주탐사 매뉴얼》은 독자가 대학 1학년 수준의 기초적인 물리학을 이해하고 있다고 가정하고 쓰였습니다. 고등학교 수준의 물리학 정도를 알고 있더라도 약간의 추가적인 물리학 공부만 한다면 충분히 이해할 수 있을 것입니다.

천체물리학자인 저는 학자로서 처음 10년가량은 별과 성단의 역학(dynamics)과 유체역학(hydrodynamics)을, 그다음 10년가량은 은하 내 성간물질의 유체역학적 진화와 성단 형성 과정을 연구했고 그다음 10년가량은 달 천문학을 연구하고 있습니다. 현재 재직하고 있는 경희대학교에서 주로 강의해온 과목도 천체물리학과 태양계/우주 탐사이니만큼, 제 연구 및 교육의 핵심 키워드는 '천체물리학'과 '우주탐사'입니다.

이 책의 탄생은 이러한 제 학문적, 교육적 배경에 기인합니다. 이 책은 결국 '천체물리학자가 이해하는 우주탐사학'이기 때문입니다. 저는 로켓이나 위성 및 우주선 등의 세부적인 기술적, 공학적 문제에 대해서는 전문성이 없습니다. 예를 들어 로켓의 연소를 안정되게 만들기 위해 필요한 기술적 사항들이나 우주 엘리베이터의 화물칸이 케이블을 잡고 올라갈 때 필요한 구체적인 메커니즘에 대해서는 알지 못합니다. 하지만 로켓 배기가스의 속도, 연소율, 추력 사이의 이론적 상관관계, 우주 엘리베이터가 상승하고 하강할 때 전달되는 각운동량의 크기 등에 관해서는 물리학적으로 해석하고 설명할 수 있습니다. 따라서 이 책은 저처럼 우주탐사의 여러 이슈를 과학적으로 이해하고 풀어보고자 하는 분들을 위해 그에 필요한 기초 물리학을 정리한 것이라 보면 되겠습니다.

천체물리학자로서 저의 주 연구 분야가 천체역학과 유체역학이었던 점은 이 책에서 다루는 내용의 상당 부분인 로켓의 운동, 대기와 배기가스의 유체역학, 궤도 역학, 행성 간 항행 등을 공부하고 정리하는 데 든든한 밑바탕이 되었습니다. 또한 각종 천체들에 관련되는 다양한 물리학을 고루 다뤄야 하는 천체물리학의 특성이 7장의 마지막 부분에서 이야기한 여러 종류의 추진 방식에 대해 논하는 데에도 도움이 되었습니다.

제게 완전히 새로운 분야였던, 그리고 국내에서는 아무도 연구하고 있지 않던 달 천문학을 제가 10여 년 전에 시작한 계기는 다소 유치한 사명감 때문이었습니다. 지질학과 지구물리학에 달 과학의 주도권을 내어준 미국 태양계 천문학계의 경우가, 첫 달 탐사선 프로젝트를 막 시작한 한국에서 재현되지 않게 하려는 천문학자로서의 욕심이었습니다. 시간이 지나 제 연구실을 통해 다수의 달 천문학자를 배출하고 나니 이제는 우주탐사 영역에서 활약할 우리나라 미래 세대에게 조금이나마 기여해야겠다는 새로운 사명감이 생겼습니다. 이 책은 이 두 번째 사명감의 결실 중 하나입니다. 모쪼록 우리나라의 차세대 우주탐사 주인공들에게 이 책이 'an eye-opening experience'가 되기를 바라는 마음입니다.

2023년 7월

김성수

이 책은 대중적인 과학 서적이기도 하지만 동시에 교과서로 쓰일 수 있습니다. 즉, 우주 탐사의 다양한 사안에 대해 쉽게 전달하면서도 각각에 관련되는 물리학적 배경과 근거들을 어느 정도 충실하게 설명하려고 노력했습니다. 따라서 《우주탐사 매뉴얼》은 대학에서 전공과목의 참고 도서나 교양과목의 교재로 쓰일 수 있겠으며, 또한 과학에 심취한 고등학생들을 위한 우주탐사 입문서나 전문 교과 및 진로 선택과목의 교재로도 사용될 수 있겠습니다.

물리학에 대한 이해가 다소 약한 독자들은 긴 수식을 반복적으로 만나는 경우 집중하기가 어려울 수도 있습니다. 그럴 때 본문 양쪽의 여백에 있는 요점들을 따라가면 논의의 전개를 파악하는 데 도움이 되리라 생각됩니다. 1장을 제외한 각 장의 마지막에도 요점이 나열되어 있습니다. 또한 일부 수식에는 수식 제목이나 수식에 대한 간단한 설명이 붙어 있습니다. 이는 특히 중요한 수식임을 염두에 두고 읽으면 도움이 될 것입니다.

2장은 비행기가 나는 원리와 비행기가 왜 일정 고도 이상 올라갈 수 없는지에 관한 내용인데, 이는 뒤에 나오는 로켓, 우주 엘리베이터, 지구궤도 등을 공부하기 위해 꼭 필요한 사항은 아니니 1장에서 3장으로 뛰어넘어 읽어도 됩니다.

차례

책머리에   007
이 책의 사용 설명서   009
변수 및 상수 목록   013

PART 01

뉴 스페이스 시대의 시작
····》 017

1.1	냉전 시대의 우주탐사	019
1.2	1990년대 이후의 우주탐사	022
1.3	민간 우주탐사 기업들의 등장	024
1.4	뉴 스페이스 시대	027
1.5	21세기의 대항해, 우주탐사	034

PART 02

비행기로 올라가기
····》 037

2.1	날개 단면의 모양	039
2.2	양력과 항력	043
2.3	중력과 추력	045
2.4	양력의 크기	046
2.5	항력의 크기	048
2.6	제트엔진의 원리	052
2.7	비행기의 한계 고도	055
	요약	059

PART 03

로켓으로 올라가기
····》 061

3.1	로켓의 원리	063
3.2	비추력	066
3.3	로켓 방정식	071
3.4	노즐의 원리	073
3.5	노즐의 크기	078
3.6	추진제와 연소	081
3.7	추진제의 종류	092
3.8	다단 로켓의 필요성	101
3.9	로켓의 추력	107
3.10	공중 로켓 발사	112
	요약	117

PART 04

우주 엘리베이터로 올라가기
····》 119

4.1	우주 엘리베이터의 기본 개념	123
4.2	케이블의 무게중심	126
4.3	우주 엘리베이터에서 벗어난 물체의 운동	130
4.4	케이블의 장력과 단면적	132

4.5	케이블 소재	137
4.6	케이블의 질량과 평형추	141
4.7	승객과 화물의 수송	145
4.8	각운동량의 전달	150
4.9	우주 엘리베이터의 안전성	158
4.10	화성과 달에서의 우주 엘리베이터	160
	요약	165

PART 05
지구궤도에 진입하기
····» 167

5.1	준궤도 vs. 궤도	169
5.2	준궤도운동에 필요한 Δv	173
5.3	궤도로의 진입 과정	178
5.4	궤도운동에 필요한 Δv	193
5.5	지구궤도의 종류	198
	요약	218

PART 06
궤도 바꾸기
····» 221

6.1	제한된 2체 문제	223
6.2	호만 전이	227
6.3	이중타원 호만 전이	235
6.4	궤도면 전이	239
	요약	248

PART 07
다른 천체로 가기
····» 249

7.1	행성의 영향권	251
7.2	라그랑주 점	255
7.3	달 궤도로의 전이	261
7.4	다른 행성으로의 전이	279
7.5	지구 근접 천체로의 전이	288
7.6	인공중력	293
7.7	화학 추진 외의 추진 방식	303
	요약	315

부록	제2의 대항해, 우주탐사	317
	참고 문헌	338

일러두기

- '수렴–발산(convergent–divergent)'과 같은 전문용어나 '정돈된(ordered)'과 같이 우리말로 전달하기에 모호한 표현들 뒤에는 영어를 덧붙였다.

- 일상에서 '무게'로 쓰는 물리량이 사실은 '질량'인 경우가 많은데, 이 책에서는 '무게'와 '질량'을 물리학에서의 정의에 맞게 구분하여 쓰려고 노력했다.

- 변수들 중 벡터는 $\boldsymbol{r}$이나 $\boldsymbol{v}$와 같이 두꺼운 서체로 표기했으며, 'P'의 경우 대문자인 P는 압력을, 소문자인 p는 운동량을 나타낸다.

- 그림 출처에서 'CC'는 크리에이티브 커먼즈(Creative Commons) 라이선스를, 'BY'는 재배포 시 출처(작성자)를 밝혀야 함을, 'SA'는 개작(수정) 후 재배포 시 같은 조건으로 재배포되어야 함을 뜻한다.

- 이 책에서 저자가 그린 그림은 ap2.khu.ac.kr에서 찾을 수 있다. 명시된 CC 라이선스를 따르는 한 얼마든지 직접 사용하거나 재배포할 수 있다. 이 홈페이지에는 책에 포함되지 않은 자료들도 업로드될 예정이며, 이 책의 오타나 오류 등에 대해서도 정리하여 제공하고자 한다.

A	통로의 단면적(3장), 케이블의 단면적(4장), 로켓 표면의 단면적(5장), 북쪽으로부터 지평면을 따라 북쪽으로부터 시계 방향으로 잰 각(방위각, 5장)
A'	지평면을 따라 (북쪽이 아닌) 동쪽으로부터 반시계 방향으로 잰 각(변형된 방위각)
A_E	지구 반경에서의 케이블 단면적
A_{exit}	노즐 출구의 단면적
A_{top}	케이블 위쪽 끝에서의 케이블 단면적
A_{weight}	평형추 위치에서의 케이블 단면적
$dA_\perp$	로켓 표면에서 자신에게 충돌하는 대기 흐름의 방향으로 바라보았을 때의 단위면적
a	가속도, 궤도 장반경
a_p	행성의 궤도 장반경
$a_\perp$	우주 엘리베이터 화물칸의 수평 방향 속도
b	충돌 파라미터
c	빛의 속도
C_L	양력 계수
E	편심 이각
$EL_{1\sim5}$	태양–지구 시스템에서의 라그랑주 점들
e	전자의 전하량(3장), 궤도 이심률(5장)
d	우주 엘리베이터의 이동 거리(4장), 어떤 기준점(예를 들어 로켓의 최하단)으로부터 로켓의 주축을 따라 잰 거리(5장)
d_{cg}	로켓 무게중심의 위치 또는 어떤 기준점으로부터 그곳까지의 거리
d_{cp}	로켓 압력중심의 위치 또는 어떤 기준점으로부터 그곳까지의 거리
F	힘
F_{car}	우주 엘리베이터 화물칸에 미치는 힘
F_D	항력
$F_{D,i}$	유도(induced) 항력
$F_{D,p}$	유해(parasitic) 항력
F_g	중력
F_L	양력
F_{thrust}	추력
$f_\parallel$	대기 흐름이 가지고 있는 동압 중 대기 흐름 방향으로 전달되는 비율
$f_\perp$	대기 흐름이 가지고 있는 동압 중 대기 흐름의 직각 방향으로 전달되는 비율
G	중력 상수
g	중력가속도

$g_{s\odot}$	태양이 우주선에 미치는 중력가속도
g_0	해수면 고도에서의 중력가속도
H	엔탈피
h	비 엔탈피(3장), 비 각운동량(6장), 플랑크상수(7장)
I	충격량
I_{sp}	비추력, 비 충격량
i	궤도 경사각
i'	(동쪽이 아닌) 북쪽으로부터 잰 경사각(변형된 경사각)
i_s	단순 경사각(순행과 역행을 구분하지 않고 궤도면이 적도로부터 기울어진 각만을 고려하는 경사각)
k_e	쿨롱 상수
L	파단 길이(breaking length)
$L_{1\sim5}$	라그랑주 점들
$LL_{1\sim5}$	지구—달 시스템에서의 라그랑주 점들
M	마하(Mach) 수
M_E	지구 질량
M_T	2체 문제에서 두 물체 질량의 합
M_{Mars}	화성 질량
M_p	행성 질량
M_s	우주선 질량
$M_\odot$	태양 질량
m	질량
m_{car}	우주 엘리베이터 화물칸의 질량
$m_{car,i}$	우주 엘리베이터 화물칸 질량의 초깃값
m_{load}	로켓 내 화물의 질량
m_{prop}	로켓 내 추진제의 질량
m_{roc}	로켓의 질량
$m_{roc,i}$	로켓의 질량의 초깃값
$m_{roc,f}$	로켓의 질량의 말깃값
m_{str}	로켓 구조물(추진제와 화물을 제외한 모든 부분)의 질량
m_{weight}	우주 엘리베이터 평형추의 질량
$\dot{m}_{air}$	대기 유입율
$\dot{m}_{cable}$	우주 엘리베이터 케이블의 질량
$\dot{m}_{fuel}$	연료 소모율(≥0으로 정의)
$\dot{m}_{prop}$	추진제 소모율(≥0으로 정의)
n	원자 내 전자껍질의 번호, 주 양자수
P	압력(3, 5장), 궤도주기(6장)

P_{atm}	대기압
P_{exit}	노즐 출구에서의 배기가스 압력
P_{syn}	회합주기
p	운동량
p_{sp}	행성이 우주선에 미치는 중력가속도(섭동)
q	전하량(3장), 최대 동압점(5장)
r	두 지점(입자) 사이의 거리, 원점(지구 중심)으로부터의 거리
r_{AEO}	AEO(화성 정지궤도) 반경
r_E	지구 반경
r_{GEO}	GEO(지구정지궤도) 반경
r_{peri}	근점 반경
$r_{p\odot}$	태양으로부터 행성으로 향하는 위치벡터
$r_{release}$	우주 엘리베이터에서 물체가 밖으로 놓인 반경
r_s	우주선의 회전 반경
r_{SEO}	SEO(달 정지궤도) 반경
r_{SOI}	SOI(영향권) 반경
r_{sp}	행성으로부터 우주선으로 향하는 위치벡터
$r_{s\odot}$	태양으로부터 우주선으로 향하는 위치벡터
r_{top}	케이블 위쪽 끝의 반경
r_{weight}	평형추의 반경
$r_{\odot}$	태양 반경
S	날개의 단면적(2장)
s	비 엔트로피
T	온도, 장력
t	시간
t_{burn}	연소 시간
U	내부 에너지
U_e	전기 퍼텐셜
U_{eff}	유효 퍼텐셜
u	비 내부 에너지
$\mathbf{u}_n$	로켓 진행 방향에 직각이면서 천정에 가장 가까운 단위벡터
$\mathbf{u}_t$	로켓 진행 방향에 평행한 단위벡터
V	부피
v	속도
v_c	원궤도 속도
v_{car}	우주 엘리베이터 화물칸의 상승 속도

v_{eff}	유효분사속도
$v_{exhaust}$	배기가스의 속도
v_{exit}	노즐 출구에서의 배기가스 속도
v_{final}	전이 후 속도(6장)
v_{init}	전이 전 속도(6장)
v_{plane}	비행기의 속도
v_r	태양으로부터의 위치벡터와 나란한 속도 성분
v_{roc}	로켓의 속도
v_{sound}	음속
v_t	공전 궤도면 내에서 태양으로부터의 위치벡터에 접선이며 순방향인 속도 성분
$\Delta v_{combined}$	복합 전이에 필요한 속도 증분
$\Delta v_{Hohmann}$	호만 전이에 필요한 속도 증분
Δv_{plane}	궤도면 전이에 필요한 속도 증분
$v_\perp$	우주 엘리베이터 화물칸의 수평 방향 속도
W	일($\dot{W}$은 일률)
Z_{eff}	유효 양성자 수
α	로켓의 진행 방향으로부터 추력 방향까지의 각을 국부 지평면에서 먼 방향으로 잰 각(피치)
γ	로켓의 국부 지평면과 진행 방향 사이의 각
ε	비 총에너지
θ	진근점 이각(6장)
λ	(발사장의) 위도
λ'	(적도가 아닌) 북쪽으로부터 잰 위도(변형된 위도)
μ	환산 질량
ν	빛의 진동수
ρ	밀도
σ	인장응력
φ	로켓 표면의 법선 방향과 그곳에 충돌하는 대기 흐름 방향 사이의 각
χ_r	회전축으로부터의 거리와 우주선 회전 반경의 비
χ_v	회전하는 우주선 바닥에서 위로 던져진 물체의 속도와 회전에 의한 바닥의 선형 속도의 비
ω	각속도
ω_E	지구 자전 각속도
ω_{Mars}	화성 자전 각속도
ω_p	세차운동의 각속도(5장), 행성의 공전 각속도(7장)
ω_s	우주선의 회전 각속도

PART 01

뉴 스페이스 시대의 시작

우주탐사는 20세기 중반 자유주의 진영과 공산주의 진영(또는 자본주의 진영과 사회주의 진영) 사이의 체제 경쟁에서 시작된 후 21세기 중반으로 접어들고 있는 현재, '뉴 스페이스'라고 불리는 새로운 국면으로 진입하고 있다. 이 장에서는 1950년대 후반부터 본격적으로 시작된 우주탐사의 역사를 되돌아보고 가까운 미래에 펼쳐질 탐사의 방식을 예측해본다.

1957년 10월 소련[1]은 인류 최초로 스푸트니크(Sputnik) 1호라는 이름의 인공위성을 지구궤도에 올리는 데 성공했다. 미국도 다음 해인 1958년에 인공위성을 궤도에 올릴 계획을 수년 전부터 가지고 있었지만, 자신들보다 누군가 먼저 인공위성 발사에 성공할 것이라고는 예측하지 못했고 미국은 큰 충격을 받았다. 그것도 제2차 세계 대전이 종식된 후부터 시작되었던 두 진영 사이의 팽팽한 긴장 속에서 상대 진영의 수장인 소련이 이를 먼저 해냈으니 말이다.

그 후 얼마 지나지 않아 두 나라는 경쟁의 영역을 달, 금성 및 화성까지 확대했다. 달 탐사에 대한 첫 시도는 1958년 8월, 미국이 먼저 시작했으나 달 주변에 처음으로 이르는 데 성공한 것은 1959년 1월에 발사된 소련의 Luna-1[2]이었다. 금성에 대한 첫 탐사 시도는 1961년 2월에 발사된 소련의 Venera-1[3]에 의해 이루어졌으며, 화성에 대한 첫 탐사 시도는 1962년 11월에 발사된

---

1 '소비에트 사회주의 공화국 연방'의 준말로, 1922년에 결성되어 1991년 해체되었다. 해체 후 러시아연방과 주변의 독립국들로 나누어졌다.

2 원래는 달 충돌이 목표였으나 충돌에는 실패하고 달을 ~6,000 km 거리에서 통과했다. 인류 최초로 지구 중력장을 벗어난 우주선이었다.

3 금성 접근에는 성공했으나 접근 전에 통신이 두절되어 탐사 자료 획득에는 실패했다.

소련의 Mars 2MV-3[4]에 의한 것이었다.

스푸트니크 1호의 성공 이후 달에 대한 첫 탐사 시도는 불과 10개월 만에, 금성은 3년 4개월 만에, 화성은 5년 1개월 만에 이루어진 것이다. 천체 하나의 탐사 준비에도 막대한 인력과 예산이 들었을 텐데 세 천체에 대한 새로운 탐사 시도가 몇 년 안에 연속적으로 가동된 것을 보면 당시 두 나라 간의 경쟁이 얼마나 심각했는지 미루어 짐작할 수 있다.

달 탐사 경쟁 초반에 소련은 한동안 미국을 앞질렀는데, 달 근접 통과(1959년), 달 표면 충돌(1959년), 달 뒷면 촬영(1959년), 지구궤도에서의 유인 우주 비행(1961년), 달 표면 연착륙(1966년) 등을 먼저 해냈던 것이다.

미국이 달 탐사 경쟁에서 처음으로 소련보다 먼저 해낸 것은 유인 우주선의 달 궤도 선회(1968년)와 유인 달 표면 착륙(1969년)이다. 이는 로켓 과학의 아버지라 불리는 폰 브라운(Wernher von Braun) 박사와 그의 동료들이 개발한 강력한 로켓, Saturn V 덕분이었다. 무인 우주선과 달리 유인 우주선은 공간적으로 더 커야 하며 각종 생명 유지 장치들이 추가로 필요하고 고장 난 장비를 대체하는 장비 중복성(redundancy)의 수준이 더 높아야 해서 훨씬 더 큰 수송 능력을 가진 로켓을 필요로 한다. 미국은 Saturn V을 이용해 유인 우주선을 달 표면까지 보냈다가 지구로 다시 돌아오게 하는 것이 가능했던 반면, 소련은 Saturn V의 능력에 버금가는 로켓 개발에 끝내 성공하지 못한 채[5] 결국 단 한 명의 우주

---

4 지구 저궤도를 벗어나는 데 실패했다.
5 1960년대 소련은 N1 로켓의 개발을 통해 유인 달 탐사를 수행하려 했으나 끝까지 성공하지 못하고 결국 1974년 N1의 개발이 중단되었다. 개발에 성공했다 하더라도 수송 능력은 Saturn V에 비해 한 단계 아래였는데, Saturn V은 43.5톤의 '달 전이 궤도 투입(trans-lunar injection, 7.3절)' 최대 질량을 가졌던 데 비해 N1은 23.5톤에 그쳤다.

인도 지구궤도 밖으로 보내지 못하고 경쟁의 끝을 보게 되었다.

1969년에서 1972년까지 총 여섯 차례의 유인 월면 탐사를 수행한 후 NASA는 새로운 도전에 나섰는데, 우주왕복선 프로그램과 외부 태양계[6] 탐사가 그것이었다. 냉전이 최고조에 달했던 1980년대에는 미국도 소련도 달 탐사에 나서지 않았으며 금성, 화성, 혜성, 외부 태양계에 대한 탐사도 간헐적으로만 이루어졌다.

---

6   목성과 그 바깥의 태양계 영역.

1990년대 이후의 우주탐사

소련과 미국 외의 국가 중에 처음으로 달 탐사를 시작한 것은 일본이었다. 1990년 발사된 일본의 히텐(Hiten)은 원지점이 476,000 km인 타원궤도를 돌며 하고로모(Hagoromo)라는 조그마한 달 궤도선을 분리하여 달 궤도에 투입하는 것이 목표였다.[7] 일본이 이같이 근지구 우주탐사에 뛰어들자 미국은 1994년과 1998년, 20여 년 만에 다시 달 궤도로 과학 임무를 띤 탐사선들을 보내게 된다.

 2000년대 들어서는 여러 나라가 달 탐사에 시동을 걸었다. 2003년 유럽이 그들의 첫 달 탐사 궤도선을 달에 보냈고, 2007년에는 중국(Chang'e-1[8])이, 2008년에는 인도(Chandrayan-1)가 첫 달 탐사 궤도선을 발사했다. 2008년 자국 정부의 지원을 받은 이스라엘의 한 민간 기업이 월면에 이스라엘의 첫 달 탐사선(Beresheet)을 보냈으나 연착륙에는 실패했다.

 후발 우주탐사 국가들 중 가장 활발히 활동하고 있는 나라는 역시 중국으로, 2018년 인류 최초로 달의 뒷면에 착륙선을 안

---

7 하고로모 궤도선의 통신 두절로 달 궤도 투입 성공 여부를 알 수가 없었다. 일본은 그 후 계획을 변경하여 저에너지 전이 궤도(7.3절)를 통해 히텐을 일시적으로 달에 포획되도록 하는 데 성공했다.

8 Chang'e는 '창어'로 읽는다.

착시키고 로버를 전개하는 데 성공했으며, 2021년에는 화성의 궤도와 표면에 궤도선, 착륙선, 로버를 투입하는 데 성공하기도 했다. 이제 중국이 미국을 따라잡기 위해 남은 것은 유인 우주탐사인데, 그들의 계획대로 2030년대에 우주인을 달과 화성에 보내게 된다면 중국은 미국 다음 처음으로 우주인을 지구궤도 밖으로 보내는 나라가 될 것이다.

1.3 민간 우주탐사 기업들의 등장

2020년대 현재 지구궤도로의 발사 서비스를 비롯한 우주탐사 시장에서 이미 활약하고 있거나 시장에 진입하려고 연구·개발 중인 민간 기업은 매우 많다. 하지만 2023년 상반기를 기준으로 같은 서비스를 20회 이상 반복하여 제공한 민간 기업은 SpaceX, ULA(United Launch Alliance), Rocket Lab, Blue Origin뿐으로, 이들에 대해 간략히 알아보자.

SpaceX는 잘 알려진 바와 같이 테슬라와 트위터의 CEO인 일론 머스크에 의해 2002년에 만들어진 회사다.[9] 그는 20대 때 인터넷 기술 관련 회사인 Zip2와 PayPal의 창립 멤버 중 한 명으로 큰돈을 번 후 서른이 갓 넘은 나이에 SpaceX를 시작했다. 창업 6년 만인 2008년에 SpaceX의 초기 로켓 모델인 Falcon 1(그림 1-1)의 궤도 투입에 성공했고, 2013년부터 상업 우주 발사 서비스를 시작하여 4년 만인 2017년에는 우주 발사 시장에서 연간 발사 횟수 기준으로 세계 최강자의 자리에 올랐다. 또한 2015년 세계 최초로 Falcon 9의 1단을 수직 착륙 형태로 지상에서 회수하는 데 성공했으며, 2016년에는 해상 회수에도 성공했다.

---

9 일론 머스크는 테슬라(2003년 창립)의 창업자가 아닌 초기 투자자 중 한 명이었고, 테슬라의 CEO가 된 것은 2008년이었다. 또한 그가 트위터를 인수한 것은 2022년이었다.

그림 1-1 2008년 9월 태평양 한가운데에 위치한 마셜제도에서 있었던 SpaceX사 Falcon 1의 4차 시험 발사 장면.
(SpaceX / Wikimedia Commons / CC0 1.0)

　　SpaceX의 이러한 비약적인 발전은 오롯이 스스로의 힘에
의한 것만은 아니었다. 2006년 이후 여러 차례 NASA와의 계약
을 통해 재정적인 지원을 받았고, 거의 매번 기대 이상의 결과물
을 선보여 NASA 민간 기업 지원 사업의 최대 수혜자이자 동시
에 NASA 최대 공헌자가 되었다. SpaceX는 우주왕복선 프로그
램의 조기 종료로 인해 한동안 국제우주정거장에 화물이나 우
주인을 실어 나를 수단이 없던 NASA에 Falcon 9 + Cargo·Crew
Dragon 서비스를 제공함으로써 NASA와의 계약을 가장 성공적
으로 이행한 기업이 되었던 것이다.

　　미국의 ULA는 Lockheed Martin의 항공우주·국방·정보보
안 부문과 Boeing의 국방·항공우주·보안 부문이 2006년에 합

작 투자하여 만들어진 회사로, 두 회사의 항공우주 부문을 떼내어 합병한 형태다. 두 회사는 미 국방성과 NASA의 오랜 방위산업·항공우주 파트너로 미국의 국가 안보 수호에 핵심적인 역할을 꾸준히 수행해왔다. 따라서 이들은 기간 방위산업체로서 미국 정부 및 NASA의 관심과 보호를 받아왔으므로 순수한 의미에서의 민간 기업과는 다소 거리가 있다. 즉 SpaceX가 거쳤던 것과는 상당히 다른 길을 오랫동안 걸어왔다고 볼 수 있다.

한편 SpaceX가 중대형 우주 발사체 시장에서의 신흥 강자인 것처럼 Rocket Lab은 소형 우주 발사체 시장에서의 신흥 강자다. 2006년 뉴질랜드에서 창립된 이 회사는 지구 저궤도 기준 300 kg의 수송 능력[10]을 가지는 로켓인 Electron을 통해 소형 우주 발사 서비스를 제공하고 있으며, 곧 저궤도 기준 13톤급의 중형 발사체 시장으로의 진입을 앞두고 있다.

Blue Origin은 아마존의 창립자 제프 베이조스에 의해 2000년에 설립되었으며, 2015년 준궤도(5.1절) 우주 발사체인 New Shepard의 발사에 처음으로 성공했다. 2021년 첫 유인 준궤도 우주 비행[11]에 성공하여 비슷한 시기에 유인 준궤도 우주 비행에 성공한 Virgin Galactic사와 함께 준궤도 우주여행 시대를 열었다.

---

10 Falcon 9은 22.8톤의 저궤도 수송 능력을 가진다.
11 약 100 km까지 상승해 승객이 탄 캡슐을 분리한 후 발사체는 지상에 수직 착륙하고 캡슐은 낙하산을 펼쳐 지상으로 귀환한다.

1.4 뉴 스페이스 시대

이와 같이 2000년대는 민간 기업들이 본격적으로 우주탐사 시장에 뛰어든 시기이며 2010년대에 들어와 이들 중 일부가 중대형 및 소형 우주 발사체 시장을 석권하기 시작했다. 이전에는 정부의 지원을 받는 연구 기관이나 일종의 공기업이라 볼 수 있는 항공우주·방위산업 기업이 맡던 역할을 2010년대부터는 정부로부터 상대적으로 더 독립적인 민간 기업이 차지하게 된 것이다.

미국의 경우 NASA가 여러 민간 기업과의 서비스 계약을 체결하며 이 같은 변화를 적극적으로 이끌었으며, SpaceX의 극적인 성공과 성장을 견인하는 결과를 낳기도 했다. 하지만 이는 가까운 미래에 어차피 일어나게 될 일들을 조금 앞당겼을 뿐, 다가오는 대세에 결정적인 영향을 미친 것은 아마도 아닐 듯하다. 왜냐하면 Blue Origin, SpaceX, Rocket Lab의 창립 자체는 정부의 지원과 관계없이 시작되었고, 설사 이들이 실패했다 하더라도 제2의 Blue Origin, 제2의 SpaceX, 제2의 Rocket Lab은 어차피 탄생했을 것이기 때문이다.

이 세 회사, 그중에서도 특히 우주 발사체 시장에서 지배적인 위치에 오른 SpaceX와 Rocket Lab은 한때 국가적 사업 영역에 속했던 우주탐사 분야에서도 민간 기업이 성공할 수 있고 또

생존할 수 있다는 것을 보여준 좋은 예다.

이 두 회사는 지구궤도로의 발사 서비스 영역에서 자신의 입지를 공고히 했지만, 앞으로 더 많은 민간 기업이 참여하게 될 우주탐사의 영역은 이보다 훨씬 더 넓을 것이다. 정부 주도에서 민간 주도로 옮겨진 우주탐사 시대, 즉 '뉴 스페이스' 시대에 민간이 참여할 수 있는 영역은 다음과 같이 크게 세 가지로 분류될 수 있다.[12]

- 각국 정부 주도의 달, 화성, 소행성 탐사 참여
- 우주여행
- 달 및 소행성에서의 자원 채굴

이제 이 영역들에 대해 차례대로 알아보자.

각국 정부 주도의 달, 화성, 소행성 탐사 참여

이 분야에 대한 민간 기업 참여는 미국에서 이미 본격적으로 진행되고 있다. 지구 밖 우주탐사는 아니지만 2006년부터 NASA는 국제우주정거장에 화물과 우주인을 수송하는 일을 민간에 위탁하는 사업을 시작했고 SpaceX라는 큰 결과물을 얻은 바 있다. 이에 고무되어 NASA는 2018년부터 미국 내 민간 기업에 달 착륙선을 제작하고 월면까지 보낼 수 있는 기회를 제공하는 사업인 CLPS(Commercial Lunar Payload Service)를 운영하고 있다. 이를 통해 미국의 여러 기업은 다른 나라의 기업들보다 한참 앞서 지구 밖 우주탐사에 뛰어들 수 있는 토대와 기회를 제공받고 있는

---

12 지구궤도에서 지구를 탐사하는 사업 영역은 여기에서 논의하지 않겠다. 이 영역에서의 민간 기업 활동은 이미 오래전부터 활발히 이루어지고 있으며, 이 책에서 다루려는 범위는 아니다.

것이다.

또한 우주탐사 영역에서 중국의 급성장에 위협을 느낀 미국이 1970년대 이후 50여 년 만에 다시 시작한 유인 달 탐사 사업인 아르테미스 프로젝트에도 민간 기업들이 전례 없는 수준에서 참여하고 있다. 지구에서 달 궤도까지 우주인을 태워 갈 우주선은 Lockheed Martin이, 달 궤도에서 우주인을 넘겨받아 달 표면으로 하강시키고 월면에서의 임무가 끝난 후 다시 달 궤도로 상승시키는 셔틀선은 SpaceX가 제작하게 되었다. 이는 수많은 민간 기업이 참여하긴 했지만 우주선의 모든 모듈을 NASA가 전적으로 책임지고 완성했던 아폴로 프로그램 때와는 획기적으로 달라진 것이다.

향후 있을 각국 정부 주도의 우주탐사에서도 이와 같은 형태의 민간 기업 참여 기회가 풍부해질 것으로 보인다.

우주여행

그다음 영역은 우주여행으로, 이 영역에서도 이미 민간 기업의 사업이 시작되었다. 2021년 Virgin Galactic과 Blue Origin은 처음으로 준궤도 우주여행 비행을 시작했으며, 2022년 Axiom Space는 처음으로 민간 우주 발사체를 이용한 국제우주정거장 여행 서비스를 제공했다.[13] Axiom Space는 조만간 민간 우주정거장(그림 1-2)을 자체적으로 건설하여 숙박이 포함된 우주여행 서비스를 본격적으로 제공하려는 계획을 가지고 있다. 한편 SpaceX는 일본인 사업가 마에자와 유사쿠의 제안을 받아들여 그에게 달을 선회하는 우주여행 서비스를 제공하기로 한 바 있

---

13 최초의 상업 지구궤도 우주여행은 2001년 러시아가 소유스 로켓을 통해 제공한 국제우주정거장 여행이었고 주인공은 미국의 사업가인 데니스 티토(Dennis Tito)였다.

그림 1-2　Axiom Space사의 우주정거장 모듈이 국제우주정거장에 연결되어 있는 모습의 상상도. Axiom Space는 2025년 첫 모듈을 국제우주정거장에 연결할 계획이며 2020년대 말까지 그들의 우주정거장을 완성하는 것이 목표다. (Axiom Space / axiomspace.com)

다. 이와 같이 다양한 형태의 우주여행이 이미 이루어졌거나 곧 이루어질 시점에 와 있다.

달 및 소행성에서의 자원 채굴

민간이 참여할 그다음 영역은 달 및 소행성에서의 자원 채굴이다. 우선 달에서 가장 먼저 채굴될 자원은 얼음(water ice)일 것이다. 월면 바로 아래에는 상당한 양의 얼음이 존재할 것으로 예측되며, 특히 태양 빛의 플럭스[14]가 상대적으로 약한 극지역에 더 많이 존재할 것으로 보인다. 얼음을 물로 녹인 후 전기분해하여 수소와 산소로 따로 저장해두는 것은 매우 훌륭한 에너지 저장 수단이 된다.

　달에서는 낮이 14.8일간, 밤도 14.8일간 지속되므로 이렇게

14　빛의 양을 나타내는 물리량의 하나로, 단위시간 동안 단위유효면적(빛의 진행 방향에 수직으로 놓인 면적)에 닿는 빛에너지의 크기다.

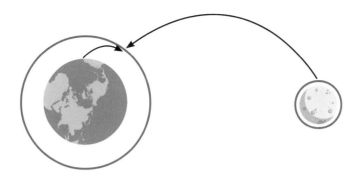

그림 1-3 월면 아래 얼음의 전기분해를 통해 얻어진 수소와 산소는 달의 약한 표면 중력 덕에 월면으로부터 지구 궤도로 이들을 가져오는 비용이 지구 표면에서 지구궤도로 수송하는 것보다 언젠가 저렴해질 수 있다. (Wisdom House, Inc. / CC BY-SA 4.0)

긴 밤을 안전하게 버티기 위해서는 낮 동안에 태양전지를 통해 모은 에너지를 저장할 수단이 필요하다. 지구에서는 리튬-이온 배터리와 같은 이차전지를 이용해 에너지를 쉽게 저장할 수 있지만 이 배터리는 질량에 비해 저장할 수 있는 에너지의 양이 제한적이어서 많은 양의 리튬-이온 배터리를 월면까지 가져가는 것은 매우 비효율적이다. 따라서 달에서 구한 물을 전기분해 하여 수소와 산소로 따로 저장했다가 필요할 때 연료전지를 이용해 다시 전기로 바꾼다면 매우 효율적인 월면 에너지 저장 수단이 되는 것이다.

또한 물을 전기분해 하여 얻은 수소와 산소는 로켓의 추진제로도 사용될 수 있다. 월면에서 얻어진 수소와 산소는 달의 약한 표면 중력 덕에 월면으로부터 달 궤도나 지구궤도로의 수송 비용이 상대적으로 저렴하며, 따라서 지구에서 화성이나 다른 천체로 향하는 우주선을 위한 지구궤도나 달 궤도에서의 중간 급유에 쓰일 수 있다(그림 1-3).[15] 이는 실제로 ULA가 전망 있게

---

15 지구의 여러 궤도 중 정지 전이 궤도(geostationary transfer orbit, 5.5절)로 가져오는 게 가장 효과적일 것으로 예측된다.

내다보고 있는 우주 사업 모델 중 하나다.

마지막으로 물은 우주기지 건설에서도 매우 유용한 자원이 될 것이다. 기지 내의 사람과 농작물에 중요한 생명 유지 수단이 될 것이며, 또한 물은 태양풍과 같은 고에너지 입자에 대한 차폐 효과가 있기에 기지 벽의 구성 층 중 하나로도 요긴하게 쓰일 것이다.

물 다음으로 가치가 있는 달 자원은 1) 세륨, 가돌리늄, 이트륨 등의 희토류, 2) 핵분열 발전 연료인 우라늄, 그리고 3) 핵융합 발전 연료인 He-3[16] 등이다. 희토류와 우라늄은 아직 지구에서도 어렵지 않게 구할 수 있지만 언젠가 지구에서의 채굴 또는 재활용 비용이 달에서의 채굴 비용 및 지구로의 수송 비용보다 비싸진다면 달에서의 채굴이 반드시 시작될 자원들이다.

핵융합 연료의 하나인 He-3는 채굴 가능성을 점치기 다소 쉽지 않다. 우선 상업 핵융합 발전[17] 기술이 아직 확보되지 않았으며, He-3와 중수소를 연료로 쓰는 핵융합은 중수소와 삼중수소를 연료로 쓰는 핵융합이나 중수소만을 연료로 쓰는 핵융합에 비해 반응률이 상대적으로 낮아, He-3의 미래 수요는 아직 불확실하다.[18]

소행성에서 채굴 가능성이 있는 자원으로는 미래에 지구에서 희귀해질 수 있는 원소인 금, 백금, 티타늄 등의 귀금속 원소와 안티모니, 아연, 주석, 납, 인듐, 은, 구리, 코발트, 이리듐, 오스

---

16 헬륨 동위원소의 하나로. 원자핵이 양성자 둘과 중성자 하나로 이루어졌다. ^{3}He으로 표기하기도 한다.

17 실험용 핵융합로에서 핵융합이 몇십 초 동안 유지되는 것은 지금도 가능하나 장기간에 걸친 핵융합은 아직 불가능하며, 특히 핵융합 유지에 들어가는 에너지보다 핵융합으로부터 나오는 에너지가 더 많은 채로 오래 지속되는 핵융합, 즉 상업 핵융합 발전은 아직 가능하지 않다.

18 중수소-삼중수소 핵융합과 중수소-중수소 핵융합에 비해 He-3-중수소 핵융합은 방사능오염 문제가 현저히 작은 이점이 있긴 하다.

듐, 팔라듐, 루테늄, 로듐 등이 있다. 소행성 자원 채굴의 특징으로는 1) 여러 지구 근접 소행성 중 지구로부터의 전이에 비용이 많이 들지 않는 소행성을 골라 탐사를 떠날 수 있다는 점(7.5절)과 2) 달이나 화성 등의 천체와 달리 천체 표면으로의 착륙과 표면으로부터의 이륙에 필요한 Δv가 거의 없다는 점이다.[19]

한편 화성 자원 중에 지구로 가져와서 수익성이 있을 것으로 예상되는 것은 아직 딱히 없는 듯한데, 이는 달이나 소행성에 비해 화성 표면으로의 왕복 비용이 상당히 비싸기 때문이다.[20] 화성이 인류에게 줄 가장 큰 자산은 아마도 1) 새로운 형태의 생명체 발견, 2) 화성이라는 특수한 고립 환경에서 기지 활동을 유지하면서 습득된 지식, 3) 인류라고 하는 달걀을 하나 이상의 바구니에 담게 된다는 점 등일 것이다.

---

19 소행성은 행성이나 위성에 비해 질량이 매우 작으므로 소행성의 표면에 닿기 위해서는 착륙이 아닌 '랑데부'가 필요하며, 오히려 탐사선이 소행성 표면에서 떨어지지 않고 '부착'되어 있게 하는 것이 관건이다.

20 화성은 달이나 지구 근접 소행성들에 비해 멀기도 할뿐더러 표면 중력이 달, 소행성에 비해 커서 왕복 비용이 비쌀 수밖에 없다.

1.5 21세기의 대항해, 우주탐사

15세기 초부터 시작된 포르투갈의 원양항해에 대한 끈질긴 의지는 결국 아프리카 대륙 남단을 돌아 '약속의 땅' 인도까지 닿는 새로운 항로의 개척이라는 엄청난 선물이 되어 돌아왔다. 한 이탈리아 사람의 고집스럽게 '틀린' 주장과 이를 몇 번의 거절 끝에 결국 '남 주기 아까워' 받아들인 스페인의 결정은 스페인에 아메리카 대륙의 반 이상을 차지하게 하는 횡재를 가져다 주었다.

그 이후로 전 세계의 많은 나라와 그 안의 사람들이 이 두 사건이 가져온 대변혁의 풍파를 다양한 형태와 크기로 맞이했다. 많은 이가 동물처럼 사냥되어 노예로 팔렸으며, 어떤 이들은 한쪽 대양의 해안에서 다른 쪽 대양의 해안까지 이어진 영토 전쟁 끝에 인구가 현격히 줄었으며, 또 다른 많은 이들이 경험해보지 못한 새로운 병균 때문에 이유도 모른 채 집단으로 죽음을 맞았다.

한편 유럽의 여러 나라들은 앞다투어 더 많은 배와 보급품, 더 많은 군인과 선원을 모으기 위해 자본주의라는 '인공 생명'[21]을 탄생시켰다. 또한 이들은 새로운 땅, 새로운 동식물, 새로운

---

21 자본주의는 노동력, 생산성, 기술, 수요 등의 요소가 꾸준히 늘어나야만 유지되는 일종의 생명체라 할 수 있다.

사람, 새로운 사회, 처음 본 역사 등을 이해하는 것, 즉 새로운 자연과 문명을 이해하는 것이 자신들의 상업적, 군사적, 정치적 이득에 매우 중요하다는 사실을 깨달았다.

이와 같이 새로운 세계와의 새로운 연결은 예상치 못한 수준에서의 역사 전개를 야기할 수 있다. 달과 화성과 소행성은 15~17세기의 아메리카 대륙이자, 호주 대륙이자 남태평양의 섬들이 될 것이다. 달로의, 화성으로의, 소행성으로의 우주 비행 비용이 현재 지구 내 다른 대륙으로의 이동 비용 수준으로 낮아졌을 때의 인류는 어떠한 역사 전개를 맞이하게 될까?

그에 대한 답은 아무도 모르지만, 일어날 수 있는 변혁에 미리 대비한 나라와 그러지 않은 나라의 운명은 크게 차이가 날 것이 분명하다. 과거 대항해시대 전후로 벌어진 역사를 되돌아보면 말이다. 이 책의 부록에는 15세기 포르투갈로부터 시작된 서양의 대항해 여정이 소개되어 있으니, 이에 관한 보다 자세한 내용이 궁금한 독자는 부록을 참고하기 바란다.[22]

이제까지 21세기의 우주탐사, 특히 민간에 의한 우주탐사가 어떻게 전개될지 진단해보았으니, 이제 '우주탐사의 물리학적 이해'를 본격적으로 시작해보자.

---

22 부록에 담긴 내용은 이미 다양한 책과 자료를 통해 잘 알려져 있으나, 이 책을 흥미 있게 읽을 과학 또는 우주 마니아들에게는 다소 덜 접해본 것일 수 있다. 그런 독자들을 위해 자연과학자의 관점에서 대항해의 과정을 부록에 정리해보았다.

비행기로 올라가기

비행기를 이용해서는 지구궤도에 다다르지 못하지만, 비행기는 현재 가장 흔히 쓰이는 상승 수단이다. 비행기가 뜨는 원리에 대해 먼저 알아보고, 어떤 한계 고도 이상으로 상승하지 못하는 이유에 대해서도 알아본다.

날개 단면의 모양

비행기는 날개 수직 단면의 특정한 모양, 즉 받음각(angle of attack)과 만곡(camber)을 통해 양력을 얻는다(그림 2-1). 받음각이란 날개 단면의 앞쪽 끝(앞전)과 뒤쪽 끝(뒷전)을 잇는 직선(시위, chord)이 수평으로부터 벗어난 각으로, 앞전이 뒷전보다 위로 들린 경우 양(+)의 부호를 붙인다. 날개 단면의 윗면과 아랫면을 내접하는 원들을 그리고 이 원들의 중심점을 연결한 선을 캠버선이라 부르는데, 캠버선이 위쪽으로 볼록할 때도 양력이 생기며, 이 경우 날개가 양의 만곡을 가지고 있다고 부른다.

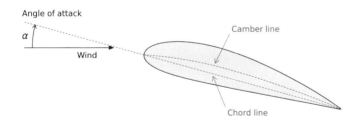

그림 2-1 비행기 날개의 수직 단면. 비행기의 움직임은 왼쪽 방향이다. (Sungsoo S. Kim / CC BY-SA 4.0)

받음각과 만곡은 어떻게 양력을 만들어낼까? 먼저 만곡

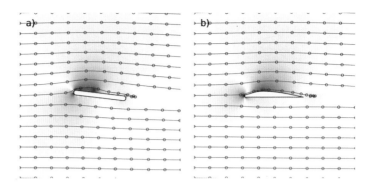

그림 2-2 날개 주위를 지나가는 공기의 흐름(곡선)과 압력(색 지도). a) 만곡은 없고
받음각이 6.5°인 편평한 날개, b) 양(+)의 만곡이 있고 받음각은 0°인 날개. 곡선 위
에 있는 동그라미는 각 흐름 내에서 같은 시간 간격을 가진 지점들이며, 색 지도는
붉은색으로 갈수록 압력이 평균에 비해 높고, 푸른색으로 갈수록 평균에 비해 낮
음을 뜻한다. 비압축적 유체에 대한 2차원 유체역학 시뮬레이션(수치 모사 실험)의
결과로, 날개는 고정된 채 공기가 왼쪽 경계에서 일정 속도와 압력을 가지고 들어
오고 있다. (Sungsoo S. Kim / CC BY-SA 4.0)

은 없고 양의 받음각을 가진 날개의 경우(그림 2-2a)를 생각해보
자. 날개의 아래쪽은 다가오는 공기의 흐름(기류)을 그대로 맞
닥뜨리게 되어 공기의 압력이 높아진다. 여기서 주의할 점은 공
기는 마하 0.3 이하의 속도에서 거의 압축이 일어나지 않는다
(incompressible)는, 즉 밀도의 변화가 거의 없다는 점이다.[1] 날개
의 앞전 부근에서 장애물을 만난 기류는 그곳에서 흐르는 속도
가 조금 느려지게 되는데, 공기의 비압축성으로 인하여 이 지역
에서 밀도는 높아지지 않지만 압력은 높아지게 된다. 공기의 흐
름은 운동에너지에 해당하고 압력은 공기 분자들 사이의 무작위
운동에 의한 열에너지에 해당하므로, 장애물 부근에서 운동에너
지가 열에너지로 변환되는 것이다. 양의 받음각을 가지는 날개

---

1   유체의 한 부분에 외부 힘이 집중되거나 방해물에 의해 유체의 움직임에 제약이 가해지는 상황에서 유체의 밀도가 상승하는 대
    신 속도가 빨라지는 유체의 특성을 비압축적(incompressible)이라고 부른다. 유체의 한 부분에 가해지는 힘을 분산시키는 속도
    는 음속에 의존하며, 유체의 속도가 커질수록 음속은 상대적으로 느려져 힘을 분산시키는 효율이 떨어지므로 비압축성이 낮아
    지게 된다.

에서 기류가 정체되는 곳의 위치는 날개 앞전의 조금 아래가 되는데, 이로 인해 날개 앞전보다 아래로 진입하는 기류의 일부가 날개 위로 돌아가게 되고, 날개 위를 지나가는 기류는 날개 아래를 지나가는 기류보다 높은 플럭스(flux, 단위시간 동안 단위면적을 지나가는 유체[2]의 질량)를 가지게 된다.

유체의 생성이나 소멸이 없는 경우 유체의 흐름이 주변 물체의 방해를 받아 목이 좁아지면(파이프 내에서 흐르는 유체가 목이 넓은 곳에서 좁은 곳으로 이동하는 경우와 같이) 질량 보존 법칙에 의해 플럭스(= 밀도 × 속도)가 커져야 하고, 이로 인해 비압축성 유체의 경우에는 흐르는 속도가 커지게 된다. 베르누이(Bernoulli) 법칙에 의해 유체의 속도 증가는 압력의 감소를 야기하는데, 중력의 영향을 무시할 수 있으며 비압축적인 유체의 경우 베르누이 방정식은

$$\frac{1}{2}\rho v^2 + P = \text{constant}$$

2-1

비압축 유체에 대한 베르누이 법칙

와 같으며, 여기서 ρ는 밀도, v는 속도, P는 압력이다.[3] 좌변의 첫째 항은 유체 입자들의 집단적인, 정돈된(ordered) 움직임(흐름)에 의한 부피당 운동에너지에, 둘째 항은 유체 입자들이 흐름 내에서 가지는 상대적, 무작위적(random) 움직임에 의한 부피당 운동에너지에 해당한다. 따라서 베르누이 법칙은 이 두 운동에너지의 합이 보존됨을 의미하며, 흐름 내에서 속도의 증가(감소)는 압력의 감소(증가)로 이어짐을 보여준다.

정리하자면 날개의 존재로 인해 날개 근처로 진입하는 기류는 날개 위아래로 선회해야 하는데, 양의 받음각을 가진 날개의

---

2 기체와 액체.

3 압축 가능한 유체에 대해서도 베르누이 방정식을 유도할 수 있으며, (2-1)식과 비슷한 모양을 가진다.

경우 앞전 아래에 기류 정체 지역이 형성되어 날개 아래에서는 정체에 의한 압력의 증가가, 날개 위에서는 기류 목의 감소 → 기류 속도의 증가 → 압력 감소가 야기된다. 바로 이 위-아래 압력 차이에 의해 양력이 발생하며, 양력의 크기는 (날개 위-아래 압력의 차이) × (날개의 수평 단면적⁴)에 해당한다.

다음으로 받음각이 $0°$이고 양의 만곡을 가진 날개(그림 2-2b)를 생각해보자. 단순한 경우를 고려하기 위해 이 그림의 날개는 위쪽으로만 돌출되어 있고 아래쪽은 평평하다. 날개의 윗면이 위로 굽어 있기 때문에 날개의 아래로 지나가는 공기에 비해 위로 지나가는 기류의 목이 더 줄어든다. 만곡은 없고 양의 받음각을 가진 날개의 경우와 같이, 기류의 목이 더 줄어드는 날개 위에서 날개 아래보다 더 낮은 압력이 형성되고, 이로 인해 양력이 발생한다.

이와 같은 양의 받음각과 양의 만곡은 모두 날개 위를 지나가는 공기의 속도를 빠르게 만들어 날개 아래보다 더 낮은 압력을 갖게 하고, 날개 위-아래 압력 차이에 의해 양력을 발생시킨다.

---

4   날개를 위에서 내려다봤을 때의 단면적.

2.2 | 양력과 항력

대부분의 비행기 날개는 양의 받음각과 양의 만곡을 모두 가지고 있으며, 양력(lift)은 가능한 한 크게 하고 대기와의 충돌과 마찰에 의한 항력(drag)은 가능한 한 작게 하기 위해 유선형의 모양을 가진다. 날개 앞전에서 뒷전까지의 길이가 길수록 양력이 커지지만 동시에 대기와의 마찰에 의한 항력도 커진다. 비행기의 이착륙은 순항속도에 비해 훨씬 낮은 속도에서 이루어지기 때문에 이착륙 시에는 항력을 줄이는 것보다 양력을 키우는 것이 더 중요하다. 반대로 순항고도에서 비행할 때는 속도가 이미 빠르기 때문에 양력을 많이 얻는 것보다 항력을 줄이는 것이 더 필요

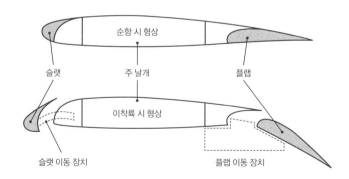

그림 2-3 이착륙 시 낮은 속도에서 양력을 증가시키기 위해 날개 앞뒤에 달려 있는 슬랫과 플랩. (Wisdom House, Inc. / CC BY-SA 4.0)

하다. 이 두 상반된 요구를 모두 맞추기 위해 현대 항공기의 날개 앞전에는 슬랫(slat), 뒷전에는 플랩(flap)이라는 장치가 있어서, 필요에 따라 날개의 앞-뒤 길이와 만곡의 정도를 조절할 수 있도록 되어 있다(그림 2-3).

2.3 중력과 추력

비행기가 비행하는 동안에는 양력과 항력 외에 중력과 추력(thrust)도 비행기에 작용한다. 지구 반지름(6,370 km)에 비해 비행기가 올라갈 수 있는 최대 고도(제트여객기의 경우 14~17 km)가 상대적으로 작기 때문에 중력은 고도에 상관없이 거의 일정하다. 추력은 비행기가 앞으로 나아가게 하는 힘으로, 프로펠러의 회전이나 제트엔진으로부터 나오는 분사 가스로부터 얻게 된다.

비행기가 순항 중에는, 즉 같은 속도와 고도를 유지하며 날아가는 중에는 양력과 중력의 크기가 같고 추력과 항력의 크기가 같은 상황이 된다. 양력과 중력의 크기가 같은 경우 고도가 일정하게 유지되며, 추력과 항력의 크기가 같은 경우 속도가 일정하게 유지되기 때문이다.

2.4 양력의 크기

양력의 크기에 대해 알아보기에 앞서 압력의 개념을 알아보자. 압력은 부피당 운동에너지와 같은 단위를 가지며 두 물리량의 개념도 비슷하다. 압력은 입자들에 의해 단위시간 동안 단위면적에 전해지는 충격량(운동량의 변화)으로 정의되며, 단위면적에 수직 방향으로 입자들이 얼마나 세게(빨리), 얼마나 자주 충돌하는지를 나타낸다. 부피당 운동에너지는 단위부피 내에 있는 입자들이 가지는 총 운동에너지로, 단위부피 내에 얼마나 많은 입자가 있으며 그 입자들의 평균 운동에너지가 얼마나 큰지를 나타낸다. 압력은 면을 기준으로 하기 때문에 면이 향하는 특정 방향에 대한 운동만을 고려하는 데 비해 부피당 운동에너지는 모든 방향에 대한 운동을 고려하는 차이가 있을 뿐, 입자들이 가지고 있는 단위면적당 힘 또는 단위부피당 운동에너지를 뜻한다는 점은 같다. 따라서 베르누이 법칙(2-1식)에 등장하는 $\frac{1}{2}\rho v^2$ 항, 즉 유체의 정돈된 흐름에 의한 부피당 운동에너지를 동적 압력(동압, dynamic pressure)이라 볼 수 있으며, 이에 상대적으로 그 식의 압력 P는 정적 압력(정압, static pressure)이라 부른다.

한편 날개에 의한 양력 F_L은 날개 위-아래의 압력 차이에 날개의 수평 단면적 S를 곱한 것에 비례하는데, 위-아래 압력 차

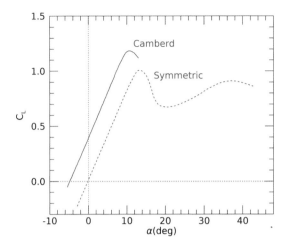

그림 2-4 만곡이 있는 날개(실선)와 만곡이 없는(위-아래가 대칭인) 날개(대시선)가 가지는 전형적인 양력 계수의 받음각 의존성. [Sungsoo S. Kim / CC BY-SA 4.0, 데이터 출처: R. H. Barnard & D. R. Philpott, (2010), *Aircraft Flight*, 4th ed. Pearson Education Limited, Fig. 1.17]

이는 베르누이 법칙에 의해 동압에 비례해야 한다. 공기 흐름 내의 정압의 변화는 동압의 변화로부터 야기된 것이고, 동압 변화의 크기는 동압 자체에 비례할 것이기 때문이다. 즉 날개 주위 공기 흐름의 동압이 클수록 동압의 변화량도 크고 날개 위-아래의 정압 차이도 커지는 것이다. 따라서 날개에 의한 양력은

$$F_{\mathrm{L}} = C_{\mathrm{L}} \cdot \frac{1}{2}\rho v^2 \cdot S \qquad \boxed{\text{2-2}}$$

의 관계를 가지며, C_L은 양력 계수[5]로 날개 단면의 모양과 받음각에 의존하고 보통 받음각이 $10°\sim15°$일 때 가장 큰 값을 가진다 (그림 2-4).

양력의 크기는 동압과 날개 면적에 비례하는데, 동압은 공기의 정돈된 흐름에 대한 부피당 운동에너지다.

---

5 무차원의 계수로, 단위가 없다.

비행기로 올라가기

047

항력의 크기

항력에는 1) 양력 발생에 필연적으로 따르는 유도(induced) 항력과 2) 양력과 관계없이 생기는 유해(parasitic) 항력이 있다.

유도 항력은 날개의 수평 방향 폭(동체로부터 바깥으로 뻗어 나간 길이)이 유한하다는 데에서 기인한다. 날개의 위쪽과 아래쪽을 흐르는 공기는 서로 다른 압력을 가지지만 두 공기 흐름이 날개 뒤에서 다시 만날 때에는 거의 비슷한 압력을 가진다(그림 2-2). 이것은 날개 위-아래의 최대 압력 차가 날개 앞뒤 방향의 중간 부근에서 생기도록 날개 수직 단면이 설계되기 때문이다. 날개 뒤에서 두 공기 흐름이 만날 때 압력이 다르다면 날개 뒤쪽을 위로 올리거나 아래로 누르는 힘이 발생하게 되며, 이를 상쇄하기 위한 별도의 추력을 필요로 하게 된다.

하지만 날개의 양쪽 끝인 윙팁(wing tip)에서는 어쩔 수 없이 날개 위-아래를 흐르는 공기가 압력이 다른 채로 만나게 되며, 이 때문에 윙팁 바로 아래에서 흐르는 높은 압력의 공기가 더 낮은 압력을 가진 윙팁 위쪽으로 돌아서 올라가는 소용돌이(vortex)가 생긴다(그림 2-5a). 윙팁 바깥쪽을 돌아서 올라간 공기는 윙팁 뒤쪽의 바로 위에 상대적으로 높은 압력을 형성하여 윙팁 뒷부분을 아래로 누르는 힘으로 작용한다. 이는 결과적으로

a)

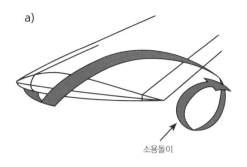

소용돌이

b)

그림 2-5 a) 날개의 바깥쪽 끝단인 윙팁에서 발생하는 소용돌이. b) 에어버스 350기의 윙릿. (a: Wisdom House, Inc. / CC BY-SA 4.0, b: Shutterstock)

양력이 수직 위 방향이 아닌 수직에서 조금 더 뒤쪽으로 향하게 하며(그림 2-5a의 벡터), 결국 기체[6]에 항력으로 작용한다.[7] 이와 같이 윙팁에서 만들어지는 소용돌이에 의한 유도 항력을 없애기 위한 방법으로 대부분의 최근 비행기 윙팁에는 윙릿(winglet)이 달려 있다(그림 2-5b).

유해 항력은 공기와 기체의 충돌 또는 마찰에 의해 생기는 항력이다. 유해 항력에는 크게 1) 형태(form) 항력과 2) 마찰 항력이 있는데, 형태 항력은 기체가 진행 방향으로 0이 아닌 단면적을 가짐으로 인해 발생하며, 기체가 유선형으로 설계될수록 항력이 작아진다. 마찰 항력은 기체의 표면과 공기 사이의 마찰에 의해 발생한다. 형태 항력과 마찰 항력 모두 동압 $\frac{1}{2}\rho v^2$에 비례하는데, 이는 두 항력 모두 공기 입자들이 얼마나 빨리($\propto v$), 얼마나 자주($\propto \rho v$) 기체에 부딪치는가에 의해 그 세기가 결정되

---

6   이 장에서 기체는 가스[氣體]가 아닌 비행기의 몸[機體]을 뜻한다.

7   유도 항력의 원인을 윙팁 뒤쪽에 작용하는 토크 대신, 윙팁에서 만들어진 소용돌이가 날개 뒤쪽으로 빠져나가면서 날개 받음각을 따라 하강하는 세류(downwash)를 형성하고, 이로 인해 날개 주변을 지나가는 기류가 비행기의 진행 방향에 비해 더 위로 들려 있는 효과를 낳아, 이것이 양력의 방향을 수직 위 방향보다 더 뒤로 향하게 만들기 때문이라고 볼 수도 있다. 양력이 수직 위 방향보다 뒤로 향하는 경우, 뒤로 향하는 수평 성분은 항력이 된다.

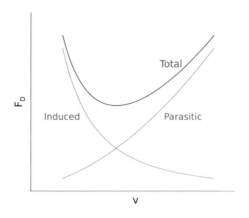

그림 2-6 속도의 제곱에 반비례하는 유도(induced) 항력과 속도의 제곱에 비례하는 유해(parasitic) 항력. 이 둘의 합인 총(total) 항력은 속도가 0으로 가거나 무한대로 갈수록 커진다. 유도 항력의 크기는 양력의 크기가 같도록 유지하는 경우에 대한 것이다. (Sungsoo S. Kim / CC BY-SA 4.0)

기 때문이다.

　유해 항력과 반대로 유도 항력은 낮은 속도에서 더 커지는데(속도의 제곱에 반비례[8]), 이는 낮은 속도에서 같은 양력을 유지하기 위해서는 높은 속도에서보다 더 큰 양력 계수를 필요로 하며, 따라서 받음각이 더 커야 하기 때문이다. 받음각이 클수록 윙팁에서의 소용돌이가 커지며 그에 따라 유도 항력도 커지는 것이다.

　유도 항력이 속도의 제곱에 반비례하는 이유를 알아보자. 유도 항력의 원인을 세류 효과 때문으로 볼 때, 유도 항력의 크기는 양력 F_L과 세류 각도[9]의 곱에 비례하게 된다. 이 각도는 양력 계수 C_L에 비례하는데,[10] 이 때문에 유도 항력 $F_{D,i}$는 $F_{D,i} \propto C_L F_L \propto C_L^2 \rho v^2$ 관계를 가지며, 양력이 일정하기 위해서는 $C_L \propto v^{-2}$이어야 하므로 결국 양력을 일정하게 유지하는 경우 유도 항력은 $F_{D,i} \propto \rho v^{-2}$의 관계를 가지게 된다.

정리하면, 유도 항력 $F_{D,i}$와 유해 항력 $F_{D,p}$의 밀도와 속도 의 존성은

$$F_{D,i} \propto \rho v^{-2}$$
$$F_{D,p} \propto \rho v^2$$

2-3

와 같으므로, 이 둘을 합한 총 항력이 최소가 되는 속도가 0과 무한대 사이 어딘가에 존재하게 되며(그림 2-6), 이 속도로 비행할 때 가장 효율적이 된다.

유도 항력은 속도의 제곱에 반비례하고 유해 항력은 속도의 제곱에 비례하여, 주어진 고도에서 항력을 최소화하는 최적 속도가 존재한다.

---

8 유도 항력의 원인을 윙팁에서 발생한 하강 소용돌이 때문으로 볼 때. 유도 항력의 크기는 양력과 하강기류 각도의 곱에 비례하게 된다. 이 각도는 C_L에 비례하는데(기류의 하강 성분에 의해 기류 운동량이 단위시간당 아래로 전달되는 크기와 양력을 같게 놓음으로써 얻어진다). 이 때문에 유도 항력 $F_{D,i}$는 $F_{D,i} \propto C_L F_L \propto C_L^2 \rho v^2$ 관계를 가지며, 양력이 일정하기 위해서는 $C_L \propto v^{-2}$이어야 하므로 결국 양력을 일정하게 유지하는 경우 유도 항력은 $F_{D,i} \propto \rho v^{-2}$의 관계를 가지게 된다.

9 세류가 기체 진행 선상에서 벌어진 각도.

10 기류의 하강 성분에 의해 기류 운동량이 단위시간당 아래로 전달되는 크기와 양력을 같게 놓음으로써 얻어진다.

제트엔진은 빠른 속도의 배기가스를 뒤로 분사하여 그 반작용으로 추력을 얻는다. 이와 같이 리액션(reaction) 질량을 배출하고 그 반작용으로 추력을 얻는 엔진을 통칭하여 리액션 엔진이라 하며, 로켓이나 워터제트(water jet)[11]도 이에 해당한다.

제트엔진은 흡입된 공기를 압축하고 이를 연소실에서 연료(fuel)와 혼합한 뒤 연소해 높은 압력과 밀도의 배기가스를 얻는다. 연소를 위해서는 연료와 산화제가 필요한데, 공기 중의 산소를 산화제로 쓰는 것이다. 공기의 압축은 연소실 앞에 위치한 블레이드의 빠른 회전에 의해 일어나는데, 제트엔진의 핵심은 이 블레이드의 구동이 연소실 뒤에 놓인 터빈(turbine)에 의해 일어난다는 점이다(그림 2-7). 연소실을 빠져나가는 배기가스는 터빈을 돌리고 터빈과 축으로 연결된 블레이드가 공기를 압축하므로, 공기를 압축하기 위한 동력이 따로 필요 없다. 공기를 고밀도로 압축하려면 엔진으로 들어가는 공기의 유입량이 커야 하므로 블레이드가 있는 압축실 앞에 흡기실이 놓여 있으며, 들어가는 공기의 흐름을 균일하게 유지하는 역할도 한다. 흡기실의 블

---

11 수중익선이나 제트스키 등에 쓰인다. 펌프제트라고 불리기도 한다.

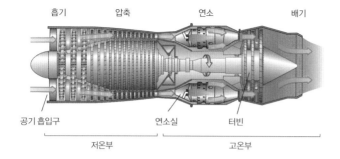

흡기　　　　압축　　　　　　연소　　　　　　　배기

공기 흡입구　　　　　　　　연소실　　　　터빈

저온부　　　　　　　　　고온부

그림 2-7 터보제트엔진의 구조. (Jeff Dahl / Wikimedia Commons / CC BY-SA 4.0 / GNU-FDL)

레이드도 터빈에 의해 구동된다. 이처럼 제트엔진에서는 터빈이 매우 중요한 역할을 담당해 터보제트(turbojet)엔진이라고도 부른다.

　터보제트엔진은 분사되는 배기가스에 의한 반작용으로만 추력을 얻는다. 하지만 이미 존재하는 터빈에 프로펠러를 연결하고 이에 의한 추력을 추가적으로 얻으면 더 효율적이게 된다. 터보팬(turbofan)엔진은 흡기실 앞에 달린 커다란 팬이 흡입되는 공기의 일부를 압축실로, 나머지는 엔진을 둘러싸는 통로로 지나가도록 하여, 팬이 흡기와 프로펠러의 역할을 겸하도록 하는 엔진이다(그림 2-8). 팬으로 인하여 터빈에 더 큰 하중이 걸리므로 배기가스의 속도가 다소 낮아질 수 있고 엔진의 무게가 더 나갈 수도 있지만, 팬이 제공하는 프로펠러의 역할로 인한 이득이 일반적으로 더 크다. 이 때문에 중장거리 여객기나 화물기의 대부분은 터보팬엔진을 사용한다.

　한편, 제트엔진의 추력은 아래 식에 의해 결정된다.

$$F_{\text{thrust}} = (\dot{m}_{\text{air}} + \dot{m}_{\text{fuel}}) \, v_{\text{exhaust}} - \dot{m}_{\text{air}} v_{\text{plane}}$$
$$\approx \dot{m}_{\text{air}} (v_{\text{exhaust}} - v_{\text{plane}})$$

2-4　제트엔진의 추력

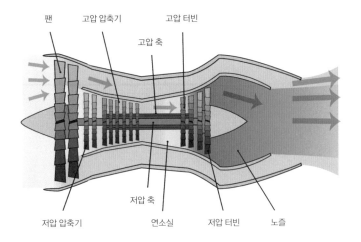

팬　　　　고압 압축기　　　　고압 터빈

고압 축

저압 축

저압 압축기　　　　연소실　　　　저압 터빈　　　　노즐

그림 2-8 터보팬엔진의 구조. (A. Aainsqatsi / Wikimedia Commons / CC BY-SA 4.0 /
GNU-FDL)

여기서 $\dot{m}$은 질량의 변화율, 아래 첨자 air는 대기, fuel은 연료,
exhaust는 배기가스, plane은 비행기를 나타낸다.[12] 이 식은 $F = \dot{m}v$
의 형태를 가지는데, 이는 속도가 일정한 경우에 대한 뉴턴의 제2
법칙에 해당한다($F = \Delta p / \Delta t \rightarrow F = \Delta m \cdot v / \Delta t \rightarrow F = \dot{m}v$).[13] 첫
줄 우변의 마지막 항은 엔진이 흡기를 하면서 얻게 되는 항력이
며, 첫째 줄에서 둘째 줄로의 근사는 연소실에 들어가는 연료의
양보다 공기의 양이 훨씬 많다는 사실에서 온다.

　　엔진이 주어진 고도와 속도에서 낼 수 있는 최대 추력을 가
용 추력이라 부른다. 고도가 높아질수록 공기의 밀도가 낮아지
므로 $\dot{m}_{air}$가 줄어들어 제트엔진의 가용 추력도 줄어든다. 속도가
높아질수록 가용 추력은 서서히 커지는데, 이는 제트엔진의 흡
기 속도가 클수록 연소 직전 압축된 공기의 밀도가 높아지고 연
소에 의한 폭발력도 커지기 때문이다.

---

12 $\dot{m}_{air}$는 대기의 유입율 및 유출율, $\dot{m}_{fuel}$은 연료 소모율로, 물질의 이동 방향과 관계없이 모두 양수로 정의되었다.
13 이 책에서 소문자 p는 항상 운동량이다.

2.7 | 비행기의 한계 고도

제트엔진은 산소를 대기로부터 얻어야 하기 때문에 우주에서는 쓰일 수 없다. 혹 산화제를 비행기에 싣고 올라간다 하더라도 날개의 공기역학을 이용해 양력을 얻는 비행기는 일정 고도 이상으로 올라가지 못하는데, 이를 한계 고도(ceiling)[14]라 하며 대기의 밀도 감소에 기인한다.

앞에서 언급했듯이 비행기가 올라갈 수 있는 고도의 범위는 지구 반지름에 비해 상대적으로 매우 낮으므로 비행기에 미치는 중력은 고도에 관계없이 거의 일정하다. 하지만 양력은 고도에 따라 달라지는데, 이는 (2-2)식에서 볼 수 있듯 양력이 대기의 밀도에 비례하기 때문이다. 따라서 비행기가 높은 고도에서 자신의 고도를 유지하려면 더 빠른 속도로 비행해야 하는데, 앞서 논의된 바와 같이 제트엔진의 가용 추력은 고도가 높아질수록 작아지므로 한계 고도가 존재하게 되는 것이다.

비행기에 제트엔진과 로켓엔진을 같이 탑재하거나 로켓엔진만을 탑재한 경우에는 가용 추력이 고도에 덜 의존하거나 전

---

14 초음속 여객기인 콩코드는 ~21 km까지, 제트전투기인 미그–25M은 ~37 km까지, 로켓엔진을 가진 실험용 항공기인 X–15는 ~110 km까지의 기록을 가지고 있는데, 이 중 X–15는 공중에서 발사되는 비행기다. 지상에서 이륙하는 비행기 중에는 터보제트엔진과 로켓엔진을 모두 가진 실험용 항공기인 NF–104A가 ~37 km 고도까지 오른 기록이 있다.

혀 의존하지 않겠지만, 아주 높은 고도에서 얻을 수 있는 양력에는 여전히 한계가 있다. 무한히 큰 추력을 가진 로켓엔진을 장착한 비행기가 있다 하더라도 어떤 한계 고도를 넘어서면 날개로부터 고도 유지에 필요한 충분한 크기의 양력을 얻는 것은 불가능해지며, 지구가 둥글기 때문에 발생하는 원심력을 이용해 중력을 이겨내야 한다. 이 비행체는 이른바 궤도운동을 하게 되는 것이다. 양력이 아닌 원심력으로 고도를 유지해야 하는 높이를 우주(space)의 시작으로 보는데, 이를 카르만선(Karman line)이라 부르며 80~100 km에 해당한다.[15]

비행기의 한계 고도가 존재하는 이유를 그림 2-9를 이용하여 보다 정량적으로 알아보자. 이 그림은 3개의 고도(0 km, 6 km, 13.5 km)에 대한 미국 Northrop사의 제트 훈련기인 T-38 Talon기의 가용 추력과 요구 추력, 즉 항력을 보여준다. 요구 추력은 주어진 고도를 유지하기 위해 필요한 추력으로, 그 고도와 속도에서의 항력과 같다.

우선 가용 추력은 속도 의존성이 크지 않으며(속도에 따라 가용 추력이 완만하게 변하며) 고도가 높아질수록 추력이 작아지는데, 이는 대기 밀도의 감소에 따른 것이다. 항력 곡선들은 그림 2-6에서와 같이 속도에 크게 의존하며, 고도가 높아질수록 속도가 높은 쪽으로 수평 이동을 한다. 후자는 항력이 대기 밀도에 비례하므로(2-3식) 고도가 높아질수록 더 높은 속도에서 이전(낮은 고도에서의 항력)과 같은 항력을 가지게 되기 때문이다.

비행기가 순항을 하기 위해서는 가용 추력이 항력보다 크거나 같아야 하는데, 그림 2-9에 의하면 고도 0 km에서는

---

15 대부분의 나라는 우주의 시작을 100 km로 보지만, 미 공군과 NASA는 50마일(~80 km)을 우주의 시작으로 본다.

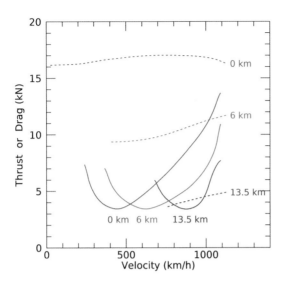

그림 2-9 고도 0 km, 6 km, 13.5 km에 대한 Northrop사 T-38 Talon의 가용 추력
(대시선) 및 요구 추력(항력) 곡선(실선). X축은 진대기속도(true airspeed)다. [Sungsoo
S. Kim / CC BY-SA 4.0, 데이터 출처: Charles E. Dole, (1981), *Aerodynamics for Naval Aviators*,
John Wiley & Sons, Inc., Fig. 7.5]

250~1,100 km/h, 고도 6 km에서는 370~1,100 km/h, 고도 13.5
km에서는 800~1,000 km/h의 속도 구간에서만 이 조건을 충족
한다. 즉 비행기의 고도 유지에는 최저 속도와 최고 속도가 모두
존재하는 것이다.

고도마다 비행기가 고도를 유지
할 수 있게 하는 속도 구간이 존
재한다.

  그런데 고도에 따른 가용 추력과 항력 곡선의 추이를 보면,
13.5 km보다 높은 어떤 고도 이상에서는 모든 속도 영역에서 항
력이 항상 가용 추력보다 커지게 될 것임을 추정할 수 있으며,
이 고도가 바로 T-38기의 한계 고도가 되는 것이다.[16]

  정리하자면, 고도가 올라갈수록 추력은 대기 밀도의 감소와
함께 줄어들지만 항력 곡선은 더 큰 속도 영역으로 옮겨갈 뿐 그

날개의 양력으로써 고도를 유지
하거나 높이는 비행기엔 한계
고도가 필연적으로 존재한다.

16 T-38기의 한계 고도는 16.5 km가 조금 넘는 것으로 알려져 있다.

크기가 줄어들지는 않는다. 이 때문에 어떤 고도 이상에서는 모든 속도에서 추력이 항력보다 작아지게 되며, 이 때문에 비행기를 이용한 상승에는 한계가 있는 것이다.

| **요약**

- 비행기는 날개의 받음각과 만곡을 통해 날개 위-아래의 압력 차이를 만들어내며, 이로부터 양력을 얻는다.
- 양력의 크기는 동압과 날개 면적에 비례하는데, 동압은 공기의 정돈된 흐름에 대한 부피당 운동에너지다.
- 항력에는 양력 발생에 필연적으로 따르는 유도 항력과, 공기와 기체의 충돌 또는 마찰에 의해 생기는 유해 항력이 있다.
- 유도 항력은 속도의 제곱에 반비례하고 유해 항력은 속도의 제곱에 비례하여, 주어진 고도에서 항력을 최소화하는 최적 속도가 존재한다.
- 제트엔진은 빠른 속도의 배기가스를 뒤로 분사하여 그 반작용으로 추력을 얻는데, 연소실 뒤에 위치한 터빈에 의해 구동되는 블레이드가 엔진으로 흡입되는 공기를 압축하여 연소의 효율을 높인다.
- 가용 추력이 항력보다 크거나 같아야 비행기는 고도를 유지할 수 있으며, 고도마다 이를 가능하게 하는 속도 구간이 존재한다.
- 어떤 임계고도 이상에서는 모든 속도에서 비행기의 추력이 항력보다 작아지게 되어 비행기가 고도를 유지하지 못하며, 이를 한계 고도라 부른다.
- 이 때문에 비행기에 산소 탱크를 싣는다 해도 양력을 이용해서는 우주에 다다를 수 없다.

로켓으로 올라가기

현재 지구궤도에 이르는 유일한 방법은 로켓이다. 대부분의 로켓은 지상에서 수직으로 발사되지만, 일부 로켓은 비행기에 의해 공중으로 옮겨진 후 공중에서 수평으로 발사되기도 한다. 이 장에서는 로켓의 원리와 효율에 대해 알아보고, 공중 발사 로켓의 장단점에 대해서도 논의한다.

제트엔진과 마찬가지로 로켓도 빠른 속도의 배기가스를 노즐 (nozzle, 분사구)을 통해 뒤로 분사하여 그 반작용으로 추력을 얻는다. 제트기는 연료만을 기내에 싣고 산소는 대기 중에서 얻는데 반해, 로켓은 연료(fuel)와 산화제를 모두 로켓 내에 실어서 올라간다. 연료와 산화제를 합해 추진제(propellant)라 칭하며, 추진제는 크게 액체 추진제와 고체 추진제로 나뉜다. 두 추진제의 장단점에 대해서는 뒤에 논의될 것이다.

로켓의 추력은 아래 식에 의해 결정된다.

$$F_{\text{thrust}} = \dot{m}_{\text{prop}}\, v_{\text{exit}} + A_{\text{exit}}(P_{\text{exit}} - P_{\text{atm}})$$

3-1

로켓의 추력

노즐 출구에서의 배기가스 압력과 대기압의 차이는 로켓 추력에 영향을 미친다.

여기서 아래 첨자 prop은 추진제, atm은 대기, exit은 노즐 출구를 나타내며, A는 면적, $\dot{m}_{\text{prop}}$은 추진제의 시간당 소모량(즉 연소율)이다.[1] 제트엔진의 추력을 나타내는 (2-4)식과 달리 (3-1)식에는 대기 흡입에 대한 항($-\dot{m}_{\text{air}}\, v_{\text{plane}}$)이 없으며,[2] 대신 배기가스와 대기 간의 압력 차이에 의한 힘을 나타내는 항인

---

1 연소를 통해 추진제의 질량이 줄어들므로 엄밀히 따져서 $\dot{m}_{\text{prop}}$은 음수여야 하나, 관례상 양수로 쓰인다.

2 물론 로켓과 대기 사이에도 마찰은 존재하나, 로켓의 추력은 대기 흡입을 통해 일어나지 않으므로 (3-1)식에서는 대기 마찰에 관한 항이 고려되지 않는다. 로켓의 운동을 기술하고자 할 때는 로켓에 가해지고 있는 모든 힘(추력, 중력, 대기 항력, 양력)을 모두 고려해야 한다.

$A_{\text{exit}}(P_{\text{exit}} - P_{\text{atm}})$가 있다.[3]

압력 차이 항을 이해하기 위해 그림 3-1의 예를 보자. 구 내부에 있는 가스는 구의 내벽에 압력을 가하는데, 구멍이 없는 경우 모든 방향으로의 압력이 상쇄되어 구는 움직이지 않을 것이다(외부 대기의 유무와 관계없이). 하지만 구멍이 있는 경우, 구멍이 없는 모든 내벽에는 구 내부 가스에 의한 압력이 가해지지만 구멍이 있는 쪽은 압력이 가해지지 못하므로, 구 외부가 진공인 a)의 경우 구는 구멍의 반대쪽(왼쪽)으로 움직이게 된다. 하지만 구 내외의 압력이 같은 b)의 경우, 외부 대기가 벽의 역할을 하기 때문에 구멍이 있더라도 구는 움직이지 않는다. a)와 반대로 c)에서는 구의 외부에만 가스가 있는데, 이 경우에는 구멍 위치에 가해지는 외부 가스에 의한 압력이 구에 미치지 않으므로 구는 오른쪽으로 움직이게 된다.[4]

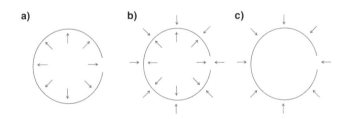

그림 3-1 한쪽에 구멍이 뚫려 있는 구. a) 구 내부에만 가스가 들어 있는 경우, b) 구 내부와 외부에 모두 가스가 있는 경우, c) 구 외부에만 가스가 있는 경우. (Sungsoo S. Kim / CC BY-SA 4.0)

이 세 가지 예는 극단적인 경우인데, 실제 로켓은 a)와 b) 사

---

3   엄밀히 따지면 제트엔진의 경우에도 이 항이 고려되어야 하나, 제트엔진은 이 항이 0에 가까워지도록 설계되기 때문에 (2-4)식에서는 무시되었다.

4   (3-1)식 우변의 첫 항은 로켓엔진의 노즐을 통과하면서 생긴 '정돈된' 속도 성분에 의한 힘으로, 그림 3-1의 세 경우 모두 이에 해당하는 힘은 없다. 정돈된 속도 성분에 대해서는 3.4절에서 자세히 다뤄진다.

이의 상황에 놓이게 된다. 예를 들어 내부 압력이 10이고 외부 압력이 1이라면 구가 얻는 추력은 내부 압력이 9이고 외부 압력이 0인 경우와 같을 것이다. 즉 어떤 물체의 내부 가스가 외부로 분출하는 과정을 통해 추력을 얻는 경우, 내부 압력 중 외부 압력에 해당되는 만큼의 압력은 추력에 기여하지 않게 되며, 추력의 크기는 '내외부 압력 차이'에 구멍의 크기를 곱한 것이 된다.[5]

노즐 출구에서의 배기가스 압력과 대기압의 차이는 로켓 추력에 영향을 미친다.

(3-1)식을 보면 $P_{exit} > P_{atm}$이어야 추력에 보탬이 될 것 같지만 사실 $P_{exit} = P_{atm}$인 경우가 가장 이상적이다. 로켓 추력의 원천은 결국 연소된 가스의 빠른 배기 속도(큰 v_{exit} 값)에서 오는 것이며, 이는 연소실 내부에서 연소에 의해 얻어진 압력, 즉 '무작위(random) 속도 성분'이 노즐을 거치는 동안 한 방향(노즐 출구 방향)으로 흐르는 '정돈된(ordered) 운동 성분'으로 바뀌는 과정을 통해 얻어진다.[6] 따라서 가능한 한 P_{exit}을 낮춰서 큰 v_{exit}을 얻는 것이 유리하나, $P_{exit} < P_{atm}$이 되는 경우 $P_{exit} - P_{atm}$가 음수가 되어 추력 감소를 야기하게 되므로 결국 $P_{exit} = P_{atm}$인 것이 가장 이상적이다. 3.4절에 설명되어 있듯, P_{exit}은 노즐의 모양에 의해 결정되며 대부분의 로켓 노즐은 그 형태가 가변적이지 않으므로 한 로켓엔진의 P_{exit}은 연소율이 일정한 경우 발사 후 경과 시간이나 고도에 관계없이 일정하다.

---

5 압력 차이에 의한 힘의 크기는 (압력 차) × (압력 차이가 작용하는 면적)이다.
6 결국 연소실의 역할은 높은 압력(무작위 운동)의 가스를 만들어내는 것이고, 노즐의 역할은 이를 빠른 속도의 배기(정돈된 운동) 가스로 바꾸는 것이다.

3.2 비추력

(3-1)식을 단순한 형태로 바꾸기 위해 유효분사속도(effective exhaust velocity)를 아래와 같이 정의하자.

유효분사속도

3-2
$$v_{\text{eff}} = v_{\text{exit}} + \frac{A_{\text{exit}}}{\dot{m}_{\text{prop}}}(P_{\text{exit}} - P_{\text{atm}})$$

이를 이용하면 (3-1)식이 아래와 같이 간단해진다.

3-3
$$F_{\text{thrust}} = \dot{m}_{\text{prop}} \, v_{\text{eff}}$$

v_{exit}은 진공에 놓여 있는 로켓엔진의 배기가스가 노즐 출구에서 가지는 속도로, 추진제의 종류와 노즐의 모양에 따라 결정되므로 로켓의 고도에 관계없이 일정하지만, (3-2)식의 우변 두 번째 항은 P_{atm}를 포함하고 있으므로 유효분사속도 v_{eff}는 고도에 따라 달라진다. Falcon 9 로켓의 1단에 쓰이는 Merlin 1D 엔진의 경우, v_{exit} $\cong 3{,}000$ m/s, $A_{\text{exit}} \cong 0.9$ m^2, $\dot{m}_{\text{prop}} \cong 280$ kg/s, $P_{\text{exit}} \cong 0.5$ atm $\cong$ 50,000 Pa 정도의 값을 가지고 있으므로 우변 두 번째 항의 절댓값은 0~160 m/s 정도가 되며, 이는 v_{exit}에 비해 상대적으로 작은 값이다. 따라서 v_{eff}는 v_{exit}과 비슷한 크기를 가지며, 로켓의 실제 추력이 고도에 따라 달라지는 것을 고려한 물리량으로 보면

유효분사속도의 의미.

된다.[7]

　　뉴턴의 두 번째 운동 법칙은 $\boldsymbol{F} = m\boldsymbol{a}$ 인데 이를 조금 더 일

반적으로 기술하면 $F = dp/dt$, 즉 $dp = F \, dt$이다. 따라서 로켓의 추력 F_{thrust}가 궁극적으로 하는 일은 로켓의 운동량을 변화시키는 것이다. 운동량의 변화량을 충격량(impulse)이라 부르며, 추력이 일정한 경우 충격량은 $I = \Delta p = F \, \Delta t$가 된다.

　　로켓의 추력이 클수록 로켓이 만들어내는 충격량 Δp가 커지지만, Δp에는 추진제의 질량도 들어 있으므로 로켓이 같은 Δp를 만들어낼 때 가벼운 추진제일수록 더 많은 화물을 궤도에 올릴 수 있다. 따라서 추진제의 성능을 나타낼 때는 충격량보다 '추진제 질량당 충격량'인 비(比) 충격량(specific impulse)이 더 유용하다.

　　비 충격량은 비추력[8]이라고도 불리며, 관례적으로 추진제 질량당 충격량에 해수면 고도에서의 중력가속도 g_0를 나눈 값으로 정의된다.

$$I_{\text{sp}} = \frac{I}{\Delta m_{\text{prop}} g_0} = \frac{F_{\text{thrust}}}{\dot{m}_{\text{prop}} \, g_0} = \frac{v_{\text{eff}}}{g_0}$$

3-4 　비추력

이 식의 첫 번째 등식은 비추력의 정의로, Δm_{prop}은 로켓에 실리는 총 추진제의 질량이다. 두 번째 등식은 $I = F \, \Delta t$와 $\Delta m_{\text{prop}} = \dot{m}_{\text{prop}} \, \Delta t$에서 왔고, 세 번째 등식은 (3-3)식에서 왔다.

　　(3-4)식에 따르면 비추력은 v_{eff}에만 의존한다(상수 g_0는 잠시 무시하자). 이는 일반적으로 $\Delta p = \Delta m \, v + m \, \Delta v$이지만 일정한 속도의 배기가스로 추력을 얻는 로켓의 경우 $\Delta p = \Delta m \, v$, 즉

7　(3-2)식에 의하면 로켓이 진공에 놓여 있는 경우 v_{eff}는 노즐 출구 방향으로 정돈된 속도 성분인 v_{exit}과 무작위 운동에 의한 속도 중 한 방향 성분인 $A_{\text{exit}} P_{\text{exit}} / \dot{m}_{\text{prop}}$의 합이 되는데, 이는 진공에서 로켓의 추력은 배기가스의 '정돈된 속도 성분'과 '무작위 속도 중 한 방향 성분'의 합으로부터 얻어짐을 의미한다. $P_{\text{exit}} = P_{\text{atm}}$인 경우 $v_{\text{eff}} = v_{\text{exit}}$이 되는데, 이때는 로켓의 추력이 정돈된 속도 성분으로부터만 얻어짐을 의미한다. 이 두 가지 예로부터 v_{eff}는 v_{exit}이 일정하더라도 대기압의 세기에 따라 달라지는 로켓의 실제 추력을 상징하는 속도라 보면 된다.

8　가속도의 단위를 가지는 비추력은 속도의 단위를 가지는 비 충격량과 엄연히 다른 물리량이지만, 우리나라에서는 로켓의 성능을 나타내는 specific impulse에 대해 비추력이라는 단어를 더 흔히 쓰므로 이 책에서도 비추력이라 부르기로 한다.

$\Delta p / \Delta m = v$ 이기 때문이다. 즉, 비추력은 로켓이 수십 톤의 탑재체를 지구궤도에 올릴 수 있는 대형이냐, 1톤 내외의 탑재체를 올릴 수 있는 소형이냐에 관계없는 값이다.

한편 비추력 정의의 분모에 있는 g_0는 단위를 속도에서 시간으로 바꾸는 역할을 한다. 이는 비추력이 시간에 관련된 물리량임을 의미하는데, 구체적으로 무엇을 나타내는지 알아보자. 정의에 g_0가 포함되어 있으므로 로켓이 일정한 가속도 g_0로 가속되는 경우를 생각해보자. 이는 1) 로켓이 지구 해수면 바로 위의 공중에 떠서 자기 위치(고도)를 유지하는 경우와, 2) 무중력의 우주 공간에서 g_0의 가속도로 일정하게 가속되는 경우가 이에 해당한다. 뉴턴의 제2법칙인 $F = m_{\mathrm{roc}}(t)\, g_0$와 (3-3)식을 로켓의 질량 변화율로 나타낸 $F = -\dot{m}_{\mathrm{roc}}(t)\, v_{\mathrm{eff}}$를 같게 놓으면

3-5 $$\dot{m}_{\mathrm{roc}}(t) = -\frac{g_0}{v_{\mathrm{eff}}}\, m_{\mathrm{roc}}(t) = -\frac{1}{I_{\mathrm{sp}}}\, m_{\mathrm{roc}}(t)$$

가 되는데, 여기서 아래 첨자 roc은 로켓을 의미하며, $\dot{m}_{\mathrm{roc}} = -\dot{m}_{\mathrm{fuel}}$이다. 이 식은 로켓이 일정한 가속도를 얻기 위해서는 연소율(즉, 로켓의 질량 변화율)이 매 순간 자신의 질량에 비례해야 함을 의미한다. 미분량이 자신의 값에 비례하는 미분방정식의 해는 지수함수 꼴을 가지므로, 위 식을 풀면 아래를 얻는다.

3-6 $$m_{\mathrm{roc}}(t) = m_{\mathrm{roc,i}} \exp\left(-t/I_{\mathrm{sp}}\right)$$

비추력은 로켓 추진제의 효율을 나타내는 물리량으로, 로켓이 추력에 의해 공중에 뜬 채로 있는 동안 연소를 통해 로켓의 질량이 초기 질량의 $1/e$로 줄어드는 데 걸리는 시간이기도 하다.

여기서 아래 첨자 i는 초깃값을 의미한다. 이 식은 일정한 가속도(g_0)를 가지는 로켓의 질량이 시간에 따라 변화하는 모양을 나타내며, I_{sp}는 로켓의 질량이 초기 질량의 $1/e$로 줄어드는 데 걸리는 시간에 해당함을 알 수 있다(그림 3-2a). 이러한 시간을 e-folding 시간이라 하며, 지수함수적으로 줄어들거나 늘어나는 물리량의 변화가 어떤 시간 척도에서 일어나는지를 알려준다.

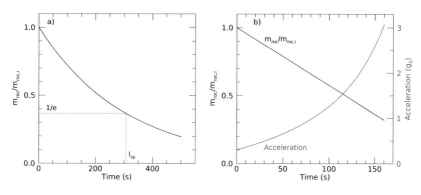

그림 3-2 시간에 대한 로켓의 질량과 가속도의 변화. a) 로켓이 g_0의 일정한 가속도를 내도록 연소율이 (3-5)식과 같은 경우. b) 연소율이 일정한 경우. a)와 b) 모두 v_{eff} = 3 km/s을 가정하여 계산되었고, b)를 위해서는 로켓이 g_0의 균일한 중력장에서 수직으로만 상승하며 추진제의 질량이 로켓 초기 질량의 68%를 차지하고 추진제를 160초 만에 모두 연소하는 경우를 가정했다. b)에 보이는 가속도는 g_0의 일정한 중력장에서 로켓이 결과적으로 가지는 상승 가속도다(a에서는 g_0의 중력장에서 로켓이 같은 고도에 머물고 있게 되므로 상승 가속도는 항상 0이다). a)와 b)의 계산 모두 로켓의 질량은 초기 질량에 상대적으로 나타내어져 있으며, 초기 질량이 실제로 얼마인지는 가정할 필요가 없다. 초기 질량(또는 추진제를 제외한 질량)을 지정하면 (3-3)식으로부터 로켓에 필요한 연소율이 결정된다. (Sungsoo S. Kim / CC BY-SA 4.0)

로켓엔진	추진제	연료의 결합당 분자량	연료의 밀도 (kg/m³)	I_{sp} (s)	연소 시간 (s)
Delta IV 1단	LH₂ + LOX	2	71	360	242
Starship 1단	CH₄ + LOX	4	420	327	
Falcon 9 1단	RP-1 + LOX	~6.5	~900	275	162

표 3-1 대표적인 액체 추진제를 사용하는 세 로켓엔진의 해수면 고도 비추력(I_{sp})과 연소 시간. LH₂는 액화 수소, CH₄는 액화 메탄, LOX는 액화 산소이며, RP-1은 'Rocket Propellant-1'의 약자로 등유의 일종이다. 2023년 6월 현재 Starship 1단의 연소 시간은 알려지지 않았다. (비추력 및 연소 시간 출처: Wikipedia)

표 3-1은 대표적인 액체 추진제를 사용하는 세 로켓엔진의 비추력과 연소 시간을 보여준다. 연료의 종류에 따라 비추력이 다른 값을 갖는데 수소, 메탄, 등유의 순으로, 즉 연료의 공유결합당 분자량이 작을수록 비추력이 크다.[9] 비추력이 클수록 v_{eff}가 크고 같은 질량의 로켓을 더 오랫동안 가속시킬 수 있다. 하지만 비추력이 가장 좋은 수소는 액화 상태에 있더라도 액화 메탄이

추진제 선택 시 비추력뿐 아니라 밀도도 고려되어야 한다.

나 등유보다 밀도가 낮아서 연료 탱크의 크기와 질량이 많이 나가고, 그만큼 로켓에 실을 수 있는 탑재체의 질량이 줄어든다. 따라서 연료의 선택은 비추력뿐 아니라 밀도도 고려되어야 한다.

로켓엔진이 일정한 연소율로 가동되는 경우 로켓의 속도는 점차 빨라지는데, 연소로 인해 로켓의 질량이 계속 줄어들기 때문이다.

비추력의 의미를 설명하기 위해 (3-5)식과 (3-6)식을 유도할 때는 일정한 가속도($F_{\text{thrust}} / m_{\text{roc}}$)를 가정했고, 이 때문에 로켓의 질량이 무거운 초기에는 연소율이 높고 로켓의 질량이 가벼워질수록 연소율이 낮아졌다. 하지만 로켓이 실제로 궤도에 올라갈 때는 가능한 짧은 시간 안에 오르는 것이 더 효율적이다. 목표 고도에 올라가서 그 고도에서의 원궤도 속도에 이르기 전까지는 계속 중력과 싸워야 하기 때문이다. 따라서 일반적으로 궤도로 올라가는 로켓은 엔진이 감당할 수 있는 가장 높은 연소율로 짧은 시간 안에 연소하는 것이 유리하다.[10] 그림 3-2b는 일정한 연소율을 가진 로켓이 g_0의 일정한 중력장에서 수직 상승할 때 가지는 로켓 질량과 상승 가속도를 보여주는데, 시간이 감에 따라 로켓의 질량이 줄어드므로 연소율은 일정하지만 상승 가속도는 점차 커짐을 알 수 있다.

---

9   분자량은 탄소-12 질량 단위로 나타낸 분자의 질량이며, 분자량과 비추력 사이의 관계에 대해서는 3.7절에서 자세하게 다룰 것이다.

10   빨리 연소해서 로켓의 질량을 더 빨리 줄이는 것 자체도 효율 향상에 도움이 된다.

3.3 로켓 방정식

로켓의 목적은 탑재체를 지구궤도에 올리거나, 지구 중력장을 벗어나서 달이나 다른 행성 및 소행성까지 가게 하는 것이다. 이들 경우 모두 탑재체가 특정 속도에 이르러야만 가능하므로, 로켓의 궁극적 목표는 결국 속도의 변화, 즉 속도 증분(Δv)이다. 비추력은 추진제와 엔진의 성능을 가늠해주기는 하지만 로켓 전체의 성능이나 효율을 나타내는 것은 아니다. 왜냐하면 속도의 변화는 가속도(a)를 시간에 대해 적분하여 얻어지며, 로켓의 가속도는 같은 연소율 $\dot{m}_{prop}$과 유효분사속도 v_{eff}를 가진 로켓이라 하더라도 자신의 질량에 따라 달라지기 때문이다.

로켓의 목표는 탑재체에 속도 증분(Δv)을 가져다주는 것이다.

로켓 추력의 결과로 얻어지는 Δv를 지구 중력, 대기에 의한 항력, 양력 등을 무시한 이상적인 경우에 대해 (3-3)식을 이용해 구해보면 아래와 같다.

$$\Delta v_{roc} = \int a\, dt = \int \frac{F_{thrust}}{m_{roc}} dt = v_{eff} \int \frac{\dot{m}_{roc}}{m_{roc}} dt$$
$$= v_{eff} \ln\left(\frac{m_{roc,i}}{m_{roc,f}}\right) = I_{sp}\, g_0 \ln\left(\frac{m_{roc,i}}{m_{roc,f}}\right)$$

3-7 이상 로켓 방정식

여기서 아래 첨자 f는 말깃값을 나타내며, 이 식을 이상(ideal) 로켓 방정식, 또는 처음으로 유도한 학자의 이름을 따 치올코프스

키(Tsiolkovsky) 로켓 방정식이라 부른다. 이 식에 따르면 Δv는 비추력(I_{sp})뿐 아니라 로켓의 초기 질량과 말기 질량(추진제가 모두 연소된 후의 질량, 즉 추진제를 제외한 로켓의 질량)의 비, 즉 질량비($m_{roc,i}/m_{roc,f}$)에도 의존한다. 추진제를 제외한 로켓의 질량을 건조 질량(dry mass)이라 부르는데, 총 질량(초기 질량)에 비해 건조 질량이 작을수록(즉 질량비가 클수록) 효율적인 로켓이 된다. Falcon 9 FT[11] 로켓으로 고도 200~300 km의 지구궤도까지 탑재체를 올리는 경우 추진제의 질량는 총 질량의 ~90%에 달하므로 10 부근의 질량비를 가진다.

연료의 선택 시 비추력뿐 아니라 밀도도 고려되어야 한다. 일반적으로 상단으로 갈수록 비추력이 큰 연료가, 하단으로 갈수록 밀도가 큰 연료가 유리하다.

표 3-1에 나와 있듯 비추력이 좋은 연료일수록 밀도가 작아 큰 부피를 차지하며, 따라서 연료 탱크 및 로켓 기체(airframe)[12]의 크기와 질량이 더 나가야 한다. 이 때문에 연료의 선택은 비추력뿐 아니라 질량비까지 모두 고려해서 이루어져야 한다. 다단 로켓의 경우 상단으로 갈수록 탑재체가 차지하는 질량 비율이 커져서 연료 탱크의 질량이 질량비에 주는 영향이 상대적으로 적으며, 하단으로 갈수록 탑재체가 차지하는 질량 비율이 작고 더 많은 연료를 신게 되므로 연료 탱크의 질량이 질량비에 주는 영향이 커진다. 이 때문에 일반적으로 상단으로 갈수록 밀도는 작아도 비추력이 큰 연료가, 하단으로 갈수록 비추력은 작아도 밀도가 큰 연료가 유리하게 된다.[13]

---

11 FT는 'Full thrust'의 약자로, Falcon 9의 버전(version) 이름이다.

12 연료 및 산화제 탱크, 엔진, 탑재체 등을 감싸는 로켓의 외곽 구조물.

13 Falcon 9의 경우 1단과 2단의 연료 모두 RP-1이 사용되는데, 이는 1, 2단 엔진의 종류를 통일하여 로켓 전체의 개발, 생산, 재사용을 위한 정비(refurbishment)에 들어가는 비용을 절감하기 위한 것으로 보인다.

순항속도가 900 km/h 정도에 이르는 여객기의 경우, 제트엔진에서 나오는 배기가스의 최대 속도가 ~0.5 km/s(~2,000 km/h)에 달하지만 이 속도는 여전히 아음속에 해당한다.[14] 하지만 로켓의 분사 속도는 이보다 몇 배 더 커야 하는데 이는 지구 저궤도에서의 원궤도 속도만 하더라도 ~8 km/s(~30,000 km/h)에 이르기 때문이다. 이 때문에 로켓의 노즐은 연소실 내 뜨거운 가스의 열에너지(무작위 운동 성분[15])를 최대한 많이 병진 운동에너지(정돈된 운동 성분)로 바꿔야 하며, 이를 위해서는 특별한 모양의 노즐이 필요하다.

로켓을 궤도에 올리기 위해서는 배기가스의 속도를 최대한으로 올려야 하며, 이를 위해 특별한 모양의 노즐이 필요하다.

　노즐은 연소실 내의 가스가 바깥으로 빠져나가는 통로이며, 노즐을 따라 생기는 노즐 단면적의 변화에 의해 그 안에서 이동하는 가스의 물리량들이 위치에 따라 변화한다(그림 3-3a). 로켓엔진의 연소율은 시간에 따라 일시적으로 변하기도 하지만[16] 대

---

14 상온에서 대기의 음속은 1,120 km/h이지만 음속은 기체 절대온도의 1/2승에 비례하여 커지므로, 뜨거운 배기가스 내에서는 2,000 km/h의 속도도 아음속에 해당한다.

15 열에너지는 주변에 열(heat)로 전달될 수 있는 에너지이며, 기체의 경우 기체를 구성하는 입자의 무작위 병진운동, 분자의 회전운동, 진동운동의 형태를 갖는다(회전 및 진동 운동은 구성 입자가 분자인 경우에만 해당). 이 책에서는 이 세 운동을 통칭하여 무작위 운동 성분이라 부를 것이다.

16 많은 로켓이 10~15 km 고도에 있는 최대 동압점을 지날 때 연소율을 잠시 줄인다(5.3 및 5.4절 참조).

체로는 일정하며, 수식을 통한 아래 논의에서는 노즐을 통해 빠져나가는 가스의 흐름이 시간에 대해 일정(steady)하다고 가정할 것이다.

노즐을 따라 움직이는 가스의 물리량 변화를 계산하기 위해서는 압축 가능한 유체에 대한 베르누이 법칙[17]이 필요하다.

압축 가능한 유체에 대한 베르누이 법칙

3-8

$$u + \frac{P}{\rho} + \frac{1}{2}v^2 = \text{constant}$$

여기서 u는 비(比) 내부 에너지이며, 좌변 처음 두 항의 합인 $u + P/\rho$는 비(比) 엔탈피(h)에 해당한다. 엔탈피의 개념은 비 엔탈피 대신 단위질량으로 나누지 않은 물리량인 엔탈피로 설명하는 것이 더 용이한데, 엔탈피 $H \equiv U + PV$는 1) 내부 에너지 U와, 2) 압력 P가 일정한 상태에서 공간 V를 '만들어내기' 위해 필요한 일인 PV의 합이다. 따라서 베르누이 법칙은 1) 가스의 내부 에너지[18](열에너지), 2) 공간을 만들어내는 데 드는 에너지, 3) (통로를 따라 한 방향으로 흐르는 움직임에 의한) 정돈된 운동에너지의 합이 일정함을 의미한다. 즉, 연소실에서 얻어진 높은 열에너지는 통로(노즐)를 따라 움직이며 P/ρ(즉 PV)를 변화하는 데 쓰이거나 노즐 내 이동하는 성분의 운동에너지인 $\frac{1}{2}v^2$으로 바뀌는 것인데, 노즐의 모양은 P/ρ의 변화 양상을 결정한다.

이제 노즐을 어떻게 설계하면 이동 속도 v를 극대화할 수 있는지 알아보자. 이를 위해서는 (3-8)식 외에 3개의 식이 더

---

17 베르누이 법칙은 유체역학의 기본 방정식인 오일러방정식에서 유도되며, 압축 가능한(compressible) 유체의 경우 유체의 흐름이 일정하다는 조건만 필요하다. 로켓의 경우 연료와 산화제의 일정한 유입에 의해 연소가 유지되면 이 조건을 만족하게 된다. 2장에서 언급된 베르누이 방정식(2-1식)은 비압축적 유체에 대한 경우였으며, (3-8)식이 더 일반적인 경우에 대한 식이다.

18 내부 에너지란 유체가 내부에 보유할 수 있는 모든 형태의 에너지를 말하는데, 앞서 언급된 열에너지(무작위 병진운동, 분자의 회전 및 진동 운동) 외에 원자 내 전자의 퍼텐셜에너지, 분자의 결합에너지 등을 포함한다. 연소실에서 빠져나온 후 노즐을 따라 이동하는 가스의 경우 전자의 퍼텐셜에너지나 분자 결합에너지 등은 고려해야 할 정도의 높은 온도는 아니며, 따라서 내부 에너지를 전부 열에너지로 봐도 무방하다. 연소실에서 일어나는 연소의 역할은 결국 내부 에너지의 일종인 분자 결합에너지를 다른 형태의 내부 에너지인 열에너지로 바꾸는 것이다.

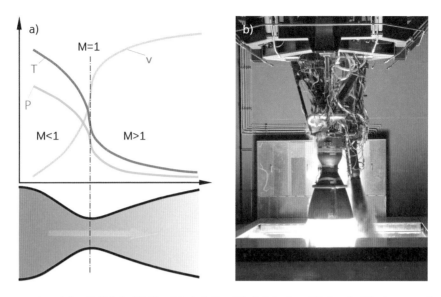

그림 3-3 a) 드 라발 노즐 안에서 이동하는 가스가 가지는 내부 에너지, 밀도, 이동 속도의 변화. b) Falcon 9의 1단에 사용되는 Merlin 1D 엔진의 연소 시험 장면으로, 아랫부분에 드 라발 노즐의 형태가 보인다. (a: ЮK / Wikimedia Commons / Public Domain; b: SpaceX / Wikimedia Commons / CC0 1.0)

필요한데, 가역과정에 대한 열역학 제1법칙, 연속방정식(질량 보존식), 음속의 정의 등이 그것이다. 먼저 열역학 제1법칙은 $du = Tds + Pd\rho$인데, 가역과정[19]의 경우 비(比) 엔트로피의 변화량 ds가 0이기 때문에 열역학 제1법칙은

$$du = Pd\rho$$

3-9   열역학 제1법칙

가 된다. 두 번째 필요한 식인 연속방정식은 통로를 따라 이동하는 가스가 만족해야 하는 식으로

$$\rho v A = \text{constant}$$

3-10   연속방정식

이며, 여기서 A는 통로의 단면적이다. 세 번째 필요한 식인 음속의 정의는 $v_{sound} = \sqrt{dP/d\rho}$인데, 이를 마하 수(Mach number)로

---

19 통로를 따라 한 방향으로 움직인 가스를 역방향으로 되돌릴 때 원래 가졌던 물리량들을 다시 가지게 되는 과정. 고립된 계의 엔트로피는 유지되거나 늘어나야 하므로 가역과정이 되기 위해서는 $ds = 0$이어야 한다. 통로 내벽과의 마찰이나 점성에 의한 가스 내 마찰 등이 무시될 수 있는 경우, 가역과정이라 볼 수 있다.

표현하면

음속의 정의

3-11

$$M \equiv \frac{v}{v_{\text{sound}}} = \frac{v}{\sqrt{dP/d\rho}}$$

가 된다.

이제 (3-8), (3-10)식을 미분하고 (3-9), (3-11)식과 합치면

수렴-발산 노즐
(3-8)~(3-11)을 이용하여 유
도된다.

3-12

$$\frac{dv}{v} = \frac{1}{M^2 - 1} \frac{dA}{A}$$

를 얻는다. 이 식은 가스의 이동 속도가 음속보다 느릴 때($M < 1$)
는 통로의 단면적이 줄어야 속도가 증가하지만, 반대로 음속보
다 빠를 때($M > 1$)는 단면적이 늘어야 속도가 증가함을 뜻한
다. 이 때문에 가스의 이동 속도를 최대한 높이기 위해서는 로켓

연소 가스의 배기 속도를 최대
한 끌어올리기 위해서는 처음에
는 수렴하다가 나중에는 발산하
는 형태의 노즐이 필요하다.

의 노즐이 처음에는 수렴하다가 나중에는 발산하는 형태를 가져
야 하며, 이러한 노즐을 드 라발(de Laval) 노즐, 또는 수렴-발산
(convergent-divergent) 노즐이라 부른다(그림 3-3).[20]

빌딩들 사이의 좁은 통로에 부는 바람이 더 세다는 경험으
로부터 단면적이 줄 때 속도가 늘어나는 경우($M < 1$)는 이해하
기 쉽지만, 그 반대의 경우($M > 1$)는 그다지 직관적이지는 않
다. 이러한 현상을 이해하기 위해 밀도 변화의 관점에서 보자.
(3-9)식은 내부 에너지를 줄여 속도를 얻기 위해서는 밀도가 먼
저 줄어들어야 함을 의미한다. 밀도 변화와 속도 변화 사이의
관계를 보기 위해 흐름이 일정한 유체에 대한 운동량 보존식인
$v\,dv = -dP/\rho$[21]와 (3-11)식을 합치면

3-13

$$\frac{d\rho}{\rho} = -M^2 \frac{dv}{v}$$

---

20 제트엔진의 배기가스 속도는 음속을 넘지 않기 때문에 제트엔진의 노즐은 수렴만 하는 형태를 가진다.

21 이 식은 유체역학의 기본 방정식인 오일러방정식 중 운동량 보존에 관한 식인 두 번째 식에서 온 것으로, 1) 외부 힘이 없고 2) 유
체의 흐름이 일정해서 시간에 대한 편미분이 0인 경우에 해당한다.

를 얻게 되는데, 이는 밀도가 줄면 속도가 늘어남을 의미한다. (3-8)에서 (3-10)식을 보면 밀도의 변화를 만들어내는 것은 결국 단면적의 변화인데, (3-10)식의 미분 형태인

$$\frac{d\rho}{\rho} + \frac{dv}{v} + \frac{dA}{A} = 0 \qquad \boxed{\text{3-14}}$$

에 의해 단면적의 변화는 밀도와 속도의 변화를 동시에 야기한다는 것이 핵심이다. 속도를 키우기 위해 단면적을 줄여도 상대적 밀도 변화의 절댓값($|d\rho/\rho|$)이 상대적 속도 변화의 절댓값($|dv/v|$)보다 더 빨리 일어나면 의도와는 다르게 밀도가 증가하고 속도가 감소하게 된다. 이처럼 의도와 다른 결과를 낳을 수 있는 이유는 (3-13)식에 음의 부호가 있기 때문이며, $|d\rho/\rho| > |dv/v|$가 되는 경우는 가스의 이동 속도가 초음속($M > 1$)일 때다. 바로 이것이 아음속($M < 1$)에서는 우리가 흔히 경험하듯 통로(노즐)의 단면적을 줄여야 이동 속도가 늘고, 초음속에서는 반대로 단면적을 넓혀야 속도가 증가하는 것이다.

로켓 노즐의 출구 쪽이 발산하는 모양을 가지는 이유.

위 문단의 설명을 수식으로 나타내고자 (3-13)식을 (3-14)식에 대입해보면

$$(1 - M^2)\frac{dv}{v} + \frac{dA}{A} = 0 \qquad \boxed{\text{3-15}}$$

를 얻게 되는데, 이는 결국 (3-12)식과 같은 식이다.

(3-12)식에 의하면 노즐 출구의 단면적(A_{exit})이 클수록 출구에서의 배기가스 속도(v_{exit})가 커진다(출구에서 $M > 1$인 경우). 하지만 A_{exit}이 너무 크면 노즐의 길이와 질량이 늘어날뿐더러, 로켓 하단의 경우 출구에서의 배기가스 압력(P_{exit})이 대기압(P_{atm})보다 낮으면[22] 로켓의 추력이 줄어든다(3-2식). 반대로 노즐의 크기가 너무 작으면 배기가스의 내부(열) 에너지가 정돈된 운동에너지로 다 전환되지 못하고 빠져나가는 것이기 때문에 추진제 효율 면에서 손실을 본다.

그림 3-4는 a) $P_{exit} < P_{atm}$, b) $P_{exit} = P_{atm}$, c) $P_{exit} > P_{atm}$의 세 경우에 대하여 배기가스가 노즐 바로 바깥에서 가지게 되는 흐름의 양상을 보여준다. a)에서는 더 센 대기압으로 인해 배기가스 흐름의 폭이 조여지는 효과가 생기고, 이는 배기가스의 흐름을 방해하여 추력을 줄어들게 하는 결과를 낳는다. c)에서는 더 센 배기가스 압력으로 인해 배기가스가 노즐을 **빠져나가자마**자 팽창을 하는데, 이는 배기가스 내부 에너지의 일부가 추력이

노즐 출구에서의 배기가스 압력과 대기압이 같을 때 가장 효율적이다.

---

22 앞에서 언급된 운동량 보존식은 $dP = -\rho v\, dv$의 관계를 가지므로 노즐을 따라 이동하는 기체는 속도가 빨라질수록 압력이 지속적으로 낮아지게 된다. 압력은 내부 에너지를 나타내는 한 형태이므로 결국 기체 압력을 줄여야 이동 속도가 빨라지는 것이다.

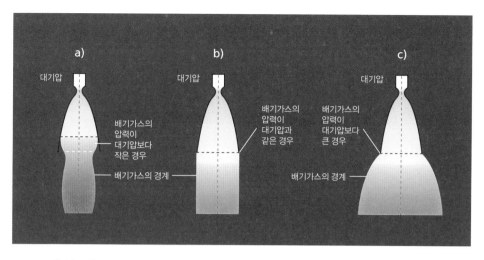

그림 3-4 배기가스의 노즐 출구 압력이 a) 대기압보다 작은 경우, b) 대기압과 같은 경우, c) 대기압보다 큰 경우. a)의 경우는 추력 감소가 야기되고, c)의 경우는 추진제 효율 손실이 야기된다. (Wisdom House, Inc. / CC BY-SA 4.0)

아닌 가스 팽창에 쓰인다는 것을 의미한다.

따라서 노즐 출구에서의 배기가스 압력이 대기압과 같을 때가 가장 효율적인데, 대기압은 고도에 따라 다르므로 하나의 노즐로 모든 고도에서 높은 효율을 가지기는 힘들다. 이 때문에 2개 이상의 단으로 구성된 로켓의 경우,[23] 하단에서는 상대적으로 길이가 짧고 A_{exit}이 작은 노즐을, 상단에서는 상대적으로 길이가 길고 A_{exit}이 큰 노즐을 사용한다. 2단으로 구성된 Falcon 9의 경우, 1단 엔진은 해수면에서 ~70 km 고도[24]까지 쓰이고, 2단 엔진은 ~80 km 고도부터 쓰인다. 1단과 2단에 모두 Merlin 1D 엔진이 사용되는데, 1단에 쓰이는 버전인 Merlin 1D Sea level은 약 1 m의 노즐 출구 직경을, 2단에 쓰이는 버전인 Merlin 1D Vacuum은 약 3 m의 노즐 출구 직경을 가진다 (그림 3-5).

배기가스의 압력이 외부 대기압과 큰 차이가 나지 않게 하기 위해 로켓 각 단의 노즐은 크기가 다르다.

---

23 지금까지 개발된 모든 지구궤도로의 발사체는 다단 로켓이다.

24 70 km 고도에서의 대기압은 약 5×10^{-5} 기압으로, 해수면 기압인 1기압에 비하면 진공에 가깝다.

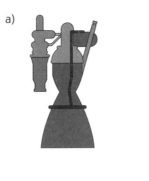
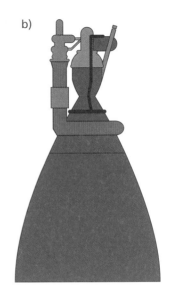

그림 3-5 a) Falcon 9 로켓의 1단에 사용되는 Merlin 1D Sea level 엔진과 b) 2단에
사용되는 Merlin 1D Vacuum 엔진. 노즐 발산 부분의 크기 차이가 극명하게 비교
된다. (Wisdom House, Inc. / CC BY-SA 4.0)

로켓의 추진제로는 연료와 산화제로 구성되는 이원추진제(bi-propellant)가 가장 흔히 쓰인다.[25] 추진제가 가지고 있는 화학결합 에너지는 연소를 통해 내부 에너지로 바뀌는데, 연소란 연료와 산화제 사이에 고온에서 일어나는 발열성 산화-환원 반응으로, 산화는 전자를 잃는 반응(연료)이고 환원은 전자를 얻는 반응(산화제)이다.[26] 추진제 내의 화학에너지가 어떻게 내부 에너지로 바뀌는지를 알아보기 위해 액체수소와 액체산소로 구성된 추진제의 예를 보자.

수소 분자와 산소 분자

수소와 산소는 상온에서 H_2와 O_2인 이원자분자 형태의 기체로 존재한다. 이들이 분자의 형태로 존재하는 이유는 상온의 환경이 분자 결합 상태를 깰 만큼 충분히 큰 에너지를 이들에 공급하지 못하기 때문이다. 하지만 기체로서의 수소 및 산소 분자들은 밀도가 매우 낮아 이들을 담는 탱크의 크기가 너무 커져서 로켓

---

25 자세 조정이나 궤도 조정을 위해 우주 발사체나 우주선에 쓰이는 추력기에는 한 종류의 물질만으로 이루어진 단일추진제(monopropellant)가 흔히 쓰인다. 단일추진제에 대해서는 이 절의 마지막 부분에서 다룬다.

26 수소를 잃거나 산소를 얻는 것을 산화라 부르고, 수소를 얻거나 산소를 잃는 것을 환원이라 부른다.

에 신기에 부적합하다. 따라서 수소와 산소는 저온의 액체 형태로 로켓에 주입되어 보관되는데, 이들은 저온의 액체 상태에서도 H_2와 O_2의 분자 형태로 존재한다.

두 분자 모두 공유결합을 통해 분자의 상태가 되는데, 공유결합이란 2개의 원자가 만나서 상대방의 전자를 공유하여 더 안정된 상태를 가지는 것이다.[27] 수소나 산소 모두 상온이나 그 이하의 온도에서는 전자들이 원자 내 가장 낮은 에너지준위에 머무른다. 수소는 전자가 하나이므로 전자가 첫 번째 껍질에 머무르게 되며, 산소는 전자가 8개이므로 첫 번째 껍질에 2개, 두 번째 껍질에 6개가 존재한다.[28] 원자는 전자가 존재하는 가장 바깥 껍질(최외각)이 다 채워질 때까지 다른 원자와 결합을 하려는 성질이 있는데, 이는 공유결합을 통해 더 안정된 상태, 즉 더 낮은 에너지 상태로 갈 수 있기 때문이다.

먼저 왜 공유결합을 하는 것이 더 낮은 에너지 상태인지 수소를 예로 들어 알아보자. 두 수소 원자가 먼 거리에 놓여 있을 때는 서로의 전기력이나 중력을 느끼지 못한다. 이는 먼 거리(수십 Å 이상[29])에서는 원자가 전기적으로 중성으로 보이며, 개별 원자의 중력은 양성자나 전자의 전기력(쿨롱 힘)에 비해 너무나 작아서 무시할 수 있기 때문이다. 이 경우 두 원자 사이의 퍼텐셜은 0이다.[30] 하지만 두 원자가 Å 단위로 가까워지면 서로의 전기력을 느껴서[31] 공유결합이 가능하게 되는데, 이는 원자 A의 전

---

27 원자 간의 결합은 공유결합 외에 이온결합, 금속결합이 있다. 이온결합은 금속원소와 비금속원소 간의 결합이고 금속결합은 금속원소 가의 결합으로, 액체연료나 산화제에는 해당되지 않는다.

28 원자 내 전자들의 에너지준위는 양자화되어 있으며, 가장 낮은 에너지를 가지는 첫 번째 껍질에는 전자가 2개, 그다음으로 낮은 에너지를 가지는 두 번째 껍질에는 8개, 그다음인 세 번째 껍질에는 18개의 전자가 들어갈 수 있다. (n 번째 껍질에 들어갈 수 있는 전자의 수는 $2n^2$이다.)

29 Å: 옹스트롬으로 읽으며, 길이의 단위로 10^{-10} m에 해당한다. 이 단위의 명칭은 스웨덴 천체물리학자 안데르스 요나스 옹스트롬(Anders Jonas Ångström)의 이름에서 왔다.

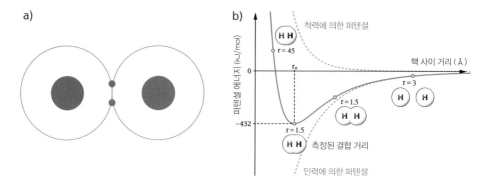

a)

b)

척력에 의한 퍼텐셜

H H
○ r = 45

퍼텐셜 에너지 (kJ/mol)

r_0

0

핵 사이 거리 (Å)

r = 3

H   H

r = 1.5

H H

−432

r = 1.5

H H 측정된 결합 거리

인력에 의한 퍼텐셜

그림 3-6 a) 두 수소 원자가 공유결합 하여 수소 분자(H_2)를 이루고 있는 상태. b) 두 수소 원자의 공유결합 전과 후의 결합 퍼텐셜에너지. 두 원자 사이의 거리가 너무 가까워지면 양자역학적 반발력에 의해 척력이 생기며, 이로 인해 결합 퍼텐셜에너지가 양의 방향으로 급격히 올라간다. (a: Sungsoo S. Kim / CC BY-SA 4.0; b: MikeRun / Wikimedia Commons / CC BY-SA 4.0)

자와 원자 B의 양성자가 전기적으로 결합되고 원자 A의 양성자와 원자 B의 전자가 전기적으로 결합된 상태다(그림 3-6a). 이와 같이 서로 인력을 느끼는 상태가 되면 음의 퍼텐셜을 가지며, 결합 전(결합 퍼텐셜이 0)에 비해 더 낮은 퍼텐셜에 위치하므로(그림 3-6b) 그만큼의 에너지가 광자나 입자의 운동에너지 형태로 결합된 분자로부터 빠져나와야만 한다. 반대로 공유결합 상태를 깨려면 같은 양의 에너지가 투입되어야 하는데, 상온이나 그 이하의 온도에서는 이 정도 크기의 에너지가 쉽게 공급되지 않기 때문에 한 번 결합이 이루어지면 계속 분자 상태로 존재하게 되는 것이다.[32] 즉 한 번 만들어진 결합은 여간해서는 깨기 힘든, 안정된 상태(더 낮은 퍼텐셜에너지 상태)에 놓이게 된다.[33]

이와 같은 공유결합은 최외각이 다 채워질 때까지만 쉽게 일

원자들이 공유결합을 통해 분자 상태가 되면 더 낮은 퍼텐셜로 내려가므로 안정된 상태에 있게 된다.

---

30 퍼텐셜은 힘이 서로 미치지 않을 때 0의 값을, 인력이 미치고 있을 때는 음(−)의 값을, 척력이 미치고 있을 때는 양(+)의 값을 가지도록 정의된다.

31 충분히 가까운 거리에서는 전자의 음전하와 원자핵의 양전하에 의한 힘이 구분되어 느껴지기 때문이다.

32 수소 분자가 해리되는 온도는 약 3,000 K이다.

어나고 그 이후에는 잘 일어나지 않는데, 이는 기존의 최외각을 다 채우고 난 후 추가로 일어나는 공유결합은 더 바깥 껍질에 공유 전자를 두어야 하고, 이 경우 원자핵과의 거리가 멀어져서 전기적 인력이 줄어드는 데다, 그 아래에 존재하는 전자들이 원자핵의 전기력을 효과적으로 가리기 때문이다. 이 때문에 최외각($n=1$)에 전자가 하나 더 들어갈 수 있는 수소 원자는 하나의 공유결합만 하면 안정된 상태가 되고, 최외각($n=2$)에 전자가 2개 더 들어갈 수 있는 산소 원자는 2개의 공유결합, 즉 다른 산소 원자와 2개의 전자를 공유하는 이중결합을 해야 안정된 상태가 된다.

수소와 산소의 연소

이제 다시 액체수소와 액체산소에 의한 연소의 예로 돌아오자. 수소 분자와 산소 분자는 모두 공유결합 상태에 있지만 공유결합에 의한 퍼텐셜에너지의 크기는 결합하는 원소에 따라 다르다. 수소 분자의 단일결합은 -436 kJ/mol의 퍼텐셜을 가지며, 산소 분자의 이중결합은 -498 kJ/mol의 퍼텐셜을 가진다(그림 3-7a).[34] 두 숫자가 비슷해 보이나 산소 분자의 결합당 퍼텐셜에너지는 -249 kJ/mol로, 수소 분자의 퍼텐셜에 비해 반 정도의 값에 해당한다. 즉 산소 분자의 공유결합이 결합 수당으로 따졌을 때 더 약한 것이다.

　수소와 산소가 연소를 일으키면 결과물로 물 분자가 만들어

33　원사 및 분사 등의 미시 세계를 정확히 기술하기 위해서는 양자역학을 이용해아 하며, 양자역학적 관점에서 볼 때 공유결합 상태의 퍼텐셜에너지가 비결합 상태보다 낮은 이유는 공유결합 시 전자들이 더 넓은 공간에 분포할 수 있어서 불확정성원리에 의해 더 낮은 운동에너지를 가지기 때문이다.

34　kJ/mol은 1몰(mole) 개 입자당 에너지의 단위다. 줄(Joule, J)은 에너지의 단위이며 kJ는 1,000 J을 의미한다. 몰은 6.022×10^{23}개의 입자이며 단위는 mol로 표시한다. kJ/mol은 분자의 결합(또는 해리)에너지를 나타낼 때 흔히 쓰이며, 1 kJ/mol = 0.01036 eV에 해당한다.

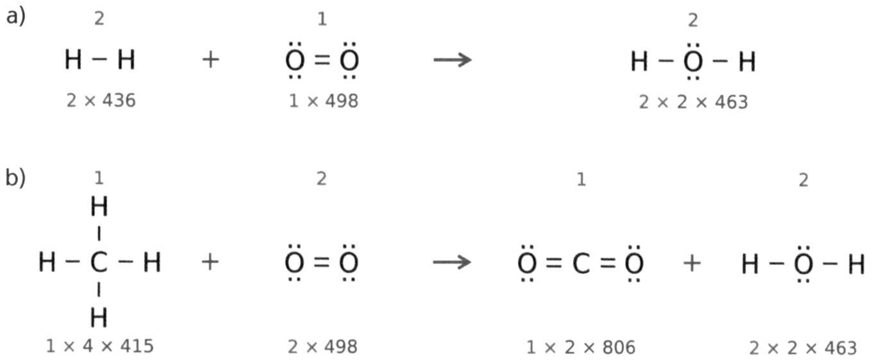

a)

$$2 \quad\quad\quad 1 \quad\quad\quad\quad\quad 2$$

$$H-H \quad + \quad \ddot{\text{O}}=\ddot{\text{O}} \quad \longrightarrow \quad H-\ddot{\text{O}}-H$$

$$2 \times 436 \quad\quad 1 \times 498 \quad\quad\quad\quad 2 \times 2 \times 463$$

b)

$$1 \quad\quad\quad\quad 2 \quad\quad\quad\quad 1 \quad\quad\quad\quad 2$$

$$H-\overset{\displaystyle H}{\underset{\displaystyle H}{C}}-H \quad + \quad \ddot{\text{O}}=\ddot{\text{O}} \quad \longrightarrow \quad \ddot{\text{O}}=C=\ddot{\text{O}} \quad + \quad H-\ddot{\text{O}}-H$$

$$1 \times 4 \times 415 \quad\quad 2 \times 498 \quad\quad 1 \times 2 \times 806 \quad\quad 2 \times 2 \times 463$$

그림 3-7 수소(a)와 메탄(b)의 연소 반응식. 각 원자 간을 잇는 선 중 '–'는 단일 공유결합을, '='는 이중 공유결합을 나타내며, 원자 위아래에 있는 점의 수는 공유결합에 참여하지 않는 전자(비공유 전자)의 개수를 나타낸다. 분자 위와 아래에 있는 파란색 숫자는 반응에 참여하는 분자의 개수이며, 분자 아래에 있는 숫자는 공유결합 퍼텐셜의 절댓값이다(단위 kJ/mol). (Sungsoo S. Kim / CC BY-SA 4.0)

지는데, 물 분자는 수소–산소 원자 간 단일 공유결합 2개로 이루어져 있다. 각 공유결합당 퍼텐셜은 –463 kJ/mol에 해당하며 물 분자 하나당 총 –2 × 463 = –926 kJ/mol의 퍼텐셜에너지를 가진다. 이제 2개의 수소 분자와 하나의 산소 분자가 2개의 물 분자로 바뀌는 연소 반응의 퍼텐셜에너지들을 비교해보면, 반응 전 3개 분자의 총 퍼텐셜은 –(2 × 436 + 498) = –1,370 kJ/mol이고, 반응 후 2개 분자의 총 퍼텐셜은 –2 × 2 × 463 = –1,852 kJ/mol이다(그림 3-7a).

반응 후의 퍼텐셜이 482 kJ/mol만큼 더 낮으므로(더 큰 절댓값) 이만큼의 양(positive)의 에너지(+482 kJ/mol)가 생성되어야 반응 전후의 에너지가 보존되는데, 반응 후 물질인 물 분자들이 양의 에너지를 가지고 있을 방법은 내부 에너지(병진·회전·진동)의 형태밖에 없다.[35] 결국 연소(발열성 반응)란 반응 전에 상대적으로 연소는 더 높은(약한) 퍼텐셜에 있는 분자들이 더 낮은(강한) 퍼텐셜에 있는 분자로 재결합하는 것이며, 이때 발생하는 에너지는 연소 전후 퍼텐셜의 차이에서 오는 것이다.

더 높은(0에 더 가까운; 약한) 총 퍼텐셜에너지가 반응 후에 상대적으로 더 낮은(음으로 더 깊은; 강한) 총 퍼텐셜에너지로 바뀌는 것이고, 그 차이만큼이 내부 에너지의 형태로 만들어지는 것이다.[36]

공유결합 퍼텐셜에너지의 크기

이와 같이 어떤 원자들 사이의 결합이냐에 따라 퍼텐셜에너지의 크기가 다른데, 결합 퍼텐셜에너지의 크기는 무엇에 의해 결정될까? 결합당 퍼텐셜에너지는 수소-수소 결합이 –436 kJ/mol, 산소-산소 결합이 –249 kJ/mol, 수소-산소 결합이 –463 kJ/mol인데, 산소-산소 결합의 퍼텐셜에너지 절댓값이 특히 작은 것은 무엇 때문일까? 이를 이해하기 위해 공유결합에 관련되는 퍼텐셜에너지들을 간단한 근사식으로 살펴보자.

우선 두 전하 q_1, q_2 사이의 전기 퍼텐셜은

3-16
$$U_e = k_e \frac{q_1 q_2}{r}$$

공유결합은 양성자–전자 간의 새로운 인력과 양성자–양성자 간의 새로운 척력을 모두 야기한다.

이며, 여기서 k_e는 쿨롱 상수, r은 두 전하 사이의 거리다. 공유결합은 원자핵과 전자 사이의 인력에 의한 퍼텐셜과 원자핵과 원자핵 사이의 척력에 의한 퍼텐셜을 모두 야기한다.[37] 원자 A와 B 사이의 결합에서 결합당 추가되는 인력에 의한 퍼텐셜은

---

35 생성되는 에너지의 일부는 광자(복사)의 형태로 연소실 내에 존재할 것이나, 이 책에서는 복사에너지를 고려하지 않겠다.

36 메탄(CH_4)과 산소 간 연소의 경우(그림 3-7b)는 다음과 같다. 메탄은 연소 시 2개의 산소 분자와 만나 이산화탄소(CO_2) 하나와 물 분자 2개로 바뀌는데, 메탄은 4개의 C–H 단일결합을, 이산화탄소는 2개의 C=O 이중결합을 가진다. C–H 단일결합은 평균적으로 –415 kJ/mol의 퍼텐셜을, C=O 이중결합은 –806 kJ/mol의 퍼텐셜을 가지고 있으므로, 반응 전 3개 분자의 총 퍼텐셜은 $-(4 \times 415 + 2 \times 498) = -2,656$ kJ/mol이 되고, 반응 후 3개 분자의 총 퍼텐셜은 $-(2 \times 806 + 2 \times 2 \times 463) = -3,464$ kJ/mol이 된다. 메탄의 연소에서도 핵심은 더 높은(더 작은 절댓값의) 퍼텐셜을 가지는 O=O 결합(–498 kJ/mol)이 더 낮은(더 큰 절댓값의) 퍼텐셜을 가지는 C=O 결합(–806 kJ/mol) 또는 2개의 O–H 결합(–926 kJ/mol)으로 바뀐 것이다.

37 양자역학에서는 두 원자 간의 척력에 파울리의 배타원리도 기여하지만 파동함수를 통한 양자역학적 접근은 매우 까다로울뿐더러 이 책에서 다루고자 하는 범주를 벗어난다. 여기에서는 가까이 있는 원자 간의 척력을 고전적인 전자기학 관점에서만 볼 것이며, 공유결합 하는 두 원자 간의 척력은 핵 사이의 전기적 반발력만 고려하고 전자들 사이의 전기적 반발력도 무시할 것이다. 전자들 사이의 반발력은 핵 사이의 반발력에 비해 약한데, 이는 전자들이 핵 주변의 넓은 공간에 퍼져 있기 때문이다.

$$U_{\text{e,att}} = -k_e e^2 \left(\frac{Z_{\text{eff,A}}}{r_A} + \frac{Z_{\text{eff,B}}}{r_B} \right) \quad \boxed{\text{3-17}}$$

의 관계를 가지고, 결합당 추가되는 척력에 의한 퍼텐셜은

$$U_{\text{e,rep}} = k_e e^2 \frac{Z_{\text{eff,A}} Z_{\text{eff,B}}}{r_A + r_B} \quad \boxed{\text{3-18}}$$

의 관계를 가지는데, 여기서 Z_{eff}는 유효 양성자 수,[38] e는 전자의 전하량,[39] r은 최외각 반경에 해당한다. (3-17)식은 인력이라 부호가 '−'이고 (3-18)식은 척력이라 부호가 '+'이며, (3-18)식에서 두 핵 사이의 거리는 두 원자의 최외각 반경의 합으로 가정되었다.

보어(Bohr) 모델에서 원자의 반경이 $r_n \propto n^2 / Z_{\text{eff}}$의 관계를 가짐을 이용하면, 결합당 추가되는 퍼텐셜은

$$U_{\text{e}} \propto -k_e e^2 \left(\frac{Z_{\text{eff,A}}^2}{n_A^2} + \frac{Z_{\text{eff,B}}^2}{n_B^2} \right) + k_e e^2 \frac{Z_{\text{eff,A}}^2 Z_{\text{eff,B}}^2}{n_A^2 Z_{\text{eff,B}} + n_B^2 Z_{\text{eff,A}}} \quad \boxed{\text{3-19}}$$

의 관계를 가지게 되며, 같은 원소끼리의 경우는

$$U_{\text{e}} \propto k_e e^2 \frac{-4Z_{\text{eff}}^2 + Z_{\text{eff}}^3}{2\,n^2} \quad \boxed{\text{3-20}}$$

의 관계를 가진다.

(3-16)~(3-20)식은 원자 간의 공유결합을 매우 간단히 묘사한 근사식이기는 하지만 (3-20)식은 특히 유용한데, 우변 분자의 Z_{eff}^3항으로 인해 같은 전자 껍질(같은 n)에서는 원자번호가 커질수록[40] 동일 원자 간의 공유결합이 더 약해짐(퍼텐셜에너지가 더 '+' 방향으로 커짐)을 의미하기 때문이다. 이 때문에 최외각 전자가 두 번째 껍질에 있는 원소들(원자번호 3~9번)[41] 중에서는 가장 원자번호가 큰 산소(8번)와 불소(9번)가 동일 원소끼리 결합을 하는

주기율표의 오른쪽에 위치한 원자들은 같은 원자끼리 공유결합할 때 느슨한 결합을 하게 된다.

---

38 중성원자의 최외각에 추가되는 전자가 느끼는 양성자 수로, 이미 존재하는 전자가 핵을 가리는 효과 때문에 실제 핵 안의 양성자 수보다 작다. 수소의 경우 0.7, 산소의 경우 4.1 정도가 된다.

39 1.602×10^{-19} C.

40 같은 전자 껍질 내에서 원자번호가 커질수록 = 주기율표의 같은 행(row)에서 오른쪽으로 갈수록.

경우 매우 약한(0에 가까운) 결합당 퍼텐셜에너지를 가진다.

이와 달리 다른 원소끼리 결합하는 경우에는 결합당 추가되는 척력에 의한 퍼텐셜이 상대적으로 덜 중요한데, 이는 최외각이 같고 $Z_{eff,A} > Z_{eff,B}$인 경우 (3-19)식 우변 둘째 항이 $Z_{eff,A}^2 Z_{eff,B}^2 / Z_{eff,A} = Z_{eff,A} Z_{eff,B}^2$에 비례하도록 근사가 되므로 더 큰 Z_{eff} 값을 가지는 핵($Z_{eff,A}$)의 기여가 크지 않기 때문이다. 따라서 산소가 산소 외의 다른 원소를 만나 결합을 하는 경우에는 결합당 에너지가 산소-산소 간의 결합에 비해 더 강하게 되는 것이다.

산소의 역할

결국 연소에서 산소의 역할은 약한 결합 상태인 산소 분자(O_2)의 형태로 존재하다가 상대적으로 더 강한 결합이 가능한 원자와 만나 새로운 분자를 이루면서 에너지를 내놓는 것이다. 즉, 연소 반응 전후에 원자당 결합 퍼텐셜에너지의 차이가 가장 큰 원자가 산소이며, 연소를 통해 방출된 에너지의 대부분은 바로 산소 분자의 높은(0에 더 가까운, 약한) 퍼텐셜에너지에 기인한다.

이를 확인하기 위해 그림 3-7의 결합 퍼텐셜에너지를 결합당이 아닌 원자당 에너지로 논의해보자. 먼저 a) 반응에서 수소는 원자당 결합 퍼텐셜에너지가 반응 전 -436 kJ/mol에서 반응 후 -463 kJ/mol로 바뀌어 큰 차이가 없는 데 반해, 산소는 원자당 결합 퍼텐셜에너지가 -498 kJ/mol에서 $-2 \times 463 = -926$ kJ/mol로 크게 바뀐다. b) 반응에서도 수소는 a)에서와 같이 -436 kJ/mol에서 -463 kJ/mol로 바뀌고 탄소는 $-4 \times 415 = 1,660$ kJ/mol에서 $-2 \times 806 = -1,612$ kJ/mol로 바뀌는 데 반해 산소는 -498 kJ/mol

---

41 원자번호 10번인 네온도 최외각 전자가 두 번째 껍질에 있지만, 네온은 최외각에 이미 전자가 모두 들어차 있어서 화학반응을 거의 일으키지 않으므로 제외한다.

추진제	원자당 결합 퍼텐셜에너지 (kJ/mol)	
	연소 반응 전	연소 반응 후
수소 + 산소	수소: −436 산소: −498	수소: −463 산소: −926
메탄 + 산소	수소: −415 탄소: −1,660 산소: −498	수소: −463 탄소: −1,612 산소: −806/−926

표 3-2 수소와 산소 및 메탄과 산소의 연소 반응 전후 원자당 결합 퍼텐셜에너지. 연소 전후 원자당 결합 퍼텐셜에너지의 차이가 특히 큰 산소의 값은 붉은색으로 표시되어 있다.

에서 −806 kJ/mol 또는 −2 × 463 = −926 kJ/mol로 크게 바뀐다(표 3-2).

이와 같이 수소와 산소의 연소 및 메탄과 산소의 연소 두 경우 모두 연소 반응 전후에 원자당 결합 퍼텐셜에너지의 차이가 확연하게 큰 것은 산소이며, 이는 산소가 반응 후에 특별히 더 깊은 결합 퍼텐셜에너지를 가지기 때문이 아닌, 반응 전 산소 분자 상태에서 매우 약한(더 0에 가까운) 결합 퍼텐셜에너지를 가지기 때문이다.

위에서 언급되었듯이 산소뿐만 아니라 불소도 강력한 산화제인데, 불소는 산화력과 독성이 너무 크고 불안정하기 때문에 다른 물질과 섞이지 않은 순수한 불소 형태는 산화제로 쓰이지 않는다.

연료로서의 수소와 탄화수소

산소가 산소 분자 상태(O_2)로 더 높은 퍼텐셜에너지에 있다가 에너지를 방출하기 위해서는 다른 원소와 만나 새로운 공유결합을 해야 하는데, 이때 결합을 하는 대상 물질은 1) 산소 원자와 만나 O_2의 결합당 퍼텐셜보다 상당히 더 낮은 결합당 퍼텐셜을 가져야 하고, 2) 무겁지 않으며, 3) 정제된 것을 대량으로 구입 시 저렴해야 한다. 이를 모두 만족하는 물질(즉 연료)로 대표적인 것이 수소와 탄화수소다.

로켓연료로 가장 많이 쓰이는 탄화수소는 정제된 등유(RP-1)[42]와 메탄이다. 등유는 주로 원유로부터 정제되어 얻어지며 메탄은 천연가스로부터 얻어진다. 재미있는 것은 수소를 대량으로 생산하는 가장 저렴한 방법도 천연가스를 이용하는 것이라는 점이다. 메탄 수증기 개질(steam methane reforming)이 바로 그것으로, 메탄이 주성분인 천연가스를 높은 온도로 수증기와 함께 가열한 후 니켈 촉매를 통해 수소를 얻는다. 등유, 메탄 및 수소가 모두 대부분 화석연료[43]에서 오는 것이므로, 우리는 수억 년 전 한때 번창했던 식물이 축적한 태양광 에너지를 이용하여 우주로 올라가고 있는 것이다.

현재 쓰이고 있는 로켓연료는 대부분 수억 년 전에 만들어진 화석연료에 기인한다.

활성화에너지

상온이나 그 이하 온도에서 연료와 산화제가 만나더라도 연소가 자연적으로 일어나지는 않는다. 이는 연소가 일어나기 위해서는 우선 연료 분자의 결합과 산소 분자의 결합이 해리되거나 느슨해져야 하며 이를 위한 에너지, 즉 활성화(activation)에너지

---

42 일반적인 등유는 탄소가 8~16개인 탄화수소로 이루어져 있는데, 로켓연료용으로 정제를 하면 탄소가 10~14개인 탄화수소만 주로 남는다.

43 원유 및 천연가스 등의 화석연료는 3억 6,000만 년 전부터 3억 년 전까지의 시기에 급격히 번창한 식물의 사체가 잘 썩지 않고 쌓여 있다가 퇴적물에 의해 뒤덮인 후, 지하에서 오랜 시간 큰 압력과 열을 받아 형성된 것으로, 결국 화석연료는 수억 년 전의 광합성의 결과물이다. 광합성의 역할은 공기 중에 있는 무기물인 이산화탄소(CO_2)에서 산소를 일부 떼어 내어 탄소가 다른 원소들(주로 수소)과도 결합하게 만드는 것이고, 그 결과 만들어진 유기물은 생물의 몸을 구성하고 생물 내에서 에너지원으로 쓰일 수 있게 된다. 탄소는 산소가 아닌 다른 원소들과도 결합되어 있을 때 연료나 음식으로서의 효용 가치가 있는데, 바로 광합성이 이를 가능하게 하는 것이다.

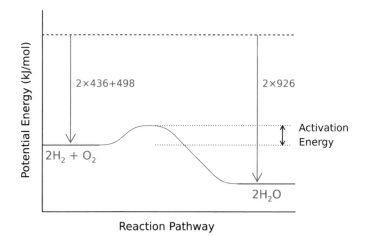

그림 3-8 수소와 산소의 연소 전후 퍼텐셜에너지의 변화. 연소를 위해서는 활성화에너지의 투입이 필요하다. (Sungsoo S. Kim / CC BY-SA 4.0)

(그림 3-8)가 필요하기 때문이다.[44] 로켓엔진의 연소실에서 연소가 처음 시작될 때는 점화에 의해 활성화에너지가 공급되고, 일단 연소가 일어나면 산화-환원반응에서 방출된 에너지의 일부가 주변의 다른 산화-환원반응의 활성화에너지로 쓰인다. 즉, 연쇄반응이 일어나는 것이다.

44 연료가 수소인 경우를 예로 들어보자. 수소 분자와 산소 분자가 단순히 충돌하는 것으로는 물 분자가 만들어지지는 않는다. 이는 공유결합에 의해 최외각이 모두 채워져 있는 분자끼리는 반응성이 낮기 때문이다. 연소 시 물 분자가 만들어지는 과정은 다음과 같은데, 우선 해리된 수소 원자가 필요하다. 수소 원자가 산소 분자와 충돌하여 산소 원자와 수산기(OH)로 바뀐다. 이렇게 얻어진 산소 원자가 수소 분자와 충돌하여 수산기와 수소 원자로 바뀐다. 그다음 수산기가 수소 분자와 충돌하여 물 분자와 수소 원자로 바뀐다. 이때 얻어진 수소 원자가 이 일련의 과정을 다시 시작하게 하는 것이다. 이와 같이 다소 복잡한 과정을 거쳐 물 분자가 만들어지는 이유는 수소 원자, 산소 원자, 수산기 등과 같은 유리기(비공유 홀전자를 가진 원자, 분자 또는 이온)는 반응성이 매우 높으며, 반응성이 낮은 수소 분자 및 산소 분자와의 반응을 위해서는 유리기가 필요하기 때문이다. 이 일련의 과정이 시작되기 위해서 필요한 에너지가 활성화에너지다.

3.7 추진제의 종류

추진제는 크게 액체 추진제와 고체 추진제로 나뉘는데, 이들의 장단점을 요약하면 다음과 같다.

- 액체의 장점: 높은 비추력, 연소실만 높은 압력을 견디면 되는 점.
- 액체의 단점: 액체 산화제의 독성 및 폭발 위험, 냉각이 필요한 연료 및 산화제의 경우 저온 유지의 문제, 밸브·실링(sealing)·펌프 등의 높은 가격.
- 고체의 장점: 보관과 취급이 용이, 높은 밀도, 낮은 가격
- 고체의 단점: 낮은 비추력, 연소량 조절의 한계, void나 crack 등으로 인한 문제.

액체 추진제가 고체 추진제에 비해 비추력이 좋은 이유는 연료의 대부분이 가벼운 원소인 수소와 탄소이기 때문이며, 고체 추진제에는 수소의 비중이 줄고 대신 상대적으로 무거운 원소인 질소(원자번호 7번), 알루미늄(13번), 규소(14번), 염소(17번) 등의 비중이 높아지기 때문이다.

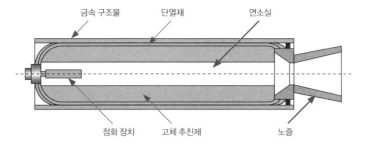

금속 구조물　　단열재　　연소실

점화 장치　　고체 추진제　　노즐

그림 3-9 고체 추진제 로켓의 구조. 적재된 추진제의 가운데에 빈 공간이 존재하고, 이 공간에서 연소가 일어난다. (Wisdom House, Inc. / CC BY-SA 4.0)

고체 추진제의 장점과 단점

고체 추진제를 쓰는 로켓의 특징은 연료와 산화제가 섞여 있어서 따로 보관하지 않아도 되며, 추진제를 담는 탱크 자체가 연소실이 된다는 점이다. 이는 연료와 산화제를 각기 다른 탱크에 보관하고 있다가 밸브, 실링, 펌프 등과 같이 복잡한 기기들을 이용해 이동시킨 후 연소실 안으로 강하게 뿜어 넣어야 하는 액체 추진제 로켓에 비해 로켓의 구조를 매우 간단하게 만든다(그림 3-9). 하지만 이는 동시에 추진제 탱크 전체를 연소 시 생기는 높은 압력에 견딜 수 있도록 두껍게 만들어야 하는 단점이 되기도 한다.

　고체로켓의 가장 큰 한계는 연소율 조절이 힘들다는 것이다. 액체로켓은 연료와 산화제가 단위시간당 연소실로 투입되는 양을 조절하여 연소율을 변화시킬 수 있으며, 원하는 시점에 정확히 연소를 끝내고 또 필요하면 재점화하는 것도 가능하다. 하지만 고체로켓은 추진제의 적재 형태에 따라 연소율을 변화시키는 것이 어느 정도 가능하나, 한 번 추진제를 적재하고 난 후에는 연소율 프로파일[45]을 변경할 수가 없다.

　고체로켓에서 연소는 적재된 추진제의 (대개 가운데에 나 있

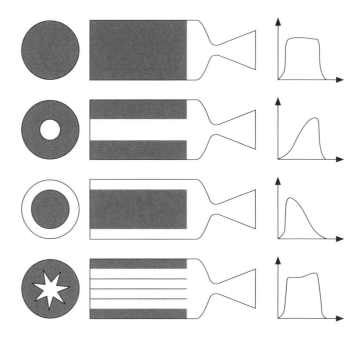

그림 3-10 고체 추진제의 적재 모양(왼쪽과 가운데 열)과 연소율 프로파일(오른쪽 열). 오른쪽 열의 그래프는 시간(x축)에 대한 연소율(y축)을 나타낸다. (Nubifer / Wikimedia Commons / CC BY-SA 4.0)

는) 빈 공간에서 일어나는데, 이 빈 공간의 모양을 어떻게 만드는가에 따라 연소율 프로파일을 설계할 수 있다. 그림 3-10이 몇 가지 추진제 적재 방식과 연소율 프로파일의 관계를 보여주고 있는데, 연소율은 빈 공간에 노출된 표면적에 따라 달라진다.

위에서 언급된 고체 추진제의 한계 때문에 고체로켓은 1단의 추력을 보조해주는 부스터(booster)로 쓰이거나, 지구 저궤도 기준 2톤 미만의 탑재체를 위한 소형 로켓에 주로 쓰인다.[46] 현재 우주 발사체에 사용되고 있는 고체로켓 중에 대표적인 것으로

---

45 시간에 따른 연소율 변화 모양.

46 무기로 쓰이는 미사일에는 고체 추진제가 흔히 쓰이는데, 1) 이는 미사일의 경우 화물의 질량이 상대적으로 작고, 2) 필요한 Δv 가 우주 발사체보다 작으며, 3) 고체 추진제는 보관과 발사 준비가 용이하기 때문이다.

유럽우주국(European Space Agency)의 Vega(소형), 미국 ULA사[47]의 Atlas V과 Delta IV(중형), 미국 NASA의 SLS(Space Launch System; 대형) 등이 있다. 지구 저궤도를 기준으로 했을 때 1.5톤의 수송 능력을 가지는 Vega는 1, 2, 3단 모두 고체로켓을 쓰며, 각각 19 톤과 29톤의 수송 능력을 가지는 Atlas V과 Delta IV는 1단 부스터에 고체로켓을, 95톤 이상의 수송 능력을 가지는 SLS도 1단 부스터에 고체로켓을 사용한다.[48]

액체 추진제의 종류

액체로켓에 가장 흔히 쓰이는 연료인 액화 수소(LH_2), RP-1, 액화 메탄의 특징들을 정리하면 다음과 같다(괄호 안은 해당 연료를 사용하는 로켓).

- 액화 수소: 최고의 비추력, 깨끗한 연소, -253 °C 이하로 냉각 필요(Saturn V 2·3단, Vulcan Centaur[49] 2단, 우주왕복선 주 엔진, Arian V, Delta IV, SLS의 1·2단)

- 액화 메탄: LH_2에 비해 저렴하고 부피당 추력이 좋으며 더 낮은 온도에서 연소, RP-1보다 검댕이 덜 생김, -162 °C 이하로 냉각 필요(Starship 1·2단, Vulcan Centaur 1단)

- RP-1: 높은 부피당 추력, LH_2보다 낮은 온도에서 연소, 상온에서 안정(Saturn V 1단, Falcon 9 1·2단)

---

47 United Launch Alliance. Lockheed Martin Space사와 Boeing Defense, Space & Security사가 2006년에 공동 출자해서 만든 회사.

48 처음 여덟 번의 SLS 발사에서는 우주왕복선 프로그램(2011년 중단)을 위해 만들어졌던 부스터가 사용된다. 우주왕복선에 쓰였을 때는 사용 후 낙하산을 이용해 회수, 재사용되었으나 SLS 발사에서는 회수되지 않는다.

49 ULA사의 차세대 중형 로켓으로, 27톤의 저궤도 수송 능력을 가진다.

표 3-1에 나와 있듯이 위 세 가지 액체연료 중 액화 수소의 비추력이 가장 높으며, 액화 메탄과 RP-1이 그다음이다. 비추력이 좋다는 것은 연소에 관여하는 분자들의 질량에 비해 연소 전후 공유결합 에너지의 차이가 크다는 것을 의미한다. 3.6절에서 설명되었듯이, 연소 전후 공유결합 에너지의 차이는 약한 결합을 하고 있던 산소 원자 간의 결합이 연료를 구성하는 원자들과의 더 강한 결합으로 치환되는 것이다. 수소, 메탄, RP-1 모두 수소 간의 결합 또는 수소-탄소 결합으로 구성되어 있는데, 결합당 퍼텐셜에너지는 H-H가 -436 kJ/mol, C-H가 -415 kJ/mol이며, 연소 후 생성물인 H_2O와 CO_2 내의 결합당 에너지는 O-H가 -463 kJ/mol, O=C가 -403 kJ/mol이다. 이에 비해 산소 분자 내의 결합당 에너지는 -249 kJ/mol로 훨씬 작으므로, 산소 원자와 치환되는 결합당 에너지는 연료의 종류와 관계없이 거의 비슷하다. 단 연료 간의 차이점은 결합당 분자량인데 수소, 탄소, 산소 원자의 분자량이 각각 1, 12, 16이고, 연료를 구성하는 분자들의 결합 수가 수소 분자가 1, 메탄이 4, RP-1이 ~26이므로, 결합당 평균 분자량은 액화 수소가 2, 액화 메탄이 4, RP-1이 ~6.5에 해당한다. 이 때문에 치환되는 산소 결합당 얻어지는 에너지는 연료의 종류와 관계없이 비슷하지만, 비추력은 결합당 평균 분자량이 낮은 순서인 액화 수소, 액화 메탄, RP-1의 순으로 높은 것이다.

액체연료는 공유결합당 평균 분자량이 작을수록 비추력이 높다.

반대로 연료의 밀도는 RP-1, 액화 메탄, 액화 수소의 순으로 높은데, 이는 분자당 결합의 수가 많을수록 밀도가 높아지기 때문이다. 이는 분자 내 공유결합의 길이는 1 Å 내외인 데 비해 액화 연료 내 분자들 사이의 거리는 수 Å으로 몇 배 더 크기 때문이다. 이 때문에 비추력이 좋은 연료일수록 밀도가 낮아지게

반대로 액체연료는 공유결합당 평균 분자량이 클수록 밀도가 높다.

되므로 연료 탱크와 로켓 기체(airframe)의 크기와 질량을 늘리게되는 단점이 있다.

한 연료가 비추력과 밀도 면에서 모두 우수할 수는 없기 때문에 로켓마다, 그리고 단마다 다른 연료를 선택하게 된다. 3.6절에서 언급되었듯이 상단으로 갈수록 높은 비추력이, 하단으로 갈수록 높은 밀도가 상대적으로 더 유리하며, 이를 적용한 예로 Saturn V과 Vulcan Centaur가 있다.

1단에 부스터가 붙는 Arian V, Delta IV, SLS 등의 경우에는 1단에서 필요한 추력의 일부를 고체로켓 부스터가 담당하기 때문에 1, 2단 모두 액화 수소를 사용한다. 수소만으로 1단이 구성될 경우 감당하기 힘들 정도로 큰 수소 탱크가 필요하겠지만 고체로켓 부스터가 이를 상당 부분 줄여줄 수 있기 때문이다.

Falcon 9은 1단과 2단 모두 RP-1을 쓰는데, 이는 1단과 2단에 같은 엔진[50]을 써서 설계, 실험, 제작 등에 들어가는 비용을 줄이는 것이 2단에서의 비추력 손실이 있더라도 전반적으로는 더 유리하다고 판단했기 때문이다.

액화 메탄 엔진은 2010년대 들어서야 본격적인 개발이 시작되었고 상용 로켓으로는 Starship과 Vulcan Centaur에서 처음으로 사용되고 있다. 액체로켓 개발 초기에 주로 액체 수소와 RP-1을 중심으로 연구 및 개발이 이루어졌는데, 각각 비추력과 밀도에서 확실한 장점이 있었기 때문이다. 최근에 와서 RP-1의 위치를 대신하는 연료로 메탄이 주목받고 있는데, 이는 최소한 1단은 회수하여 재사용하려는 것이 최근의 추세이고, 이를 위해서는 사용 후 엔진 내부에 검댕이 많이 남지 않는 연료가 유리하

---

50 1단 엔진인 Merlin 1D Sea level과 2단 엔진인 Merlin 1D Vacuum의 가장 큰 차이는 노즐의 길이와 크기이며, 기타 핵심적인 부분들은 거의 동일하다.

기 때문이다. 게다가 메탄은 연소에 필요한 온도가 수소보다 낮아서 엔진 내부 손상이 수소보다 덜한 점도 재사용에 유리하다.

Starship이 1, 2단 모두 메탄을 사용하는 이유는 RP-1보다 재사용에 더 유리하다는 점 외에 화성 왕복이 목표이기 때문이기도 하다. 화성 왕복을 위해서는 막대한 양의 추진제가 필요한데, 이를 위해 지구, 달, 화성 궤도에서 몇 차례 추진제를 보충하는 것도 방법[51]이겠지만, 화성 표면에서 연료를 구할 수 있다면 화성 표면에서 보충하는 편이 훨씬 더 유리하다. 화성의 대기는 매우 희박하지만(지표면 대기압이 0.006기압) 95%가 이산화탄소로 이루어져 있으므로 이를 메탄으로 바꾸는 것이 충분히 가능할 것으로 보인다.

단일추진제

자세 조정이나 궤도 조정을 위해 우주 발사체나 우주선에 쓰이는 추력기에는 한 종류의 물질로 이루어진 단일추진제(mono-propellant)가 흔히 사용된다. 자세 및 궤도 조정에는 큰 추력이 필요하지 않으며, 추진기의 구조가 단순하고 신뢰도가 높은 것이 중요하기 때문이다.

대표적인 단일추진제로는 하이드라진, 과산화수소, 질산 하이드록시 암모늄 등이 있다. 하이드라진(N_2H_4)은 가장 많이 사용되는 단일추진제로, 230초가량의 비추력을 가지며 오랜 기간 사용되어왔기 때문에 신뢰도가 높은 장점이 있는 반면, 독성이 매우 크다는 단점이 있다.[52] 과산화수소(H_2O_2)는 150초가량의 상대

---

51 지구, 달, 화성 궤도에 미리 추진제를 보낸 후 화성을 왕복하는 우주선이 도중에 보충을 하는 방법이다. 이 추진제들은 지구 표면으로부터뿐 아니라 달 표면으로부터도 올릴 수 있는데, 이 경우 달 표토 아래에 있는 얼음을 전기분해 하여 얻은 액화 수소, 액화 산소를 추진제로 쓸 수 있다.

적으로 낮은 비추력을 가지며 외부 충격에 민감하고 저장 용기와 반응을 잘 하는 단점이 있어서 최근에는 거의 쓰이지 않는다. 질산 하이드록시 암모늄($[NH_3OH][NO_3]$)은 하이드라진보다 비추력이 조금 낮으며 독성을 가지고 있지만, 이를 기반으로 하여 독성이 없으며 비추력이 하이드라진과 비슷하거나 더 좋은 혼합물들이 연구되고 있다.

우리나라의 첫 달 궤도 탐사선인 다누리에는 4개의 궤도 조정용 추력기와 8개의 자세 조정용 추력기가 장착되었는데, 이들은 모두 하이드라진을 추진제로 쓴다.

단일추진제들은 촉매와의 접촉을 통해 분해반응을 일으키는데, 이러한 속성을 접촉점화성(hypergolic)이라 부른다. 하이드라진의 촉매로는 일반적으로 이리듐이 사용되며, 알루미나 지지대 표면에 이리듐이 입혀져 있는 형태의 촉매대(catalyst bed)가 사용된다. 하이드라진은 2℃ 이하의 온도에서는 굳기 때문에 예열이 필요하며, 촉매대를 통과할 때 아래의 반응을 가진다.

$$N_2H_4 \rightarrow N_2 + 2\,H_2$$
$$3\,N_2H_4 \rightarrow 4\,NH_3 + N_2 \qquad \boxed{3\text{-}21}$$
$$4\,NH_3 + N_2H_4 \rightarrow 3\,N_2 + 8\,H_2$$

이 중 처음 두 반응은 발열반응, 마지막 반응은 흡열반응이다. 두 번째 반응이 첫 번째 반응보다 더 많은 에너지를 만들지만, 두 번째 반응에서 생성된 암모니아는 하이드라진과 다시 만나 흡열반응을 하게 될 수도 있으며, 이 경우 결국 첫 번째 반응과 같은 결과를 낳게 된다.

---

52 우주왕복선은 자세 조정용 추력기의 추진제로 하이드라진과 모노메틸하이드라진을 사용했는데, 이들의 강한 독성 때문에 지상 착륙 후 유해 물질 대응팀이 이들 물질의 누출 여부를 확인한 후에야 우주인들이 우주왕복선으로부터 내릴 수 있었다.

이와 같이 단일추진제는 촉매와의 접촉을 통해 더 작은 분자로 분해되며 에너지를 내놓는다. 이원추진제는 활성화에너지의 공급에 의해 연소가 일어나는 데 비해, 단일추진제는 촉매와의 접촉에 의해 반응이 일어나는 것이다. 단일추진제 분자가 촉매 표면에 닿으면 분자 중 일부 원자가 촉매 표면 원자와 일시적으로 결합하게 되고, 이때 근처에 있던 다른 추진제 분자와의 상호작용을 통해 더 작은 분자의 분해 또는 다른 원자와의 치환이 일어나게 된다.

한편 Falcon 9의 자세 조정용 추력기에는 질소를 이용한 냉기체(cold-gas) 추력기가 쓰였는데, 이는 1단의 재사용을 위해 독성이 없는 물질을 쓰는 추력기가 필요했기 때문이다. 냉기체 추력기는 질소 기체, 헬륨 기체, 공기 등을 압축하여 탱크 내에 보관하고 있다가 필요할 때 이를 배출하여 추력을 얻으며, 이원추진제나 단일추진제의 경우와 같이 발열반응에 의해 뜨거운 기체가 생성 및 배출되지 않기 때문에 냉기체 추력기라 불린다.[53] 질소 기체의 경우 70초 정도의 비추력을 가진다.

---

53 촉매와의 접촉에 의한 화학반응이 없다는 점에서 단일추진제와 다르다.

현재까지 지구에서 사용된 모든 우주 발사체는 다단으로 구성되어 있다.[54] 하나의 단으로만 이루어진 발사체(single-stage-to-orbit vehicle, SSTO 발사체)로 화물을 지구 표면으로부터 지구궤도까지 올린 적은 없는 것이다. 이는 다단 로켓이 SSTO 로켓에 비해 월등히 효율적이기 때문이며, 다단 로켓의 이점은 다음과 같다.

- 단 분리: 로켓은 발사 초기일수록 더 무거우며, 이 때문에 초기에 더 높은 연소율이 필요하다. 즉, 추진제의 상당 부분을 초기에 소모하게 된다. 따라서 추진제를 복수의 탱크에 분리 보관하여 올라가는 도중에 다 쓴 탱크들과 이들을 감싸는 기체(airframe)를 분리하여, 남아 있는 로켓의 질량을 줄일 수 있다.
- 최적화된 노즐: 3.5절에서 보았듯이, 고도가 낮을 때는 작은 A_{exit}을, 고도가 높을 때는 큰 A_{exit}을 가진 노즐이 유리하다. 다단인 경우 해당 고도에 최적화된 노즐을 적용할 수 있다.
- 최적화된 연료: 3.7절에서 논의되었듯이, 화물의 질량 비중이 낮은 초기에는 부피당 추력이 좋은 연료를, 화물의 질량 비

---

54 아폴로 프로그램이나 구소련의 루나(Luna) 프로그램에서 사용된 달 상승선(달 표면에서 달 궤도까지 오르는 발사체)은 하나의 단으로 구성되어 있었다. 이는 달의 표면 중력이 지구 표면 중력의 1/6에 불과하기 때문에 가능한 것이다.

중이 커지는 말기에는 비추력이 좋은 연료를 사용하는 것이 유리하다. 다단인 경우 해당 단에 최적화된 연료를 사용할 수 있다.

다단 구성으로 인해 얻는 속도 증분(Δv)의 이득을 Falcon 9 의 경우에 대해 알아보자. (3-7)식을 단이 2개 있는 경우로 바꾸면

이상 로켓 방정식의 두 단 (two-stage) 버전 `3-22`

$$\Delta v_{\text{roc}} = v_{\text{eff},1} \ln\left(\frac{m_{\text{str},1} + m_{\text{str},2} + m_{\text{prop.2}} + m_{\text{load}}}{m_{\text{str},1} + m_{\text{prop},1} + m_{\text{str},2} + m_{\text{prop},2} + m_{\text{load}}}\right)$$
$$+ v_{\text{eff},2} \ln\left(\frac{m_{\text{str},2} + m_{\text{load}}}{m_{\text{str},2} + m_{\text{prop},2} + m_{\text{load}}}\right)$$

가 되는데, 여기서 아래 첨자 str은 로켓의 구조물(추진제와 화물을 제외한 모든 부분), load는 화물을 뜻한다. 표 3-3에 주어진 질량들 과 v_{eff}를 (3-22)식에 대입하면 1단과 2단에서 각각 3.50 km/s와 5.35 km/s의 Δv를 얻어 총 Δv는 8.85 km/s가 된다.[55]

이제 Falcon 9가 SSTO 발사체로 만들어졌을 경우를 가정해 보자. 실제로 Falcon 9이 처음부터 SSTO 발사체로 설계되었다면 표 3-3에 주어진 수치들과 상당히 다른 '스펙'을 가졌겠지만, 여 기서는 다단과 SSTO의 직접적인 비교를 위해 'Falcon 9 SSTO' 가 실제 Falcon 9 1단과 2단의 질량을 합친 질량을 가지는 하나의 단으로 만들어졌다고 가정하자. 즉, Falcon 9 SSTO의 구조물 질 량은 27.2 + 4.5 = 31.7톤, 추진제 질량은 418.7 + 111.5 = 530.2톤 이라고 가정하자.[56] 그리고 Falcon 9 SSTO의 v_{eff}는 Falcon 9 1단 과 2단 v_{eff} 값의 시간에 대한 평균을 어림으로 잡아 3.0 km/s라고 하자. 이 경우 (3-7)식에 의해 ~7.03 km/s의 Δv를 얻게 되어, 2단

---

55 저궤도까지 가려면 9.0 km/s 이상의 Δv가 필요한 데(5.4절) 비해 이 값은 이에 약간 못 미친다. 이는 표 3-3에서 사용된 각종 질 량과 유효 속도들이 추정치이기 때문일 것으로 보인다.

56 Falcon 9 SSTO가 10개의 엔진을 병렬로 가지고 있다고 가정.

	1단	2단	화물칸
구조물 질량	27.2톤	4.5톤	1.9톤
추진제·화물 질량	418.7톤	111.5톤	22.8톤
v_{eff} (다단)	2.8 km/s	3.4 km/s	–
v_{eff} (SSTO)	3.0 km/s		–
Δv (다단)	3.50 km/s	5.35 km/s	총 Δv: 8.85 km/s
Δv (SSTO)	7.25 km/s (2단 구조물 질량 포함 시) 7.48 km/s (2단 구조물 질량 불포함 시)		

표 3-3 Falcon 9 Full Thrust의 구조물, 추진제, 화물의 질량, 유효분사속도(v_{eff}) 추정치 및 속도 증분(Δv) 계산값. 'SSTO'는 Falcon 9이 하나의 단으로 구성되어 있다고 가정하는 경우에 대한 값으로, v_{eff}(SSTO)는 1단과 2단의 v_{eff}값의 시간에 대한 평균을 어림으로 잡은 것이다. 질량은 저궤도 수송의 경우에 대한 추정치이며, Δv(다단)은 (3-7)식으로부터, Δv(SSTO)는 (3-22)식으로부터 얻은 값이다. (구조물, 추진제 및 화물 질량 출처: NASA data sheet, Wikipedia; v_{eff} 출처: Wikipedia)

으로 구성된 Falcon 9의 Δv보다 1.8 km/s가량 작다.

하지만 위의 경우에서는 Falcon 9 SSTO 구조물의 질량이 다소 크게 가정된 면이 있다. 단의 구분이 있는 경우 연료 탱크와 산화제 탱크, 그리고 연료와 산화제를 연소실로 보내기 위한 각종 장치들이 1단과 2단에 모두 존재하나, SSTO의 경우에는 하나씩밖에 없을 것이기 때문이다. Falcon 9 SSTO의 구조물 질량은 1단의 질량인 27.2톤과 두 단 질량의 합인 31.7톤 사이에 있다고 보는 것이 적절하겠으나, 구조물 질량이 27.2톤인 극단적으로 작은 경우[57]에 대해 Δv를 계산해보더라도 ~0.2 km/s 증가하는 데 불과하다.

Δv만을 가지고 다단과 SSTO 경우를 비교하면 얼마 차이

---

57 Falcon 9 SSTO의 추진제의 양이 Falcon 9 1단의 추진제 양보다 많으므로 그만큼 연료 및 산화제 탱크의 질량도 늘려야 하나, 그러지 않았으므로 극단적인 작은 경우다.

(1.6~1.8 km/s)가 나지 않는 것처럼 보인다. 하지만 같은 Δv를 얻을 수 있는 화물의 질량을 비교하면 그 차이는 확연하다. 구조물 및 연료의 질량과 각 단의 v_{eff}가 표 3-3과 같을 때, 다단의 경우 22.8톤의 화물에 8.85 km/s의 Δv를 가할 수 있지만, SSTO의 경우 2단 구조물 질량을 포함할 때는 이 Δv를 아예 얻을 수 없으며, 2단 구조물 질량을 포함하지 않을 때는 불과 0.2톤의 화물에만 같은 Δv를 가할 수 있다. 이와 같이 같은 규모(총 추력)의 로켓을 만들 때, 목표로 하는 Δv를 가할 수 있는 화물의 질량은 다단으로 구성할 때 월등히 커지는 것이다.

다단 구성에도 단점은 있다. 로켓 구조가 복잡해지고, 부품이 중복으로 구성되며, 단 분리 시의 리스크가 존재한다. 이 때문에 단의 수가 무한정 많아질 수는 없는데, 대형 우주 발사체라 하더라도 2단이나 3단으로 구성된다. 아폴로 프로그램에 쓰였던 Saturn V은 지구 저궤도 기준 140톤의 막강한 수송 능력을 가졌으나 3단이었으며, NASA의 새로운 대형 우주 발사체인 SLS(지구 저궤도 기준 현재 ~100톤, 향후 130톤 예정)는 2단 + 부스터로 구성되어 있다. SpaceX의 새로운 대형 우주 발사체인 Starship(지구 저궤도 기준 150~250톤[58])은 규모에 비해 특이하게도 부스터 없이[59] 2단으로만 이루어져 있다.

SSTO 발사에서 노즐의 비효율 문제를 줄이는 방법으로 전개식(expanding) 노즐과 에어로스파이크(aerospike) 노즐이 있는데, 이들을 고도보정(altitude compensating) 노즐이라 부른다. 그림 3-11에서 볼 수 있다시피 이중으로 구성된 전개식 노즐은 발사

---

58 발사된 로켓을 향후 재사용할 경우 150톤, 그렇지 않을 경우 250톤으로 추정됨.
59 바다에 떨어진 부스터를 회수한 후 재사용을 위해 정비(refurbishment)하는 데 드는 비용이 상대적으로 크기 때문일 것으로 추정된다.

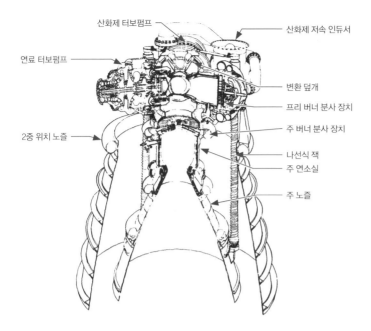

산화제 터보펌프

산화제 저속 인듀서

연료 터보펌프

변환 덮개

프리 버너 분사 장치

주 버너 분사 장치

2중 위치 노즐

나선식 잭

주 연소실

주 노즐

그림 3-11 전개식 노즐을 가진 Pratt & Whitney사의 XLR-129 로켓엔진. (US Air Force / Wikimedia Commons / Public Domain)

시에는 접혀 있어서 노즐의 출구 단면적이 작지만, 로켓이 상승할 때 바깥쪽 노즐이 서서히 아래쪽으로 펼쳐지면서 출구 단면적을 키운다. 1960년대에 Pratt & Whitney사가 설계하고 시험한 이 XLR-129 엔진은 완성품이 실제로 제작된 적은 없으며, 이후 우주왕복선의 주 엔진으로 사용될 것을 목표로 하여 더 큰 추력으로의 재설계가 시도된 적은 있으나 결국 채택되지 않았다.

전개식 노즐의 가장 큰 문제는 노즐의 냉각이었다. 일반적으로 노즐의 냉각은 냉각된 산화제나 연료가 연소실로 투입되기 전에 노즐 주위를 거치게 하여 이루어지는데, 전개식 노즐의 경우 이러한 방식의 냉각이 매우 어려워지기 때문이다.

그림 3-12에서 볼 수 있듯이 에어로스파이크 노즐은 여러 개의 작은 노즐을 선형 또는 원형으로 배치하고 노즐의 방향을

그림 3-12 Rocketdyne사의 XRS-2200 에어로스파이크 엔진. 여러 개의 작은 엔진이 중심부 벽 양쪽에 일렬로 배치되어 있다. (NASA / Wikimedia Commons / Public Domain)

조금 틀어서 노즐 배열의 중심 방향을 향하게 만들며, 배열 중심에는 배기가스의 흐름을 유도하는 벽을 둔다. 이렇게 하면 낮은 고도와 중간 고도에서는 배기가스가 잘 모이고, 높은 고도에서도 배기가스 퍼지는 문제를 상당히 줄일 수 있게 된다. 하지만 이를 위해서는 엔진 크기에 비해 상당히 큰 벽을 배열 중심에 설치해야 하고 이 벽의 냉각 문제도 해결해야 한다. 에어로스파이크 엔진은 계속 연구 중에 있으며, 아직 우주 발사체에서 에어로스파이크 노즐이 실제로 사용된 적은 없다.

SSTO 발사는 발사체 전부를 재사용하려는 데에 의미가 있는데, 최근 들어 다단 로켓의 1단 또는 모든 단의 재사용이 가능해시면서[60] SSTO의 필요성이 줄어들고 있다.

---

60 SpaceX사가 개발 중인 Starship은 1단과 2단 모두 재사용하는 것을 목표로 하고 있다. Starship의 경우 화물이 2단 내에 탑재되므로 화물 덮개인 페어링(fairing)이 없다.

위의 절에서는 다단과 SSTO의 성능 비교를 위해 먼저 Δv를 이용했으며, 그 후 수송 가능한 화물의 질량을 비교했다. 후자의 경우 SSTO의 구조물 및 연료 질량을 고정한 채 목표 Δv를 얻기 위한 화물의 최대 질량을 구했다. 하지만 (3-7)식과 (3-22)식 모두 목표 질량의 화물(m_{load})에 목표 Δv를 가하는 데 필요한 추력의 크기를 알려주지는 않는다. 예를 들어 20톤의 화물에 3 km/s의 Δv를 가하는 데 필요한 추력의 크기를 알려주지 않는다는 것이다. (3-7)식을 로켓의 질량비에 대해 정리하면

$$\frac{m_{roc,i}}{m_{roc,f}} = \exp\left(\frac{\Delta v}{v_{eff}}\right)$$

3-23

이 되는데, 이 식을 통해 알 수 있는 것은 질량비가 Δv와 v_{eff}의 비에 의해 결정된다는 것을 이야기할 뿐, 필요한 로켓엔진의 추력과 개수, 즉 총 추력에 대해서는 알려주지 않는다.

이 식은 언뜻 보면 이해가 되지 않는다. 왜냐하면 목표로 하는 Δv를 얻는 데에 필요한 최소한의 엔진 추력이나 연료량에 대해 아무런 조건이 없기 때문이다. 이는 이 식과 (3-7)식이 지구 중력장을 고려하지 않은 것에 기인한다. 무중력에서는 목표 Δv를 얻는 데에 시간은 중요하지 않아서, 아무리 작은 추력이라 하

더라도 충분히 오래 기다리면 언젠가 목표 Δv에 다다르게 된다. 하지만 지표면에서 출발하여 지구궤도에 오르는 경우에는 가능한 한 빨리 중력에 대항하는 원심력을 얻도록 속도를 키우는 것이 매우 중요하므로 추력의 크기가 클수록 유리하다.

이제 중력장을 고려하되, 문제를 단순화하기 위해 로켓이 상승하는 동안 중력장이 변하지 않고 계속 g_0을 유지한다고 가정하자.[61] 이 경우 (3-7)식은

중력장이 고려된 이상 로켓 방정식 `3-24`

$$\Delta v = \int (a - g_0)\, dt = \int \frac{F_{\text{thrust}}}{m_{\text{roc}}}\, dt - g_0 \Delta t$$
$$= v_{\text{eff}} \int \frac{\dot{m}_{\text{prop}}}{m_{\text{roc}}}\, dt - g_0 \Delta t$$

와 같아지는데, Δv를 키우기 위해서는 Δt(비행 시간)를 줄여야 하며, 이를 위해서는 $v_{\text{eff}}\, \dot{m}_{\text{prop}}/m_{\text{roc}}$[62]를 키워야 함을 알 수 있다. (로켓의 추력이 클수록 m_{load}와 Δv가 모두 커지므로 우선 Δv를 증가시키는 것부터 보자.)

연료의 종류가 정해진 경우에 v_{eff}도 따라서 정해지므로,[63] 결국 $v_{\text{eff}}\, \dot{m}_{\text{prop}}/m_{\text{roc}}$을 결정하는 것은 연소율($\dot{m}_{\text{prop}}$)이다. $\dot{m}_{\text{prop}}/m_{\text{roc}}$을 시간에 대해 적분하면 $\ln(m_{\text{roc,i}}/m_{\text{roc,f}})$이 되므로 연소율이 적분 결과에 영향을 미치지는 않지만 총 연소 시간에는 직접적인 영향을 미친다. 목표로 하는 질량의 화물을 궤도에 올리기 위해서는 일정량의 추진제가 필요하고, 이 추진제를 충분히 짧은 시간 안에 연소할 수 있어야만 화물을 궤도에 올릴 수 있는 것이다. 연소율이 일정한 경우 $\Delta t = m_{\text{prop}}/\dot{m}_{\text{prop}}$이므로 이

---

61 해수면 고도에서의 중력가속도와 200 km 고도에서의 중력가속도 차이는 ~6 %에 불과하다.

62 이 물리량을 g_0으로 나눌 경우 $F_{\text{thrust}}/m_{\text{roc}}g_0$이 되며 '추력 대 중량비(thrust-to-weight ratio)'라 불리는 단위 없는 물리량이 된다.

63 v_{eff}는 고도와 I_{sp}에 의해서 결정되므로.

	Saturn V의 F-1 엔진	Falcon 9의 Merlin 1D 엔진	Falcon Heavy의 Merlin 1D 엔진
v_{eff}	2.58 km/s	2.77 km/s	
$\dot{m}_{\text{prop}}$	2,620 kg/s	305 kg/s	
F_{thrust}	6,770 kN	845 kN	
1단 장착 개수	5개	9개	27개
총 추력	33.9 MN	7.6 MN	22.8 MN
지구 저궤도 수송 능력	150톤	22.8톤	63.8톤

표 3-4 Saturn V의 1단에 쓰인 F-1 엔진과 Falcon 9 및 Heavy의 1단에 쓰이는 Merlin 1D Sea level 엔진의 비교. v_{eff}, $\dot{m}_{\text{prop}}$, F_{thrust} 모두 해수면 고도 수치이며 $\dot{m}_{\text{prop}}$와 F_{thrust}는 엔진 1개당 값이다. (v_{eff}, F_{thrust}, 수송 능력 출처: SpaceX, Wikipedia)

를 적용하면 (3-24)식은

$$\Delta v = v_{\text{eff}} \ln \left(\frac{m_{\text{str}} + m_{\text{prop}} + m_{\text{load}}}{m_{\text{str}} + m_{\text{load}}} \right) - g_0 \frac{m_{\text{prop}}}{\dot{m}_{\text{prop}}} \qquad \boxed{3\text{-}25}$$

와 같아지며, 연소율이 클수록 Δv가 커짐을 잘 보여준다. (3-3) 식에서와 같이 $F_{\text{thrust}} = \dot{m}_{\text{prop}} v_{\text{eff}}$이므로, 연료의 종류가 정해진 경우 더 높은 연소율은 결국 더 큰 추력을 의미한다. (3-25)식을 통해 목표로 하는 m_{load}과 Δv가 주어졌을 때 필요한 $\dot{m}_{\text{prop}}$, m_{prop}, m_{str}를 계산할 수 있다.

표 3-4에 Saturn V의 1단에 쓰였던 F-1 엔진과 Falcon 9 및 Heavy의 1단에 쓰이는 Merlin 1D Sea level 엔진의 추력이 비교되어 있다. 두 엔진은 같은 RP-1을 연료로 사용하므로 v_{eff}에서는 차이가 크지 않으나, F-1의 엔진당 연소율과 추력이 Merlin 1D보다 8배가량 크다. Saturn V 1단에는 5개의 엔진이, Falcon 9과 Falcon Heavy의 1단에는 9개와 27개의 엔진이 있으므로, Saturn V 1단의 총 추력은 33.9 MN, Falcon 9과 Heavy 1단의 총

추력은 7.6 MN과 22.8 MN이 된다. 수송 능력이 큰 로켓일수록 연소율과 추력이 큼을 알 수 있다.[64]

(3-25)식의 ln 항은 $m_{roc,i}$과 $m_{roc,f}$ 대신 m_{str}, m_{prop}, m_{load}로 표현했는데, 이는 이들이 Δv에 어떻게 기여하는지를 보여주기 위함이다. 이 식은 중력장이 상수로 고정되어 있고 하나의 단으로 구성된 다소 비현실적인 로켓에 대한 식이지만, Δv에 영향을 주는 인자가 어떤 것들인지 잘 정리해준다. 즉, 높은 Δv를 얻기 위해서는 연료의 비추력(v_{eff})이 높고, 엔진의 총 연소율($\dot{m}_{prop}$)이 크며, 추진제의 양(m_{prop})이 많고, 로켓 구조물(m_{str})은 가벼워야 하는 것이다.

로켓의 수송 능력이 크기 위해서는 1) 연료의 비추력이 좋고, 2) 엔진의 연소율이 크며, 3) 추진제의 양이 많고, 4) 로켓 구조물은 가벼워야 한다.

Falcon 9 및 Heavy가 여러 개의 작은 엔진을 쓰는 이유

Saturn V은 커다란 엔진을 5개 장착한 데 비해, Falcon 9과 Heavy는 작은 엔진을 여러 개 장착했다. Falcon 9 및 Heavy가 여러 개의 작은 엔진을 사용하는 데에는 몇 가지 이유가 있는데, 우선 엔진 고장에 대한 대처 능력이다. Saturn V의 경우 5개의 엔진 중 하나라도 상승 중에 멈추면 화물을 궤도에까지 올릴 수 없다. 하지만 Falcon 9의 경우 9개의 엔진 중 1~2개까지, Falcon Heavy의 경우 27개의 엔진 중 최대 6개까지 멈추더라도 궤도까지의 임무를 완수할 수 있다고 알려져 있다. 즉 추력에 있어 1/9을 조금 넘는 여유(여분, redundancy)가 있는 것이고, 이 정도의 작은 여유에는 추가 비용이 그리 크게 들지 않는다. 하지만 Saturn V에 여유 추력을 위해 엔진을 하나 더 장착하는 경우, 엔진 하나의 규모가 커서 공간도 부족하지만 상당한 크기의 질량이 추가되어 효율을

---

64 저궤도 수송을 기준으로 할 때 1단 총 추력 대비 수송 능력은 Saturn V이 Falcon 9 및 Heavy보다 1.5배가량 좋은데, 이는 Saturn V은 3개의 단으로 구성되어 있기 때문이다.

크게 떨어뜨릴 것이다.

두 번째로, Falcon 9 및 Heavy의 경우 2단 엔진은 노즐의 크기만 다를 뿐 1단 엔진과 같은 것을 쓴다. 이 덕분에 1단과 2단 엔진을 따로 개발할 필요가 없어서 연구 개발 비용을 크게 절감할 수 있었다. 1단에 큰 엔진을 장착했다면 2단에도 사용하는 일이 불가능하거나 2단의 효율이 많이 떨어졌을 것이다.

세 번째로, Falcon 9 및 Heavy는 1단 재사용을 위해 각 부스터[65] 별로 1~3개의 엔진을 재점화하여 1) 분리된 1단의 방향을 착륙 지점 쪽으로 돌리고(지상 착륙의 경우), 2) 대기권 재진입 시 로켓의 속도를 줄이고, 3) 마지막에 지상 착륙장이나 해상 드론십(drone ship)에 수직 착륙하는 데 사용한다. 적은 수의 큰 엔진이 장착되어 있는 경우 재사용을 위해 하나의 엔진을 낮은 연소율로 가동해야 하는데, 로켓엔진은 최대 연소율에 비해 30% 이하로 조절하는 것이 쉽지 않기 때문에 섬세한 착륙이 어렵다.

---

65 대개 Falcon 9의 1단은 단순히 1단이라 부르고, 똑같은 것 3개로 구성된 Falcon Heavy의 1단은 가운데에 있는 것을 center core, 그 양 옆에 있는 것을 side booster라고 부른다. Falcon 9 및 Heavy에 사용되는 1단은 모두 같은 기기이며, 이들을 통칭하여 부스터(booster)라 부른다.

3.10 공중 로켓 발사

로켓 발사에서 추진제가 가장 많이 소모되는 고도는 해수면 근처다. 로켓은 발사 초기에 가장 무거우므로 발사 때부터 마지막까지 같은 추력을 낸다 하더라도 초기에 상승 속도가 가장 느리기 때문이다(그림 3-2b). 이 때문에 비행기로 로켓을 ~10 km 또는 그 이상의 고도까지 싣고 올라간 후, 공중에서 로켓을 발사한다는 개념은 오래전에 등장했다.

한 예로, 1960년대에서 1990년대까지 독일의 항공우주 회사 Messerschmitt-Bölkow-Blohm에서 Sänger라는 이름의 우주항공기(spaceplane)를 개발한 적이 있다. 1단계는 초음속 비행기의 형태로 이륙하여 마하 7의 속도로 ~30 km 높이까지 도달하고, 거기에서 2단계인 로켓을 발사하는 방식이었다. 2단계의 로켓은 10톤까지의 화물을 지구 저궤도에 올리는 것이 목표였고, 1단계 비행기는 여객기로 사용하는 것도 목표로 했다. 하지만 계속 증가하는 개발 비용과 예상보다 낮은 성능으로 인해 1990년대 중반에 개발이 중단되었다.

공중 로켓 발사(air-launch-to-orbit, ALTO)의 장점은 다음과 같이 여러 가지가 있다.

- (항공기를 제외한) 발사체 질량 감소.

- 대기에 의한 항력 측풍 감소.

- 고도에 따른 노즐 효율 변화 폭 감소.

- 날씨에 영향을 덜 받음.

- 목표 궤도 경사각을 얻기에 유리한 장소(위도)로 이동해서 발사 가능.

- 발사장, 발사대 건설, 유지, 임대 비용이 없음.

- 발사 시 폭발 사고에 대비한 보험료 절감.

위에서 언급한 바와 같이 공중에서 로켓을 발사하면 그 높이까지 오르는 데 필요한 추진제와 그만큼의 탱크 및 기체 (airframe) 질량이 감소하므로 발사체의 질량이 줄어드는 장점이 있다.[66] 하지만 이는 공중 발사 로켓의 가장 중요한 장점은 아니다. 왜냐하면 공중 발사가 가능한 로켓이 저궤도까지 수송할 수 있는 화물의 질량은 2020년대 중반 현재 1톤도 되지 않기 때문이다. 이는 화물의 질량이 로켓 총 질량의 통상 2~4%밖에 되지 않으므로, 1톤을 저궤도까지 올리기 위해서는 로켓의 총 질량이 25~50톤이 되어야 하며, 이 이상의 질량을 비행기 동체 또는 날개 하부에 부착하는 것이 쉬운 일이 아니기 때문이다. 화물의 질량이 작을 때만 사용할 수 있는 방식이므로 발사체 질량 감소라는 이점은 그다지 크지 않다고 볼 수 있다.

오히려 공중 발사 로켓의 가장 큰 장점은 발사 유연성으로, 발사가 날씨에 영향을 덜 받고(비행기 이착륙 조건이 로켓 발사 조건

---

66 지상에서 200 km 고도의 원궤도에 이르기 위해서는 9 km/s 이상의 Δv가 필요한 데 비해(5.4절), 10 km 상공까지 올라가는 데(10 km 고도의 원궤도가 아니라)에는 0.44 km/s의 Δv만이 필요하다. 따라서 Δv 감소로 인한 공중 발사의 이점은 그다지 크지 않다.

보다는 유연하고, 10 km 이상의 고도에서는 날씨의 영향이 거의 없으므로), 화물이 목표로 하는 궤도 경사각을 얻기에 유리한 위도로 이동해서 발사할 수 있다(5.5절에서 보게 되듯 화물이 가져야 하는 궤도 경사각보다 낮은 위도에서 발사될 때는 경사각 변경을 위해 더 많은 추진제가 필요하다).

지상 로켓 발사는 발사장과 발사대를 건설·유지 또는 임대하는 비용이 들며, 발사대는 로켓에 맞춰서 제작되므로 다른 종류의 로켓들과 공유할 수 없다. 따라서 특정 로켓은 대개 지구상 한두 곳의 발사대만 운용하게 되며 그 외의 지역에서는 발사할 수 없다. 하지만 공중 로켓 발사의 경우 육지에서 먼 바다 위까지 날아가서 발사할 수 있으므로 발사 제약이 훨씬 적으며, 폭발 사고에 대비한 보험료도 많이 절감된다.

대기에 의한 항력과 측풍의 감소도 공중 발사의 이점인데, 이들은 모두 해수면에 가까울수록 훨씬 더 크기 때문이다. 대부분의 지상 발사 로켓들은 엔진에 짐벌(gimbal) 장치를 부착하여 추력의 방향을 조절한다. 하지만 이 장치는 상당히 고가인데, 공중 발사에서는 짐벌 대신 상대적으로 저렴하고 단순한 소형 날개, 그리드 핀(grid fin),[67] 소형 추력기 등으로 로켓의 자세와 방향을 조절할 수 있다.

노즐 효율 변화폭의 감소도 공중 발사의 분명한 이점 중 하나다. 10 km 상공에서의 대기압은 해수면 대기압의 약 1/4이므로, 대기압 변화의 범위를 3/4이나 줄일 수 있다.

물론 공중 발사가 이점만 있는 것은 아니다. 공중 발사를 위한 전용 비행기를 따로 만드는 것은 개발 및 제작비가 너무 많

---

67 격자(그리드) 형태를 가진 지느러미(fin)로, 접혔다 펼쳐졌다 하면서 특정 방향의 공기저항을 높여서 로켓의 자세와 방향을 조정한다.

그림 3-13 2020년대 중반 현재 운용 중인 공중 발사 로켓. a) Orbital Sciences사가 개발하고 현재는 Northrop Grumman사에 의해 제조 및 발사되고 있는 Pegasus와 b) Virgin Orbit사에 의해 개발 및 발사되고 있는 LauncherOne. (a: NASA / Wikimedia Commons / Public Domain; b: Glenn Beltz / Wikimedia Commons / CC BY 2.0)

이 들고, 기존의 여객기나 화물기를 사용할 때는 기체 하부에 붙여야 하는데, 이 경우 하중이 기체의 일부분에만 몰리기 때문에 비행기가 실제로 실을 수 있는 질량보다 상당히 작은 질량만 하부에 부착할 수 있다. 예를 들어 아래에 소개될 Virgin Orbit사의 LauncherOne은 747-400 비행기를 이용하는데, 747-400 화물기는 120여 톤의 화물을 실을 수 있지만 LauncherOne 로켓의 질량은 화물을 포함하여 26톤에 불과하다. 기존의 비행기 하부에 부착하는 경우 로켓의 질량뿐만 아니라 부피에도 제약이 있는데, 비행기 착륙장치(랜딩기어) 공간을 침범해서는 안 되고 또한 이륙 중 기수가 들릴 때 로켓이 지면에 닿아서도 안 되기 때문이다.

또한 공중 발사 초기에는 양력과 자세 안정을 위해 조그만 날개가 필요한데 이는 질량을 더하는 요인이 되며, 고도를 높이기 위해 비행 방향을 위로 올리는 데에도 추가의 연료가 필요하다.

2020년대 중반 현재 운용 중인 공중 발사 로켓으로는 Orbital Sciences사가 개발하고 현재는 Northrop Grumman사에 의해 제조 및 발사되고 있는 Pegasus와, Virgin Orbit사에 의해 개발 및 발사되고 있는 LauncherOne이 있다(그림 3-13). 3단 고체로켓으로 구성된 Pegasus는 400석 규모의 대형 여객기였던 Lockheed L-1011 TriStar를 개조한 비행기(명칭 Stargazer)에 실려 12 km 상공에서 발사되며, 440 kg까지의 화물을 저궤도에 올릴 수 있다. 2단 액체로켓으로 구성된 LauncherOne은 초대형 여객기인 Boeing 747-400을 개조한 비행기(명칭 Cosmic Girl)에 실려 11 km 상공에서 발사되며, 500 kg까지의 화물을 저궤도에 올릴 수 있다.

- 로켓은 연료와 산화제가 가지고 있는 화학에너지를 연소를 통해 열에너지로 바꾸고, 이를 노즐을 통해 배기가스로 내보내어 추력을 얻는다.
- 노즐은 연소 가스의 무작위한 운동을 한 방향으로 움직이는 정돈된 운동으로 바꾸는 역할을 하며, 배기가스의 속도를 최대한으로 만들기 위해서는 수렴-발산의 형태를 가져야 한다.
- 노즐에서 배출되는 배기가스의 압력은 외부 대기의 압력과 같을 때 로켓의 추력을 최대화할 수 있으며, 이 때문에 상단 엔진의 노즐은 하단 엔진의 노즐에 비해 더 길고 크다.
- 연소로부터 에너지를 얻을 수 있는 것은 산화제인 산소 분자가 가지고 있는 산소 원자끼리의 약한 공유결합(0에 더 가까운 음수의 퍼텐셜)이 산소와 연료와의 더 강한 공유결합(0에서 더 먼 음수의 퍼텐셜)으로 바뀌기 때문이다.
- 액체 추진제 로켓엔진에서 가장 흔히 쓰이는 연료는 수소, 등유, 메탄인데, 단위질량당 충격량인 비추력은 수소, 메탄, 등유의 순으로 크고, 밀도는 등유, 메탄, 수소의 순으로 크다.
- 연료는 비추력이 클수록 필연적으로 밀도가 작아지며, 연료 탱크의 크기나 무게가 상대적으로 덜 중요한 상단에서는 비추력이 큰 연료를, 연료 탱크의 크기와 무게가 상대적으로 더 중요한 하단에서는 밀도가 큰 연료를 쓰는 게 효율적이다.
- 비추력은 배기가스의 속도에 의해 결정되며, 따라서 로켓엔진의 성능은 얼마나 배기가스의 속도를 빠르게 만드느냐에 있다.
- 로켓의 성능을 나타내는 한 지표는 특정 궤도까지의 수송 능력(최대 화물 질량)이며, 로켓들 간 성능 비교에는 지구 저궤도까지의 수송 능력이 흔히 사용된다.
- 수송 능력은 1) 비추력, 2) 연소율, 3) 수송 전후의 로켓 초기 질량과 말기 질량의 비에 의

존하는데, 이 중 비추력은 연료의 종류와 엔진의 효율, 연소율은 엔진의 규모와 개수, 질량비는 로켓 기체(airframe)의 가벼운 정도에 의해 결정된다.

- 로켓을 다단으로 구성하면 1) 단 분리 때마다 질량을 줄일 수 있으며, 2) 고도에 따라 더 적합한 크기의 노즐을 사용할 수 있으며, 3) 단에 따라 더 효율적인 연료를 선택할 수 있다. 로켓 개발 초기에는 3단 구성이 자주 사용됐으나 최근에는 대량생산 시의 비용 절감과 재사용을 위해 같은 연료를 쓰는 2단 구성이 더 선호되고 있다.
- 공중 로켓 발사는 비용 절감 효과가 크지 않으며 중대형 화물 수송에는 적합하지 않다. 현재 1톤 이내의 소형 화물을 수송하는 데에만 간헐적으로 사용되고 있으며, 지상 발사에 비해 가지는 발사 유연성이 장점이다.

우주 엘리베이터로 올라가기

로켓을 이용해 지구궤도에 이르는 것은 비용도 많이 들뿐더러 에너지 면에서도 상당히 비효율적이다. 화물은 로켓 전체 질량의 2~4%에 불과하고 연료가 90% 정도를 차지하고 있으니 말이다. 추력을 내는 데 필요한 추진제가 로켓에 실려야 하고, 추진제의 질량 때문에 다시 더 큰 추력이 필요하기 때문인 것이다.

만약 지구궤도에서부터 지표면까지 내려진 케이블이 있고, 이를 붙잡고 올라가는 장치, 즉 엘리베이터를 이용해 화물을 궤도에까지 올릴 수 있다면 매우 효율적일 것이다. 이는 1) 케이블을 붙잡고 있는 엘리베이터가 미끄러져 내려가지 않도록 하는 장치를 잘 고안해서 장착하면 큰 에너지를 들이지 않고 자신의 높이를 유지할 수 있으며, 2) 상승하는 데 필요한 에너지를 유선(전선)이나 무선(레이저 혹은 메이저[1])으로 공급받을 수 있기 때문이다. 후자의 이점이 특히 더 중요한데, 로켓의 경우와 같이 화물보다 몇십 배 더 무거운 추진제를 함께 운반해야 할 필요가 없기

---

1 극초단파(microwave) 영역에서의 레이저. 레이저(laser)는 'light amplification by stimulated emission of radiation'의 약자로 자외선, 가시광선, 적외선 영역에서 방향, 파장, 위상, 편광 방향이 같은 빛들이 방출되는 현상이며, 메이저(maser)는 'microwave amplification by stimulated emission of radiation'의 약자로 극초단파 영역의 레이저다.

때문이다.

이러한 장치를 흔히 우주 엘리베이터라고 부르지만, 우주 엘리베이터는 건물 내에서 쓰이는 일반 엘리베이터와 크게 다른 점이 있다. 실내 엘리베이터는 케이블(로프)이 탑승칸(car)에 결속되어 케이블과 탑승칸이 같이 움직이는 데 비해, 우주 엘리베이터에서는 케이블[2]이 상하 운동 없이 그 자리에 있고 탑승칸이 케이블을 붙잡고 올라가거나 내려가는 움직임을 한다. 이 때문에 우주 엘리베이터의 탑승칸은 클라이머(climber)라고도 불린다.

우주 엘리베이터의 개념이 처음으로 제안된 것은 1895년, 이상 로켓 방정식을 유도했던 치올코프스키에 의해서였다.[3] 그 후 한동안 잊혔다가 1960년 러시아의 공학자 아르추타노프(Yuri Artsutanov)와 1975년 미국의 공학자 피어슨(Jerome Pearson)에 의해서 다시 연구되기 시작되었다.

아래에서 살펴보게 되듯, 우주 엘리베이터의 기본 개념은 매우 혁신적이고 뛰어나지만 실제로 설치 및 운용이 먼 미래라 할지라도 가능할지에 대해서는 의심이 여지가 많은 것이 사실이다. 하지만 우주 엘리베이터 케이블 내의 장력이나 케이블과 탑승칸이 가지는 운동 등은 물리학적으로 매우 흥미로워서 공부해 볼 가치가 충분히 있다.

---

2 테더(tether)라고도 불린다.

3 Tsiolkowskii, K. E. 1895, *Dreams of Earth and Sky*, reissue (Athena Books, Barcelona–Singapore, 2004).

우주 엘리베이터는 모든 위치(고도)에서 지구의 자전 각속도와 같은 공전 각속도를 가지는 케이블을 수직으로 설치하고, 이를 따라 엘리베이터가 화물이나 승객(이후에는 화물과 승객 모두를 포함하여 '화물'로 칭한다)을 수송하는 장치다(그림 4-1).

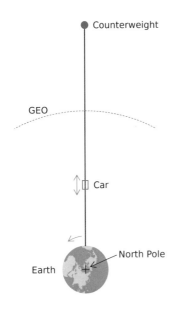

그림 4-1 우주 엘리베이터의 개념도. 우주 엘리베이터는 지구정지궤도 높이로부터 위아래로 케이블이 뻗어 중력과 원심력이 균형을 이루고 있으며, 케이블에 탑승칸이 매달려서 위아래로 움직이는 장치다. 케이블은 아래로는 화물이나 승객을 실을 위치(지면이나 해수면 근처)까지 뻗어야 하며, 위쪽 끝에는 평형추를 두어 케이블의 길이를 줄일 수 있다. (Sungsoo S. Kim / CC BY-SA 4.0)

우주 엘리베이터의 케이블은 해수면 높이부터 쌓아서 올라가는 것이 아니라, 지구정지궤도(geostationary orbit, GEO)에서부터 위아래로 연장해서 설치되는 개념이다. 해수면 높이부터 쌓아서 무엇인가를 저궤도 높이나 그 이상으로 올리려면 어마어마한 하중이 구조물에 가해지기 때문에 이러한 방식은 사실상 불가능하다.

우주 엘리베이터의 핵심은 궤도운동을 하는 물체의 원심력을 이용하여 하중을 상쇄시키는 것이다. 어떤 물체가 궤도운동을 한다는 것은 중력과 원심력이 공전운동을 하는 동안 균형을 이루고 있는 것이며, 따라서 우주 엘리베이터는 공중에 떠 있는 구조물, 즉 인공위성이다.

우주 엘리베이터에서 수직으로 설치되는 구조물을 탑이나 기둥 대신 케이블이란 용어를 쓰는 이유는, 구조물이 견뎌야 하는 힘이 일반 건축물처럼 더 위에 있는 구조물의 중력에 의한 압축력[4]이 아닌, 방향이 서로 다른 중력과 원심력에 의한 인장력이기 때문이다. 케이블의 아래쪽으로 갈수록 원심력보다 중력이 더 세지고 위쪽으로 갈수록 중력보다 원심력이 더 세지는데(4.2절), 이 때문에 케이블은 양 끝에서 잡아당기는 힘을 받는다.

케이블의 아래쪽 끝은 육지나 해상의 베이스(앵커)에 연결되며, 해상 베이스의 경우 베이스가 물 위에 떠서 필요 시 움직이도록 만들 수도 있다. 베이스는 화물이나 승객을 태우거나 내리는 곳이며, 케이블의 불필요한 수평 방향 이동을 막는 역할을 한다.

케이블의 위쪽 끝은 케이블 전체의 공전 각속도가 지구 자전 각속도와 같아지도록 하는 높이까지 뻗어야 한다. 이를 위

---

4   수직 하중을 견뎌야 하는 기둥은 사실 압축력뿐만 아니라 휨 방지를 위해 인장력도 어느 정도 가져야 한다. 이 때문에 고층 빌딩은 대개 철근콘크리트 소재로 지어지는데, 콘크리트는 압축력에, 철근은 인장력에 강하다.

해서는 케이블의 무게중심이 GEO 고도보다 높은 곳에 위치
해야 하며(4.2절), 따라서 (평형추를 달지 않는 경우) 케이블의 위
쪽 끝은 GEO보다 훨씬 높은 곳에 위치해야 한다. 케이블만으
로 지구 자전 각속도를 얻기 위해서는 케이블의 길이가 너무 길
어져야 하기 때문에 케이블 질량중심 높이보다 위쪽에 평형추
(counterweight)를 설치하여 케이블의 길이를 줄일 수 있다(4.6절).

GEO에서부터 위아래로 뻗어 있는 케이블이 받는 중력과 원심력을 이해하기 위해 그림 4-2와 같이 지구 자전 각속도 ω_E에 해당하는 공전 각속도와 질량 m을 가진 2개의 구(球)와, 이 둘 사이를 연결하는 질량 없는 끈으로 이루어진 시스템을 고려해보자. GEO의 고도는 35,800 km이므로 지구 중심으로부터의 반경 r_{GEO}는 42,200 km다. 지구 중심으로부터의 거리를 r이라 하고, 2개의 구가 GEO로부터 0.5 r_{GEO}의 같은 거리로 위와 아래로 벌어져 있다(즉 $r = 1.5\ r_{GEO}$ 및 0.5 r_{GEO})고 가정하자.

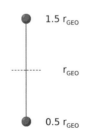

1.5 r_{GEO}

r_{GEO}

0.5 r_{GEO}

그림 4-2 지구 자전 각속도에 해당하는 공전 각속도와 질량 m을 가진 2개의 구(球) 및 질량이 없는 끈으로 이루어진 시스템. (Sungsoo S. Kim / CC BY-SA 4.0)

지구 질량을 M_E로 나타내면 거리 r에서의 중력과 원심력은

구(球)	공전 반경	상대적 중력	상대적 원심력
A	1.5 r_{GEO}	0.44	1.5
	r_{GEO}	1	1
B	0.5 r_{GEO}	4	0.5
A + B		4.44	2

표 4-1 주어진 공전 반경에서 지구 자전 각속도에 해당하는 공전 각속도를 가지고 원궤도 운동을 하는 그림 4-2의 물체에 가해지는 중력과 원심력. 중력과 원심력 모두 r_{GEO}에서의 중력과 원심력 값에 상대적으로 나타내어져 있다. 두 번째 행(r_{GEO})은 중력과 원심력의 비교 기준점을 보여주기 위한 것이고, 마지막 행(A+B)은 1.5 r_{GEO}와 0.5 r_{GEO}에 있는 구가 가지는 중력과 원심력을 합한 것이다.

$GM_{\text{E}}m/r^2$과 $m\omega_{\text{E}}^2 r$이 된다. 중력은 r^{-2}에 비례하고, 원심력은 r에 비례하기 때문에 중력은 케이블 아래쪽으로 갈수록 커지고 원심력은 케이블 위쪽으로 갈수록 커지는 것이다. 표 4-1은 공전 반경 1.5 r_{GEO}, r_{GEO}, 0.5 r_{GEO}에서 지구 자전 각속도에 해당하는 공전 각속도로 원운동을 하고 있는 구가 느끼는 중력과 원심력을 r_{GEO}에 있는 구가 느끼는 값에 상대적으로 나타낸 것이다.

표에서 보다시피 1.5 r_{GEO}와 0.5 r_{GEO}에서의 원심력은 r_{GEO}에서의 원심력으로부터 같은 크기만큼 차이가 나지만, 1.5 r_{GEO}와 0.5 r_{GEO}에서의 중력은 그렇지 않다. 중력은 거리의 제곱에 반비례하기 때문에 r_{GEO}에서와 0.5 r_{GEO}에서의 중력 차이가 r_{GEO}에서와 1.5 r_{GEO}에서의 중력 차이보다 훨씬 큰 것이다. 따라서 두 구가 GEO에서 위아래로 바짝 붙어 있는 경우에는 상대적 중력도 1 + 1 = 2, 상대적 원심력도 1 + 1 = 2여서 중력과 원심력 사이에 균형이 있지만, 두 구가 위아래로 벌어지면 벌어질수록 중력의 합이 원심력의 합보다 더 커지게 된다. 즉, 위아래로 벌어진 구 시스템은 중력이 원심력을 이기게 되어 시스템 전체가 아래쪽으로 움직여야 한다.

이 시스템의 고도 하락을 막기 위해서는 위(아래)에 있는 구의 질량을 키우거나(줄이거나), 위(아래)에 있는 구의 거리를 더 멀리(가까이) 두어야 한다. 이 중 위에 있는 구의 거리를 더 멀리 두는 방법을 통해 중력과 원심력이 균형을 이루게 해보자. 위로 향하는 방향의 힘을 양(+)으로, 위에 있는 구를 A, 아래에 있는 구를 B로 정의하면 이 시스템에 작용하는 총 힘 F는

$$\boxed{\text{4-1}} \quad \begin{aligned} F &= -\frac{GM_{\mathrm{E}}m}{r_{\mathrm{A}}^2} - \frac{GM_{\mathrm{E}}m}{r_{\mathrm{B}}^2} + m\omega_{\mathrm{E}}^2 r_{\mathrm{A}} + m\omega_{\mathrm{E}}^2 r_{\mathrm{B}} \\ &= -\frac{GM_{\mathrm{E}}m}{r_{\mathrm{A}}^2} - \frac{GM_{\mathrm{E}}m}{(0.5\,r_{\mathrm{GEO}})^2} + m\omega_{\mathrm{E}}^2 r_{\mathrm{A}} + m\omega_{\mathrm{E}}^2\,0.5\,r_{\mathrm{GEO}} \end{aligned}$$

가 된다. 이 시스템이 주어진 고도에서 벗어나지 않기 위해서는 $F = 0$이 되어야 하며, 이를 만족하는 해를 재귀적으로 (recursively)[5] 찾아보면 $r_{\mathrm{A}} = 3.58\,r_{\mathrm{GEO}}$를 얻게 된다. 즉, 중력과 원심력이 같아지기 위해서는 위에 있는 구가 아래에 있는 구보다 GEO로부터 몇 배 이상 멀리 떨어져 있어야 하며(또는 아래에 있는 구가 위에 있는 구보다 GEO에 더 가까이 있어야 하며), 이 시스템의 무게중심은 GEO보다 높은 곳에 위치하게 된다.

바로 이러한 이유 때문에 평형추가 없는 우주 엘리베이터 케이블의 경우, 지구 자전 각속도와 같은 공전 각속도를 가지면서 중력과 원심력이 평형을 이루기 위해서는 케이블의 위쪽 끝이 GEO보다 한참 높은 곳까지 이르러야 한다(~3.6 r_{GEO},[6] 4.4절 참조).

---

5   이 식은 3차 다항식이므로 해석학적으로도 근을 구할 수 있지만, 엑셀 등과 같은 스프레드시트 프로그램에 있는 근 찾기(엑셀에서는 '목표값 찾기'라고 부른다) 루틴을 이용해 쉽게 근을 찾을 수 있다.

6   이 고도는 지구에서 달까지 거리의 39%에 해당한다.

한편 우주 엘리베이터가 지구 주위에서 가지는 원궤도 운동은 중력과 원심력이 같은 경우이므로 r_{GEO}는 다음과 같다.

$$r_{\mathrm{GEO}} = \left(\frac{GM_{\mathrm{E}}}{\omega_{\mathrm{E}}^2} \right)^{1/3}$$

4-2　GEO 반경

우주 엘리베이터에서 벗어난 물체의 운동

우주 엘리베이터의 케이블은 모든 위치(고도)에서 지구 자전 각속도와 같은 공전 각속도를 가져야 한다. 하지만 케이블과 관계없이 독립적으로 원궤도 운동을 하는 물체는 고도 r에 따라 공전 각속도가 다르다($\omega = \sqrt{GM_E/r^3}$). 이 때문에 우주 엘리베이터에서 외부로 살며시[7] 내보내진 물체는 우주 엘리베이터와 다른 공전운동을 가지게 된다.

GEO보다 낮은 위치에서 내보내진 물체는 그 위치에서의 원궤도 운동 속도보다 느리게 움직이고 있으므로(즉 원심력이 중력보다 작으므로) 하강하기 시작하며, 하강을 하면서 각운동량 ($L = m\omega r^2$) 보존을 위해 각속도가 빨라지고 이 때문에 우주 엘리베이터에서 동쪽(지구의 자전이 향하는 방향)으로 멀어지게 된다.

반대로 GEO보다 높은 위치에서 내보내진 물체는 그 위치에서의 원궤도 운동 속도보다 빠르게 움직이고 있으므로 상승하기 시작하며, 상승을 하면서 각운동량 보존을 위해 각속도가 느려지고 이 때문에 우주 엘리베이터에서 서쪽으로 멀어지게

---

7 탑승칸이 케이블의 어느 한 위치에 정지한 상태에서 탑승칸 바깥으로 팔을 내밀어 손에 쥐고 있던 물체를 놓는 상황을 떠올리자.

된다.

그러면 어떻게 물체가 단순히 우주 엘리베이터의 탑승칸에서 벗어났다고 해서 갑자기 탑승칸과 다른 운동을 하게 되는 것일까? 그것은 그 물체가 탑승칸 내에 있는 동안 탑승칸으로부터 지속적으로 힘을 받았으며, 탑승칸에서 벗어나는 순간 그 힘이 사라졌기 때문이다.

탑승칸이 해수면 높이, 즉 지구 중심으로부터 지구 반경(r_E) 거리에 있을 때를 생각해보자. 탑승칸의 바닥은 이미 탑승칸 내 질량 m의 물체에 $mg_0 - m\omega_E^2 r_E \cong mg_0$[8]의 힘을 가하고 있다. 탑승칸의 고도가 올라갈수록 중력은 작아지고 원심력은 커지지만 GEO에 닿기 전까지는 여전히 중력이 우세하다. 따라서 GEO보다 낮은 위치에 있는 탑승칸 내의 물체는 항상 아래 방향으로 내려가려 하는데 탑승칸의 바닥이 이를 막고 있는 것이며(즉 물체는 바닥에 붙어 있게 되며), 물체가 탑승칸에서 벗어나는 순간 하강하게 되는 것이다. 탑승칸이 GEO보다 위에 있을 때는 원심력이 중력보다 더 크므로 물체는 탑승칸의 천장에 가서 붙어 있게 되며, 탑승칸에서 벗어나는 순간 상승하게 된다.

화물칸 안의 물체는 화물칸 바닥이나 천장에 붙게 된다.

---

8 해수면 높이에서 원심력은 중력의 1/290에 불과하다.

4.4 케이블의 장력과 단면적

탑승칸이 탑승칸 내의 물체에 힘을 가할 수 있는 것은 탑승칸이 케이블에 고정되어 있기 때문이다. 탑승칸 내 물체뿐 아니라 탑승칸 자체도 GEO보다 아래에서는 하강을, GEO보다 위에서는 상승을 하려는 속성을 가진다. 같은 이유로 케이블을 이루고 있는 각 체적소(volume element)들도 바로 위 또는 아래에 있는 체적소에 힘을 가하게 된다. GEO보다 아래에 있는 체적소는 자신보다 아래에 있는 케이블 부분이 추락하지 않도록 잡아당겨야 하며, GEO보다 위에 있는 체적소는 자신보다 위에 있는 케이블 부분이 우주로 날아가지 않도록 잡아당겨야 한다.

이와 같이 케이블 내에서 잡아당기는 힘을 장력(tension)이라 하며, 케이블이 늘어나거나 끊어지는 것을 막는다. 우주 엘리베이터의 케이블 내에서 장력의 방향은 그 위치에 가해지는 원심력과 중력의 차이, 즉 알짜힘(net force) 방향의 반대가 되어, GEO 아래에서는 장력이 위 방향으로, GEO 위에서는 장력이 아래 방향으로 가해진다.

장력은 케이블의 양 끝에서는 0이 된다. 왜냐하면 아래쪽 끝에서는 자신보다 더 아래에서 자신을 잡아당기는 물체가 없고, 위쪽 끝에서는 자신보다 더 위에서 자신을 잡아당기는 물체

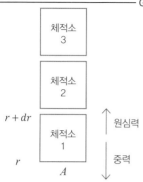

체적소
3

체적소
2

$r + dr$

체적소
1

r

A

원심력

중력

그림 4-3 GEO 위치로부터 아래로
매달려 있는 3개의 체적소로 이루
어진 케이블. 각 체적소는 지구 중
심으로부터 거리 r에 있으며, 단면
적 A, 밀도 ρ, 체적 $A \cdot dr$을 가진다.
(Sungsoo S. Kim / CC BY-SA 4.0)

가 없기 때문이다. 양 끝에서 GEO를 향해 올라가거나 내려가면
서 케이블의 장력은 점점 더 커지고, GEO 위치에서 최대가 된
다. 왜냐하면 GEO 위치에서는 위아래 케이블이 서로 반대 방향
으로 잡아당기며, 케이블 모든 부분의 장력이 집중되는 곳이기
때문이다.

케이블의 장력은 GEO에서 가
장 크고 양 끝으로 갈수록 작아
진다.

우주 엘리베이터의 케이블은 GEO 위치에서 위아래 양방
향의 장력이 같다. 이 위치가 특별한 이유는 우주 엘리베이터가
이 고도에서의 원궤도 속도로 공전하고 있고, 따라서 이곳을 중
심으로 아래에서는 중력이, 위에서는 원심력이 더 크기 때문이
다. 케이블의 GEO 위치에서 위아래 방향의 장력이 같지 않으
면 케이블은 상승하거나 하강해야 한다. GEO에서 양방향 장력
이 같다는 것은 우주 엘리베이터 케이블의 GEO 위치를 건물 내
의 튼튼한 천장과 같이 취급할 수 있다는 것을 뜻한다. 즉 천장
에 끈을 고정하고 끈의 아래쪽 끝에 무거운 물체를 매단 상황에
서 천장이 하는 역할이, 우주 엘리베이터 케이블의 GEO 위치가
하는 역할이라 볼 수 있는 것이다.

이를 염두에 두고 케이블 내 장력의 크기를 유도해보자. 그

림 4-3과 같이 3개의 체적소로 이루어진 케이블이 GEO에서 아래로 매달려 있다고 하자. 지구 중심으로부터 거리 r에 있으며 단면적 A, 밀도 ρ, 체적 $A \cdot dr$을 가지는 체적소에 미치는 중력과 원심력에 의한 알짜힘 dF는 다음과 같다.

$$\begin{aligned} dF &= -\frac{GM_E\rho A}{r^2}dr + \omega_E^2 r\rho A\, dr \\ &= GM_E\rho A\left(-\frac{1}{r^2} + \frac{r}{r_{GEO}^3}\right)dr \end{aligned}$$

$\boxed{\text{4-3}}$

그림 4-3에서 체적소 1은 자신이 받는 (4-3)식의 알짜힘을 체적소 2에 장력으로 전달하며, 체적소 2는 아래에서 전해진 장력에 자신이 받는 (4-3)식의 알짜힘을 합해서 체적소 3에 장력으로 전달한다. 마지막으로 체적소 3은 모든 체적소의 알짜힘이 합해진 크기의 장력을 케이블의 GEO 위치에 전달하게 된다.

이와 같이 GEO 아랫부분 케이블 내의 장력 T는 아래쪽 끝에서부터 알짜힘을 더해가며 구할 수 있으며, 장력과 알짜힘은 반대 방향이므로 $dT = -dF$로 놓고 (4-3)식을 적분하면 구할 수 있다. 하지만 이를 위해서는 케이블의 단면적 프로파일인 $A(r)$을 알아야 하는데, 케이블 전체가 하나의 소재로 이루어진 경우 $A(r) \propto T(r)$이 되도록 설계하는 것이 가장 효율적이다(즉 최소한의 케이블 질량으로 케이블의 모든 위치에서 필요한 장력을 감당할 수 있다). 이는 동일한 소재로 이루어진 케이블은 케이블의 위치나 단면적과 관계없이 같은 인장응력(tensile stress) σ를 가지는 특성이 있으며, 장력과 인장응력 사이에는 $T = \sigma A$의 관계가 있기 때문이다.[9] 이제 $dT = \sigma\, dA = -dF$로 놓고 (4-3)식을 케이블 아래쪽

---

9   인장응력은 [힘/면적]의 단위, 즉 압력의 단위를 가진다.

끝 위치인 해수면 위치 r_E부터 GEO 아래 임의의 위치 r까지 적분하면

$$A(r) = A_E \exp\left[\frac{GM_E\rho}{\sigma}\left(-\frac{1}{r} - \frac{r^2}{2r_{GEO}^3} + \frac{1}{r_E} + \frac{r_E^2}{2r_{GEO}^3}\right)\right],$$
$$T(r) = \sigma A(r)$$

4-4 **케이블의 단면적과 장력**

를 얻게 되는데, 여기서 A_E는 r_E에서의 케이블 단면적이다.

이제 똑같은 유도를 GEO 윗부분에 대해 수행하기 위해 (4-3)식을 케이블 위쪽 끝 r_{top}부터 GEO 위 임의의 위치 r까지 적분하면

$$A(r) = A_{top} \exp\left[\frac{GM_E\rho}{\sigma}\left(-\frac{1}{r} - \frac{r^2}{2r_{GEO}^3} + \frac{1}{r_E} + \frac{r_E^2}{2r_{GEO}^3}\right)\right]$$ 4-5

를 얻게 되며, 여기서 A_{top}은 r_{top}에서의 케이블 단면적이다. A_{top}은 임의로 결정될 수 없는데, 그 이유는 GEO 위치에서 케이블에 가해지는 위쪽으로부터의 장력과 아래쪽으로부터의 장력이 같아야 하기 때문이다.[10] 이 조건은 (4-4)식에서 얻어진 $A(r_{GEO})$와 (4-5)식에서 얻어진 $A(r_{GEO})$가 같아야 함을 뜻하므로 $A_{top} = A_E$가 되어야 한다. 결국 (4-4)식 하나로 케이블 모든 위치에서의 단면적과 장력을 구할 수 있는 것이다. 그림 4-4는 케이블 단면적 프로파일의 한 예를 보여주는데, 장력이 가장 큰 GEO에서 단면적이 가장 큼을 알 수 있다.

장력과 마찬가지로 케이블의 단면적도 GEO에서 가장 크다.

r_{top}의 값은 (4-4)식에서 $A(r_{top}) = A_E$가 되는 조건, 즉

$$-\frac{1}{r_{top}} - \frac{r_{top}^2}{2r_{GEO}^3} + \frac{1}{r_E} + \frac{r_E^2}{2r_{GEO}^3} = 0$$ 4-6

---

10 GEO 위치에서 케이블에 가해지는 위쪽으로부터의 장력과 아래쪽으로부터의 장력이 같지 않으면 1) GEO 위치에 알짜힘이 존재하여 엘리베이터가 위 또는 아래 방향으로 움직이게 될 뿐 아니라 2) (4-4)식에 의한 $A(r_{GEO})$와 (4-5)식에 의한 $A(r_{GEO})$가 다르게 되는 결과도 만든다.

으로부터 구할 수 있으며 다음과 같은 해를 얻게 된다.

$$\boxed{\text{4-7}} \qquad r_{\text{top}} = \frac{r_{\text{E}}}{2}\left[\sqrt{1 + 8\left(\frac{r_{\text{GEO}}}{r_{\text{E}}}\right)^3} - 1\right] \cong 150,000 \text{ km}$$

이 거리는 지구 중심에서 달까지 거리의 39%에 해당하는 상당히 먼 거리이며, r_{GEO}의 3.6배에 해당한다.

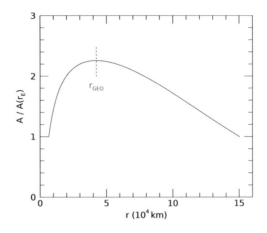

그림 4-4 우주 엘리베이터 케이블의 단면적 프로파일. (4-4)식에 의해 계산되었으며 표 4-2에 나와 있는 거대 탄소 튜브의 밀도와 최대 인장응력 값이 사용되었다. 단면적은 r_{E}에서의 단면적에 상대적인 값이며, r_{GEO}에서 최대가 된다. (Sungsoo S. Kim / CC BY-SA 4.0)

4.5 케이블 소재

케이블의 단면적이 가장 큰 곳은 장력이 가장 큰 곳, 즉 GEO 위치이고, 가장 작은 곳은 양쪽 끝단이다. 그럼 가장 큰 단면적과 가장 작은 단면적의 비, 즉 A_{GEO}/A_E는 얼마가 될까? (4-4)식에 의하면 이 비는 케이블의 ρ/σ 값, 즉 케이블 소재의 밀도와 인장응력에 따라 다른데, 이 값이 지수(exponential)함수 안에 들어가 있으므로 케이블 소재가 무엇이냐에 매우 크게 의존한다. 케이블 소재의 ρ/σ가 너무 크면 A_{GEO}/A_E 값이 실현 불가능할 정도로 커질 수 있는 것이다.

우주 엘리베이터 케이블 소재는 인장응력이 크면서 밀도가 낮아야 한다.

소재	밀도 (kg/m^3)	최대 인장응력 (GPa)	파단 길이 (km)	A_{GEO}/A_E
특수 강철	7,900	2.7	35	3.4×10^{61}
자일론	1,560	5.8	380	4.5×10^5
거대 탄소 튜브	120	6.9	5,900	2.3

표 4-2 세 가지 케이블 소재의 밀도, 최대 인장응력, 파단 길이 및 최대 단면적 비 A_{GEO}/A_E. 특수 강철은 '2800 마레이징 강'의 경우다.

표 4-2는 세 가지 케이블 소재 후보의 밀도와 최대 인장응력, 그리고 이 값들로부터 계산된 A_{GEO}/A_E를 보여준다. 강철은

사장교나 현수교의 케이블에 널리 쓰이는 소재인데, 표 4-2에는 일반 강철보다 더 뛰어난 강도를 가진 특수 강철 중 하나인 마레이징 강(maraging steel)[11]의 밀도와 인장응력이 이용되었다. 이 특수 철강은 현재 사용 가능한 현실적인 케이블용 철강 중 가장 특성이 좋은 것임에도 A_{GEO}/A_E 값이 비현실적으로 큼을 알 수 있다. 즉 강철로 지구용 우주 엘리베이터 케이블을 만드는 것은 불가능하다.

방탄조끼, 낙하산 줄, 경주용 범선의 삭구(로프) 등에 쓰이고 있는 합성 폴리머인 자일론(Zylon)[12]은 특수 강철보다 가볍고 인장응력이 좋으나 A_{GEO}/A_E 값이 여전히 너무 크다. 우주 엘리베이터에 적용될 경우 양쪽 끝에서 1 mm의 두께를 가질 때 GEO 위치에서는 67 cm에 이르는 두께를 가져야 하며, 이러한 두께를 가지는 수만~수십만 km 길이의 케이블 질량은 실현 불가능할 정도로 커지게 된다.[13]

한편 표 4-2에 나와 있는 세 번째 소재인 거대 탄소 튜브(colossal carbon tube)는 새로운 유형의 탄소 소재로, 탄소 나노 튜브보다 훨씬 더 크기가 커서[14] 지름이 ~0.1 mm에 이른다(아직 대량생산은 불가능하다). 거대 탄소 튜브의 인장응력은 자일론에 비해 1.2배 정도밖에 크지 않지만, 밀도가 10배 이상 작아서 2.3에 불과한 A_{GEO}/A_E 값을 얻게 된다. 따라서 거대 탄소 튜브로 우주

현존하는 케이블 소재로 지구궤도에 설치할 우주 엘리베이터 케이블을 제작하는 것은 불가능하다.

---

11 마레이징 강은 15~25%의 니켈과 기타 원소를 함유한 저탄소 강철로, 일반 강철보다 더 뛰어난 강도를 가진다. (일반 강철의 인장응력은 0.5 GPa 정도다.)

12 미국의 SRI 연구소에 의해 1980년대에 개발되었으며 일본의 합성·천연 섬유 제조사인 Toyobo에 의해 생산된다. SpaceX의 유인 우주선인 Crew Dragon의 낙하산 줄, 그리고 NASA의 고층 대기 관측 기구(balloon)의 줄에도 자일론이 쓰인다. 현재 쓰이고 있는 케이블 소재 중 밀도에 비해 인장응력이 가장 큰 것 중 하나다. 자일론은 상표명이다.

13 뒤에 나올 표 4-3을 위해 수행된 계산을 자일론에 대해 해보면, 1톤의 화물칸을 지탱하기 위해 4,000만 톤이 넘는 질량의 케이블이 필요하다.

14 '거대(colossal)'란 단어는 탄소 나노 튜브에 비해 훨씬 더 크다는 데에서 왔다.

엘리베이터 케이블을 만들면 양 끝단과 GEO 위치에서의 케이블 두께 차이가 얼마 되지 않게 되며, 이는 케이블의 전체 질량을, 그리고 결국 제작 및 궤도로의 수송 비용을 크게 줄일 수 있게 만든다.

이와 같이 우주 엘리베이터 케이블의 소재로 쓰이려면 소재의 ρ/σ값이 작을수록, 즉 σ/ρ값이 클수록 유리한데, 후자를 해수면 중력가속도로 나눈 물리량을 파단 길이(breaking length; L)라 부른다:

$$L \equiv \frac{\sigma}{\rho g_0}$$

4-8

중력과 케이블의 단면적이 고도에 관계없이 일정하다고 가정할 때 파단 길이는 '위쪽 끝이 무엇인가에 매달려 있는 케이블이 자신의 무게에 의해 끊기지 않고 버틸 수 있는 최대 길이'가 된다. 이는 길이 L, 단면적 A인 케이블에 미치는 총 중력은 $LA\rho g_0$이며 인장응력 σ인 케이블이 견딜 수 있는 최대 장력은 σA이므로, 이 둘을 같게 놓았을 때의 길이가 (4-8)식이 되기 때문이다.

표 4-2에는 파단 길이도 주어져 있는데, 특수 강철과 자일론은 각각 35 km, 380 km에 지나지 않는 데 비해, 거대 탄소 튜브는 6,000 km에 이른다. 이 마지막 길이도 우주 엘리베이터에 필요한 길이인 수만 km에는 한참 못 미치지만, 파단 길이는 중력과 단면적이 일정하다고 가정했을 때의 값임을 상기하자. 고도가 높아질수록 중력은 줄어들고, 또 (4-4)식에 의해 우주 엘리베이터의 케이블은 위치에 따른 장력에 비례하여 단면적이 커지도록 설계되므로, 케이블의 길이가 파단 길이보다 훨씬 더 길더라도 끊어지지 않고 버틸 수 있게 된다.

이제까지 논한 바와 같이 거대 탄소 튜브가 우주 엘리베이

미래의 탄소 소재로는 지구궤도 우주 엘리베이터가 가능할 것이다.

터 케이블 소재로서 매우 좋은 특성을 가지고 있기는 하나, 아직은 연구 목적으로 cm 길이의 제작만 시도되었다. 위에서는 다루지 않았지만 그래핀이나 탄소 나노 튜브도 거대 탄소 튜브와 유사한 파단 길이를 가지는 것으로 알려져 있으나 이들도 아직 케이블 형태로 크게 제작하는 것은 불가능하다. 따라서 우주 엘리베이터의 실현을 위해 풀어야 할 가장 큰 숙제는 바로 파단 길이가 충분히 큰 소재로 수만 km가 넘는 길이의 케이블을 제작하는 기술을 확보하는 것이다.

케이블의 총 질량 m_{cable}을 구하기 위해서는 A_E 또는 A_{GEO}의 값을 알아야 하는데, 이들을 구하기 위해서는 화물칸의 질량[15] m_{car}를 정해야 한다. (4-4)식은 케이블 자체에 의한 장력의 프로파일과 그에 따라 필요한 케이블 단면적의 프로파일을 알려줄 뿐, A_E 또는 A_{GEO} 값에 대한 구체적인 제약 조건은 아니다.

A_E 또는 A_{GEO} 값에 대한 제약 조건은 화물칸에 의해 케이블에 추가로 가해지는 장력으로부터 온다. 케이블의 경우와 마찬가지로 화물칸이 받는 힘 F_{car}는 중력과 원심력이므로

$$F_{car}(r) = -\frac{GM_E m_{car}}{r^2} + m_{car}\omega_E^2 r \qquad \boxed{\text{4-9}}$$

가 된다. $|F_{car}|$는 GEO에서 0이 되고 GEO에서 멀어질수록 커지므로, 케이블의 아래쪽 끝 또는 위쪽 끝에서 최대가 된다. 임의의 m_{car}에 대해 r_E에서의 $|F_{car}|$값과 (4-7)식에서 얻은 r_{top} = 150,000 km에서의 $|F_{car}|$값을 비교해보면 전자가 크다. 따라서 화물칸이 케이블에 주는 장력은 r_E에서 가장 크며, 이 위치에서 케이블이 화물칸에 의해 추가된 장력까지 견디도록 케이블 단

---

15 화물칸 자체의 질량과 그 안에 실리는 승객 및 화물의 질량을 모두 더한 것.

면적을 구하면 된다. 즉 $A_E = F_{car}(r_E)/\sigma$가 되며, 표 4-3에 3개의 m_{car}값에 대해 계산된 A_E와 A_{GEO}값이 주어져 있다. m_{car} = 10 ton의 경우 A_E = 0.14 cm^2, A_{GEO} = 0.32 cm^{2}인데, 이들은 케이블 단면이 원인 경우 지름 4.2 mm와 6.4 mm에 해당한다.

평형추가 없는 경우, 즉 r_{top} = 150,000 km인 경우에 대한 케이블의 질량 m_{cable}은 (4-4)식의 $A(r)$식을 r에 대해 적분한 후 밀도를 곱해서 얻을 수 있으며, m_{car} = 10 ton의 경우 m_{cable} = 450 ton이 된다(표 4-3). 국제우주정거장의 질량이 ~440 ton인 점을 감안하면 m_{car} = 10 ton에 필요한 케이블을 여러 번 나눠 우주로 수송하는 것은 감당할 수 없을 정도로 비용이 많이 드는 것은 아니다.

m_{car} (ton)	A_E (cm^2)	A_{GEO} (cm^2)	m_{cable} (ton)	r_{weight} = 50,000 km		r_{weight} = 100,000 km	
				m_{weight} (ton)	m_{cable} (ton)	m_{weight} (ton)	m_{cable} (ton)
1	0.014	0.032	45	210	15	35	33
10	0.14	0.32	450	2,100	150	350	330
100	1.4	3.2	4,500	21,000	1,500	3,500	3,300

표 4-3 3개의 화물칸 질량에 대한 케이블의 단면적과 케이블 및 평형추의 질량. 네 번째 열의 케이블 질량은 평형추가 없는 경우에 대한 것이다. 계산에는 거대 탄소 튜브의 ρ와 σ 값이 사용되었다.

케이블의 길이를 줄이기 위해 4.1절에서 언급된 것같이 평형추를 케이블의 위쪽 끝에 설치한다면 평형추의 질량은 얼마가 되어야 하고, 평형추와 케이블의 총 질량은 얼마가 될까? 이를 계산하기 위해서는 평형추 위치에서 모든 힘(장력, 중력, 원심력)이 균형을 이루는 조건을 보면 된다. 질량 m_{weight}인 평형추가 r_{weight}의 위치에 있을 때, 그곳에서의 힘 방정식은

$$A_{\text{weight}}\sigma = -\frac{GM_E m_{\text{weight}}}{r_{\text{weight}}^2} + m_{\text{weight}}\omega_E^2 r_{\text{weight}} \qquad \boxed{4\text{-}10}$$

가 되는데, 여기서 좌변은 r_{weight}에서의 장력이며 A_{weight}는 r_{weight}에서의 케이블 단면적으로, (4-4)식으로부터 구할 수 있다. 이 식을 m_{weight}에 대해 정리하면

$$m_{\text{weight}} = \frac{A_{\text{weight}}\sigma r_{\text{weight}}^2}{-GM_E + \omega_E^2 r_{\text{weight}}^3} \qquad \boxed{4\text{-}11}$$

가 되므로, r_{weight}와 케이블의 소재의 물리량 ρ 및 σ를 정하면 m_{weight} 값을 구할 수 있는 것이다.

$r_{\text{weight}} = 50,000$ km과 $100,000$ km인 경우에 대한 m_{weight}와 m_{cable} 값들이 표 4-3에 주어져 있다[평형추가 있는 경우 m_{cable}은 (4-4)식을 r_E에서 r_{weight}까지만 적분하여 얻어진다]. $r_{\text{weight}} = 50,000$ km인 경우 케이블의 질량은 평형추가 없는 경우에 비해 1/3에 불과하지만 평형추의 무게는 줄어든 케이블의 질량보다 7배가량 크다. 예를 들어 $m_{\text{car}} = 10$ ton의 경우, 케이블 질량은 300 ton이 줄지만 평형추의 질량은 이 질량의 7배가 넘는 2,100 ton에 이르는 것이다.

한편 $r_{\text{weight}} = 100,000$ km인 경우, 케이블 질량은 평형추가 없는 경우의 3/4 정도 되지만 평형추의 질량은 케이블 질량과 비슷한 정도만 필요하다. 즉 평형추의 위치가 낮을수록 더 무거운 평형추가 필요한데, 이는 짧아진 케이블 길이에 의해 줄어든 원심력을 더 큰 질량의 평형추로 메꿔야 하기 때문이다.[16]

결국 비용 면에서 최적인 평형추의 위치는 궤도로의 수송 비용에 비해 케이블 제작 비용이 얼마나 큰가에 의해 결정될 것

---

16 평형추를 설치하는 경우 평형추의 위치와 관계없이 평형추와 케이블 질량의 합은 평형추가 없는 경우의 케이블 질량보다 더 크다.

이다. 케이블 제작 비용이 비쌀수록 낮은 위치에 평형추가 있는 것이 유리할 것이고, 케이블 제작 비용이 저렴할수록 평형추가 높이 있는 것이 유리할 것이다.

표 4-3에서 볼 수 있듯이 케이블의 단면적, 케이블과 평형추의 질량은 모두 화물칸 질량에 비례한다(ρ와 σ가 동일한 경우). 이는 (4-4), (4-9), (4-11)식들로부터 케이블 단면적은 $A_E \propto F_{car}(r_E) \propto m_{car}$, 케이블 질량은 $m_{cable} \propto A(r) \propto A_E \propto m_{car}$, 평형추 질량은 $m_{weight} \propto A_{weight} \propto A(r) \propto m_{car}$의 비례관계를 가지기 때문이다.

앞에서 여러 차례 언급되었듯이 우주 엘리베이터에서 원심력과 중력이 균형을 이루는 곳은 GEO 위치이며, 이보다 낮은 곳에서 놓인 물체는 하강을, 이보다 높은 곳에서 놓인 물체는 상승을 한다(4.3절). 그러면 승객이나 화물을 궤도에 진입시키려면 화물칸이 GEO 또는 그보다 높은 위치까지 가야 할까?

다행히 꼭 그렇지는 않다. 우주 엘리베이터에서 놓여진 질량 m의 물체는 그 높이와 속도에 관계없이 지구 중력장 내에서 운동을 하게 되며, 지구와 충돌하거나 대기와의 마찰에 의한 감속(대기 감속, aerobraking)을 겪지 않는 한 에너지 보존 법칙을 따라야 한다. 운동에너지와 중력 퍼텐셜에너지의 합인 총 에너지

$$E_{\text{total}} = \frac{1}{2}mv^2 - \frac{GM_{\text{E}}m}{r^2} = \frac{1}{2}m\omega_{\text{E}}^2 r^2 - \frac{GM_{\text{E}}m}{r^2} \quad \boxed{\text{4-12}}$$

가 음(< 0)인 경우 지구에 속박된 상태이며 지구와 충돌하거나 대기 감속을 겪지 않는 한 지구를 한 바퀴 돈 후 원래 출발한 위치로 돌아오는 타원운동을 계속하게 된다. 총 에너지가 0이거나 양(> 0)인 경우 그 물체는 지구에 속박되지 않은 상태이며 지구 중력장을 벗어나게 된다.

표 4-4는 r_{release}의 위치에서 우주 엘리베이터로부터 놓

$r_{release}$ (km)	고도 (km)	궤도
145,000	139,000	최대 원일점이 토성의 공전 반경 궤도
126,000	119,000	최대 원일점이 목성의 공전 반경인 궤도
94,000	88,000	최대 원일점이 주소행성대인 궤도
63,000	57,000	최대 원일점이 화성의 공전 반경인 궤도
53,000	47,000	$E_{total} = 0$인 궤도
42,300	35,800	반경이 r_{GEO}인 원 궤도
30,000	23,600	근지점이 고도 200km인 궤도

표 4-4 $r_{release}$의 위치에서 우주 엘리베이터로부터 놓인 물체가 가지는 궤도. 처음 네 행의 궤도가 원일점이 아니라 '최대 원일점'인 이유는 물체가 엘리베이터로부터 놓이는 순간에 어느 방향을 향하느냐에 따라 원일점이 달라지기 때문이다.

인 물체가 가지는 궤도들을 보여준다. 우선 $E_{total} = 0$이 되는 $r_{release}$는 53,000 km인데,[17] 이 위치보다 낮은 곳에서 놓인 물체는 지구에 속박되고, 이 위치보다 높은 곳에서 놓인 물체는 지구 중력장을 벗어나게 된다. 지구 중력장에 속박되어 있는 우주 엘리베이터로부터 아무런 추가의 추력 없이 놓여진 물체가 지구 중력장을 벗어난다는 것이 놀라울 수 있으나, 이것이 가능한 이유는 GEO보다 높은 위치에서 화물칸이 하는 역할은 그 안에 있는 화물이 위로 상승하는 것을 막는 것이기 때문이다. 즉 53,000 km보다 높은 곳에서는 화물칸 내의 화물이 지구 중력장을 벗어날 수 있는 총 에너지를 이미 가지고 있으나 화물칸에 갇혀 있는 상태인 것이다.

엘리베이터에서 놓여진 후에도 계속 지구에 속박된 물체는 타원궤도를 가지며, 타원궤도의 특수한 경우인 원궤도는 GEO

---

17 이 값은 태양에 의한 중력과 지구 공전에 의한 원심력을 고려하지 않은 것이다. 정확한 계산을 위해서는 이 두 가지가 고려되어야 하며, 물체가 놓이는 시점에 지구에서 바라본 우주 엘리베이터와 태양의 상대적인 위치도 고려되어야 한다.

에서 놓인 물체가 가지게 된다. GEO보다 높은 곳에서 놓인 물체는 상승을 하므로 놓인 위치가 곧 근지점이 되며, GEO보다 낮은 곳에 놓인 물체는 하강을 하므로 놓인 위치가 곧 원지점이 된다. 그림 4-5의 빨간색과 파란색 곡선은 $r_{release}$ < 53,000 km인 물체가 가지는 원지점($r_{release}$ > r_{GEO}인 경우)과 근지점[18]($r_{release}$ < r_{GEO}인 경우)의 위치(지구 중심으로부터의 거리)를 보여준다.

지구 대기와의 마찰이 어느 정도의 지속적인 궤도운동에 큰 문제가 되지 않는 최저 고도는 200 km 부근이다. 근지점이 200 km가 되는 궤도를 가지는 $r_{release}$는 30,000 km로, 고도로는 23,600 km에 해당한다. 즉 우주 엘리베이터만을 이용해 물체가 지속적인 궤도운동을 가지게 하기 위해서는 이 고도까지 올라가서 물체를 놓아야 하는 것이다. 이 고도는 GEO 고도인 35,800 km의 2/3에 불과하지만, 이 고도도 해수면 높이로부터의 도달 시간을 생각하면 짧은 거리는 아니다. 왜냐하면 화물칸이 300 km/h의 속도로 움직인다 하더라도 3일 넘게 걸리는 거리이기 때문이다.

표 4-4에는 나와 있지 않지만 근지점이 지구 표면이 되는 $r_{release}$는 얼마일까? 근지점이 200 km가 되는 $r_{release}$보다 약 200 km 낮은 29,800 km(고도 23,400 km)다. 즉 이 지점보다 낮은 위치에서 놓여진 물체는 지구를 한 바퀴도 공전하지 못하고 지구와 충돌하게 되는 것이다.

그림 4-5의 검은색 곡선은 $r_{release}$ > 53,000 km인 물체가 도달할 수 있는 태양으로부터 가장 먼 거리, 즉 최대 원일점이다.

고도 23,600 km만 올라가면 궤도운동이 가능하다.

고도 47,000 km에 이르면 지구 중력장을 벗어날 수 있다.

---

18 한 물체의 궤도에서 어떤 천체로부터 가장 먼 지점을 원점(apoapsis), 가장 가까운 지점을 근점(periapsis)이라 하며, 지구를 기준으로 할 때는 원지점(apogee) 및 근지점(perigee), 태양을 기준으로 할 때는 원일점(aphelion) 및 근일점(perihelion), 달을 기준으로 할 때는 원월점(apolune) 및 근월점(perilune)이라 부른다.

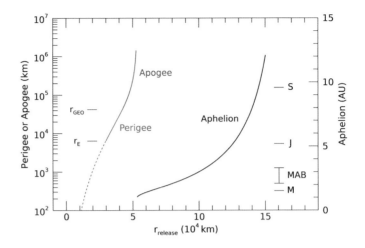

그림 4-5 우주 엘리베이터에서 놓여진 물체가 가지는 궤도의 근지점(파란색), 원지점(빨간색), 최대 원일점(검은색). 근지점과 원지점은 $r_{release} < 53,000$ km인 경우로 왼쪽 y-축이 단위(로그 스케일)이고, 최대 원일점은 $r_{release} > 53,000$ km인 경우로 오른쪽 y-축이 단위(선형 스케일)이다. r_E, r_{GEO} 및 화성(M), 주소행성대(MAB), 목성(J), 토성(S)의 위치도 표시되어 있다. (Sungsoo S. Kim / CC BY-SA 4.0)

$r_{release} > 53,000$ km(고도 47,000 km)인 경우, 물체가 지구 중력장을 벗어나는 시점의 속도 v_{SOI}[19]의 방향에 따라 지구보다 바깥쪽으로 향할 수도 있고 안쪽으로 향할 수도 있으며, 원일점과 근일점도 v_{SOI}의 방향에 의해 결정된다.[20] 지구 중력장을 벗어나는 물체의 총 에너지(운동에너지 + 태양에 의한 중력 퍼텐셜에너지)는 v_{SOI}의 방향이 지구의 공전 속도 방향과 평행할 때 최대가 되며, 이 경우의 원일점이 주어진 $r_{release}$에서 가질 수 있는 최대 원일점이 된다.[21] 지구 중력장을 벗어난 물체는 거의 전적으로 태양 중력장의 지배를 받게 되며, 표 4-4에서 볼 수 있다시피, $r_{release} =$

---

19 v_{SOI}는 물체가 지구의 SOI 거리에 있을 때의 속도이며, SOI는 'sphere of influence(영향권)'의 약자다. 천체의 영향권은 그 천체에 의한 섭동과 태양에 의한 섭동이 같아지는 반경을 뜻한다(7.1절에서 자세히 설명된다). 천체의 영향권 바깥에 있으면 그 천체의 중력장을 벗어났다고 볼 수 있다. 지구의 경우 반경 930,000 km에 영향권이 위치한다.

20 v_{SOI}의 크기, 즉 $|v_{SOI}|$는 $r_{release}$에 의해 결정되지만, 방향은 물체가 어느 시점에 우주 엘리베이터로부터 놓여졌느냐에 의해 결정된다.

63,000 km인 때는 화성 궤도까지, $r_{release}$ = ~94,000 km인 때는 주소행성대[22]까지, $r_{release}$ = 126,000 km와 145,000 km인 때는 목성과 토성까지도 별도의 추력 없이 물체를 보낼 수 있다.

---

21 지구의 자전축은 공전축으로부터 23.4°만큼의 경사(obliquity)를 가지고 있으므로 지구의 적도 상공에 있는 우주 엘리베이터에서 놓여진 후 지구 중력장을 빠져나가는 물체는 지구의 공전 평면에 놓이지 않게 된다. v_{SOI}의 속도 방향이 지구의 공전 면과 같은 경우 가장 지구 공전 면에 가까운 궤도를 가지게 된다.

22 소행성들이 집중적으로 모여 있는 지역으로, 태양으로부터의 거리가 2.1~3.3 AU에 해당하는 곳이다.

4.8 각운동량의 전달

4.7절에서 보았다시피 화물칸이 우주 엘리베이터의 케이블을 잡고 23,600 km를 올라가기만 하면 그 안의 승객이나 화물은 화물칸을 벗어나 궤도운동이 가능해지고, 그곳에서부터 거의 같은 거리만큼만 더 올라가면 지구 중력장을 탈출할 수 있다. 아무것도 없는 공중에서 배기가스의 추력만을 이용해 위로 상승하는 로켓과 달리, 화물칸이 우주 엘리베이터의 케이블에 매달려 있거나 상승 또는 하강하는 동안 중력이나 원심력에 의해 아래쪽 또는 위쪽으로 가해지는 힘을 이겨내는 데에는 상대적으로 적은 에너지만 필요하며,[23] 이 때문에 우주 엘리베이터는 로켓에 비해 훨씬 저렴하게 승객이나 화물을 궤도와 지구 중력장 밖으로 수송할 수 있는 것이다.

하지만 5.1절에서 보게 되듯이 궤도에 다다르는 데에는 상승하는 데 필요한 에너지보다 궤도운동 속도를 얻는 데 훨씬 더 많은 에너지가 필요하다. 그렇다면 우주 엘리베이터는 어떻게 화물칸의 상승만을 통해 궤도운동 속도를 얻게 될까?

---

23 케이블과 화물칸 사이의 마찰을 이용할 수 있기 때문이다.

화물칸이 얻는 수평 가속

이를 이해하기 위해 화물칸이 해수면 고도에서 출발하여 상승하는 동안 그 안에 있는 승객이나 화물이 겪는 상황을 먼저 알아보자. 화물칸이 출발 직후에는 일정 시간 동안 위로 가속되겠지만, 목표 상승 속도에 이른 후에는 상하 방향으로의 힘은 중력밖에 없을 것이다. 화물칸이 상승하는 동안 케이블의 일정한 공전 각속도인 ω_E를 가져야 하므로 $v_\perp = \omega_E r$에 의해 화물칸의 수평 성분 속도인 $v_\perp$가 r에 비례하여 커져야 한다.[24] 우주 엘리베이터는 지구의 자전과 함께 움직이고 있으므로 $v_\perp$는 서에서 동의 방향을 가지게 되며, 화물칸과 화물칸 내의 승객과 화물은 동쪽 방향으로 속도가 계속 커지는, 즉 가속을 받는 상황에 놓이게 된다.

화물칸의 상승 속도를 v_{car}라 하면 이 가속의 크기는

$$a_\perp = \frac{dv_\perp}{dt} = v_{car} \, \frac{dv_\perp}{dr} = v_{car} \, \omega_E \qquad \boxed{\text{4-13}}$$

가 되어 상승 속도가 일정한 한 동쪽 방향으로의 가속도 또한 일정하게 된다.[25] $v_{car} = 300$ km/h인 경우 이 가속도는 0.0061 m/s^{2}이 되어, $g_0 = 9.8$ m/s^{2}에 비해 무시할 수 있을 정도로 작다. 하지만 이 작은 가속도가 수만 km를 상승하는 동안 지속적으로 쌓여서, 해수면 고도에서 1,600 km/h(0.47 km/s)이던 $v_\perp$가 고도 23,600 km에 이르렀을 때는 7,900 km/h(2.2 km/s), 고도 47,000 km에 이르렀을 때는 그 위치에서의 지구 탈출속도인 14,000 km/h(3.9 km/s)에 달하게 되는 것이다.

---

24 화물칸은 정지해 있을 때도 $v_\perp = \omega_E r$의 수평 속도를 가진다. 수식으로 움직이면 이 수평 속도가 변화하는 것뿐이다.

25 이 식은 화물칸이 상승하더라도 우주 엘리베이터 케이블이 수평 방향으로 움직이지 않고 고정되어 있다고 가정한 것이다. 아래에서 언급되듯 화물칸의 위아래 움직임은 케이블의 수평 이동을 야기하는데, 우주 엘리베이터의 공전에 의한 화물칸의 각운동량은 우주 엘리베이터 자체의 각운동량에 비해 매우 작기 때문에 케이블의 수평 방향 이동도 매우 작다. 표 4–3에 있는 우주 엘리베이터들 중, 평형추가 없는 경우 해수면 고도에 있는 화물칸의 각운동량은 우주 엘리베이터 전체의 각운동량에 비해 ~1/7,000, 평형추가 있는 경우 ~1/10,000에 불과하다.

동쪽 방향으로의 이 가속은 무엇에 의해 이루어졌을까? 이는 우주 엘리베이터의 케이블이 가지고 있던 각운동량의 일부가 상승하는 화물칸과 그 안의 승객 및 화물에 전달되어서 이루어진 것이다. 화물칸이 낮은 위치에 있을 때 $v_\perp$가 상대적으로 작았지만 케이블에 붙어 상승을 하면서 윗부분의 케이블이 가지고 있던 더 큰 각운동량의 일부를 전달받았기 때문이다. 케이블의 모든 부분이 같은 각속도 ω_E를 가지지만 케이블 체적소들의 비(比) 각운동량은 $\omega_E r^2$이므로 케이블의 윗부분으로 갈수록 각운동량이 급격히 상승하는 것이다.

화물칸의 상승만으로 그 안의 화물은 궤도운동에 필요한 각운동량을 우주 엘리베이터로부터 얻는다.

케이블의 수평 운동

그러면 각운동량의 일부를 화물칸에 전해준 케이블에는 어떤 일이 일어날까? 케이블은 화물칸에 동쪽으로의 가속을 가했으니, 작용-반작용 법칙에 따라 케이블은 화물칸으로부터 서쪽으로의 가속(항력)을 받는다.[26] 이 때문에 그림 4-6에서와 같이 전체 케이블 중에 화물칸이 있는 위치가 가장 서쪽으로 잡아당겨져 있는 모양을 가지게 된다.

케이블의 아래쪽 끝이 육지나 해상의 베이스에 고정되어 있지 않은 경우에는 결과적으로 우주 엘리베이터 전체가 서쪽으로 이동하게 될 것이고, 이러한 이동이 일어나지 않게 하려면 화물칸의 상승 중에 소형 추력기를 이용해 (4-13)식에 해당하는 만큼의 추력을 동쪽으로 계속 가해주거나, 아니면 같은 질량의 화물칸이 다시 하강하여 케이블이 서쪽으로 이동한 만큼 다시 동쪽

---

26 케이블을 따라 상승하는 화물칸이 계속 서쪽으로 벗어나려 하는 현상은 바로 지구 자전에 의한 전향력(Coriolis force) 효과다. 천구의 북극(즉 지구 자전의 각운동량 방향)에서 내려다봤을 때 화물칸은 자신의 이동 방향(지구 자전 면, 즉 적도면 내에서 지구 중심으로부터 멀어지는 방향)에 비해 오른쪽(서쪽)으로 벗어나려 한다.

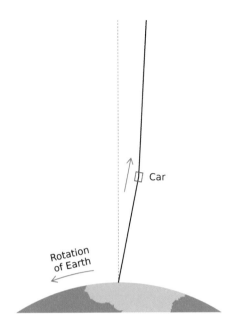

으로 이동하게 해야 한다.[27]

    케이블의 아래쪽 끝이 베이스에 고정된 경우, 화물칸의 상승 중에 소형 추력기를 통해 (4-13)식만큼의 추력을 동쪽으로 가하지 않는다면 화물칸 위치가 서쪽으로 잡아당겨지는 것은 베이스에 연결되지 않은 경우와 마찬가지지만, 화물칸의 상승이 멈춘 후 시간이 지나면 서쪽으로 처졌던 케이블이 다시 동쪽으로 향하게 될 것이다. 이는 지구에 고정되어 있는 베이스가 케이블을 잡아당기기 때문에 일어나는 일이며, 케이블 전체는 진자(pendulum)처럼 동서 방향의 진동운동을 반복할 것이다. 따라서

---

27 대기와의 마찰로 우주 엘리베이터의 이동이 멈추기를 기다리는 것은 너무 오래 걸릴 것이다. 케이블의 길이는 수만 km에 달하고 총 질량은 수십 톤에 달하는 데 반해, 케이블의 폭은 수 mm밖에 되지 않는 데다가 케이블 전체 중 밀도가 충분히 높은 대기와 닿아 있는 곳은 아래쪽 수십 km에 불과하기 때문이다.

케이블 전체의 무게중심 이동이 일시적으로는 일어나나, 진동운동 주기 전체에 대한 케이블 무게중심의 이동은 일어나지 않은 것이다. 이는 화물칸 상승 중에 케이블에서 화물칸으로의 각운동량 전달이 일어났음에도 전체 케이블의 각운동량 감소가 일어나지 않음을 의미하는데, 결국 화물칸으로 전달된 각운동량은 지구 자전 속도의 (매우 미미한[28]) 감속에서 온다는 것을 의미한다.

케이블이 베이스에 고정된 경우나 고정되지 않은 경우 모두, 화물칸의 상승 및 하강에 의해 케이블의 화물칸 윗부분과 아랫부분이 제각각 동서 방향의 진동 움직임을 가질 것이다. 기존의 케이블 움직임이 멈추지 않은 상태에서 화물칸이 상승하거나 하강한다면 케이블의 움직임은 더욱 복잡해질 것이고, 화물칸의 승강은 케이블의 동서 진동이 일정 수준 이내가 되도록 하는 시점과 속도로 이루어져야 할 것이다.

> 화물칸의 이동으로 인해 케이블에 수평 방향의 이동 및 진동이 야기되며, 이를 최소화하는 방책이 필요하다.

케이블의 진동이 얼마나 무질서(chaotic)해질 수 있는지 알기 위해서는 이중(double) 진자의 예를 보면 된다. 동서 진동이 전혀 없고 베이스에 고정되어 있는 케이블을 타고 화물칸이 해수면 고도에서 출발하여 일정 고도까지 올라간 후 정지했다고 하자. 이때 가지게 되는 케이블과 화물칸의 진동운동은 그림 4-7에서 보이는 이중 진자의 운동과 정성적으로 유사할 것이다. 이중 진자의 운동은 해석학적으로 예측하기 힘들고 무질서한 운동을 하는 것으로 잘 알려져 있는데, 이는 조금만 초기 조건이 달라도 후에 일어나는 운동이 크게 달라짐을 뜻한다.

---

28 지구의 관성 모멘트(moment of inertia)에 비해 우주 엘리베이터 화물칸의 관성 모멘트가 워낙 작기 때문이다. 선형운동에서 질량이 하는 역할을 회전운동에서는 관성 모멘트가 한다.

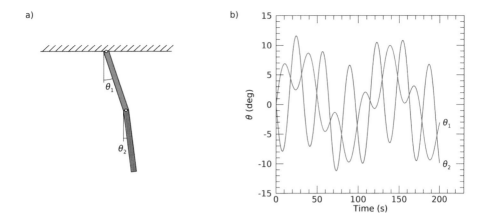

그림 4-7 a) 고정된 천장에 매달려 있는 막대기 형태의 이중 진자. 각 막대기의 길이는 30 cm, 무게는 1 kg이며 9.8 m/s²의 중력장에 놓여 있다. b) a)의 이중 진자가 $\theta_1 = \theta_2 = 0°$이고 $\dot\theta_1 = 0.1$ rad/s, $\dot\theta_2 = 0$인 초기 조건에서 출발한 후 가지는 연직 방향으로의 각도 θ_1와 θ_2의 시간에 대한 진화. 두 막대기가 무질서하게 움직이는 것이 보인다. (Sungsoo S. Kim / CC BY-SA 4.0)

추력기를 이용한 케이블의 수평 이동·진동 방지

화물칸이 상승하는 동안 발생하는 $a_\perp$를 추력기를 이용해서 상쇄하여 동서 진동을 일으키지 않으려면 얼마나 많은 연료가 필요할까? 이를 알아보기 위해서는 (3-5)식에서 이용했던 계산을 g_0이 아닌 $a_\perp$에 대해 풀면 된다. (3-3)과 (4-13)식으로부터

$$F_{\text{thrust}} = m_{\text{car}}(t)\, a_\perp = m_{\text{car}}(t)\, v_{\text{car}}\, \omega_{\text{E}} = \dot m_{\text{prop}}\, v_{\text{eff}} \quad \boxed{\text{4-14}}$$

가 되고, 추력기의 추진제가 화물칸에 같이 실려야 하므로 $\dot m_{\text{prop}} = -\dot m_{\text{car}}$이라는 사실과 $v_{\text{eff}} = I_{\text{sp}}g_0$를 이용하면

$$\dot m_{\text{car}}(t) = -\frac{v_{\text{car}}\,\omega_{\text{E}}}{I_{\text{sp}}g_0}\, m_{\text{car}}(t) \quad \boxed{\text{4-15}}$$

를 얻는다. 이 미분방정식의 해는

$$m_{\text{car}}(t) = m_{\text{car,i}} \exp\left[-\frac{t}{I_{\text{sp}}g_0/(v_{\text{car}}\omega_{\text{E}})}\right] \quad \boxed{\text{4-16}}$$

와 같은데, 여기서 $m_{\text{car,i}}$는 화물칸의 초기 질량이다. 이 식을 (3-6)식과 비교하면 지수함수 내의 분모에 I_{sp} 대신 $I_{\text{sp}}g_0/(v_{\text{car}}\omega_{\text{E}})$, 즉

$I_\text{sp} g_0 / a_\perp$가 있는 것이다. 즉 자신의 중력을 추력을 사용해 이겨내지 않아도 되는 화물칸의 경우, $a_\perp$의 추력을 낼 때 추력기의 I_sp가 $g_0 / a_\perp$배만큼 커진다고 보면 되는 것이다.

한편 (4-16)식을 화물칸이 이동해야 하는 거리 $d \equiv t\, v_\text{car}$로 나타내면

$$\boxed{\text{4-17}} \qquad m_\text{car}(d) = m_\text{car,i} \exp\left(-\frac{d}{I_\text{sp} g_0 / \omega_\text{E}}\right)$$

이 된다. 이제 d와 I_sp의 값을 이 식에 넣으면 $a_\perp$의 추력을 발생시키면서 거리 d만큼 상승하는 데 필요한 추진제의 질량비 $m_\text{prop}/m_\text{car,i}$를 얻을 수 있다.[29] 이를 위해 근지점이 고도 200 km인 궤도를 얻게 되는 우주 엘리베이터의 고도인 23,600 km까지 화물칸이 상승하는 경우를 고려해보자. 상승하는 데 필요한 질량비는 비추력이 300 s인 추진제(예: 이원추진제)를 쓰는 경우 44%, 비추력이 200 s인 추진제(예: 단일추진제)를 쓰는 경우 58%가 된다. 화물칸이 해수면 고도까지 되돌아올 때 필요한 추진제까지 고려하면 비추력이 300 s인 경우 69%, 비추력이 200 s인 경우 83%가 된다. 여기에 추력기 자체(엔진과 추진제 탱크 등)의 질량까지 고려하면 승객과 화물을 위한 질량이 큰 폭으로 줄게 된다.

추력기를 이용해 케이블의 이동과 진동을 막는다면 화물 수송 능력에 상당한 손실이 생긴다.

추력기를 쓰지 않고도 우주 엘리베이터의 동서 진동이 일어나지 않게 하려면 어떻게 해야 할까? 진동을 완벽히 막을 수는 없지만 크게 줄일 수 있는 방법 하나는, 우주 엘리베이터에 2대의 화물칸을 설치하고, 그 안에 비슷한 질량의 승객과 화물을 실은 후 하나는 상승을, 다른 하나는 하강을 동시에 하게 만드는 것이다. 승객의 경우 달 기지나 화성 기지로 완전히 이주하는 경

---

29 (4-17)식에 v_car가 없으므로 필요한 추진제의 질량비는 v_car에 의존하지 않는다.

우가 아닌 이상 언젠가는 지구 표면으로 다시 돌아올 것이고, 화물의 경우 달이나 소행성에서 채굴한 자원을 지구로 가져오는 경우에 하강 화물이 될 수 있을 것이다.

4.9 우주 엘리베이터의 안전성

우주 엘리베이터의 실현 가능성을 좌우하는 중요한 요소에는 파단 길이가 충분히 큰 케이블 소재 외에 안전성이 있다. 수만 km에 달하는 우주 엘리베이터의 케이블은 다른 물체 또는 생명체와의 충돌 위험이 있으며, 대기, 자외선 등에 의한 강도 저하의 문제에도 노출된다.

케이블과 충돌할 수 있는 것들로는 유성, 우주 잔해, 위성, 우주선, 항공기 등이 있다. 케이블에 영향을 줄 수 있는 자연현상으로는 번개, 고층 대기 내 산소 원자 및 황산 비말, 밴앨런대 내의 고에너지 입자 등이 있는데, 이 중 산소 원자와 황산 비말은 케이블 부식을 일으킬 수 있다. 또한 강한 바람이나 화물칸 이동에 따른 진동도 우주 엘리베이터의 안전을 위협하는 요인이 될 수 있다.

연구에 의하면 이러한 위협들에 대한 대처 방법이 존재한다고는 한다. 하지만 가장 큰 위협이자 피하기 힘든 위협은 아마도 지구궤도에 산재해 있는 각종 우주 잔해와 위성들일 것이다. 이들과의 충돌을 피하는 '회피 기동'을 위해 우주 엘리베이터의 베이스를 해상에 두거나, 우주 엘리베이터의 중간 고도에 추력기를 설치하는 것도 방법일 것이다. 하지만 이러한 회피 기동이 1)

얼마나 신속히 이루어질 수 있는지, 2) 이동 중인 화물칸의 안전성을 떨어뜨리지 않을지, 3) 과다한 비용을 수반하지 않을지 등에 대한 연구가 선행되어야 할 것이다.

지구에 건설되는 우주 엘리베이터에는 4.9절에서 본 것과 같이 다양한 위협 요소들이 있다. 하지만 화성이나 달에 건설되는 우주 엘리베이터는 이러한 위협들이 대부분 사라지거나 현저히 줄어들 것인데, 화성과 달에는 대기가 매우 희박하거나 없을뿐더러 궤도에 떠 있는 인공 물체의 수도 지구에 비해 현저히 적기 때문이다.

화성에서의 우주 엘리베이터

화성 정지궤도(areostationary[30] orbit, AEO)의 반경은 (4-2)식과 같이 $r_{AEO} = (GM_{Mars}/\omega_{Mars}^2)^{1/3}$로부터 구할 수 있으며, 화성의 질량과 자전 각속도를 넣으면 r_{AEO} = 20,400 km(고도 17,000 km)를 얻는다. 화성은 지구와 거의 비슷한 자전주기(1.03일)를 가지지만 상대적으로 작은 질량(지구의 11%)으로 인해 r_{AEO}는 r_{GEO}의 거의 절반밖에 되지 않는다(고도 또한 지구 경우의 반에 조금 못 미친다).

4.6절에서 했던 케이블 질량 계산을 화성의 경우에 대해 해 보면, 거대 탄소 튜브로 만든 케이블이 1 ton의 화물칸을 지탱하

---

30 areo–는 화성을 나타내는 접두사로 에어리오우, 에리오우, 에리어 등으로 읽는다.

게 만들기 위해서는 m_{cable} = 4.7 ton이 되어야 하며, 이 값은 지구 경우의 1/10 정도에 불과하다. 이는 화성의 질량이 지구보다 훨씬 작아서 중력에 의한 장력이 그만큼 적기 때문이다.

그러면 현재 이미 개발되어 쓰이고 있는 케이블 소재 중에 가장 파단 길이가 긴 것 중 하나인 자일론을 이용한 화성 우주 엘리베이터가 가능할까? 같은 계산(m_{car} = 1 ton)을 자일론에 대해 수행하면 m_{cable} = 470 ton을 얻게 되는데, SpaceX사의 Starship 로켓이 100 ton 이상의 화물을 화성까지 보내는 것을 목표로 하고 있는 것을 감안하면 470 ton은 충분히 수송 가능한 질량이다.

하지만 실제로 우주 엘리베이터가 건설된다면 안전을 위해 케이블 소재가 가지고 있는 최대 인장응력보다 충분히 낮은 세기의 응력만 받도록 설계되어야 한다. 안전 마진(safety margin)을 100%로 두는 경우 표 4-2에 있는 자일론의 최대 인장응력의 반인 2.9 GPa을 적용해야 하며, 이 경우 m_{car} = 1 ton을 위해 필요한 케이블 질량은 8,900 ton이 된다. 이 값은 수송 비용과 기간이 다소 비현실적일 수 있지만, 목표 m_{car}를 낮추면 케이블 질량도 감당할 수 있는 수준으로 내려갈 수 있다.

실제로 화성 우주 엘리베이터의 경우, 큰 질량의 화물을 한 번에 올리는 것이 필요 없을 수도 있다. 지구와 화성의 공전주기 차이로 인해 지구-화성 간의 이동이 가장 최적인(연료 및 시간상 효율적인) 시기는 26개월에 한 번씩 돌아온다. 따라서 화성 표면으로부터 지구로 화물을 보내는 것이 목적인 경우 2년여 동안 화물을 여러 차례에 나눠서 엘리베이터를 통해 화성 궤도에 올린 후, 궤도에 머물고 있는 화물들을 수송선에 옮겨 담아 지구로 보내면 된다.[31]

평형추가 없는 화성 엘리베이터의 경우 r_{top} = 69,200 km 이며, 우주 엘리베이터에서 놓여진 물체가 200 km의 근화성점 (periareion)을 가지는 고도는 11,500 km다. 즉, 최소한 이 고도까 지 올라간 후 우주 엘리베이터에서 방출되어야 화성 대기에 의 한 영향을 받지 않고 오랜 기간 궤도에 머무를 수 있다.[32] 현재 실 현 가능한 화물칸의 이동 속도를 30 km/h로 잡는 경우, 화물칸 이 왕복 23,000 km를 오가는 데 걸리는 시간은 약 한 달이 된다. 따라서 지구로 보낼 화물을 우주 엘리베이터를 통해 궤도에 올 려둘 기회는 20차례가 넘게 된다.

사실 화성 표면에서 지구로 가져와야 하는 화물에 어떤 것 들이 있을지는 아직 불확실하다. 지구에서는 귀하면서 동시에 달이나 지구 주변의 소행성에서도 구하기 힘든 물질이어야 화성 에서 지구로 운반하는 것이 의미 있기 때문이다. 그래서 어쩌면 화성 우주 엘리베이터의 가장 큰 용도는 승객을 태우고 지구로 향하는 우주선을 위한 화성 표면으로부터의 연료 수송일지도 모른다.[33]

화성 표면의 중력가속도는 0.38 g_0이며, 화성 표면에서 화성 저궤도(200 km)로 진입하는 데는 ~3.8 km/s의 Δv가 필요하다. 이 값은 지구 표면에서 지구 저궤도로 진입하는 데 필요한 Δv에 비 해서는 작으나(5.4절), 화성 표면에서 지구 표면까지 가는 데 필 요한 총 Δv의 40% 이상에 해당한다. 화성 표면에서 출발하는 발

화성 우주 엘리베이터는 현존하 는 소재로도 가능하며, 로켓 추 진제가 가장 적합한 화물일 것 이다.

---

31 화성 궤도에서 화성 표면으로 화물을 내려보내는 경우에는 이미 화성 착륙 시 사용되고 있는 대기 감속을 통해 큰 에너지를 쓰 지 않고 운송 가능하다. 2020년대 중반 현재, 1톤의 화물을 화성 표면에 안착시키는 데 성공했다.

32 화성의 형태가 완벽한 구가 아니기 때문에 화성 궤도에 있는 물체의 궤적은 완전히 닫혀 있지 않으며, 근화성점이나 원화성점 의 고도가 계속 변하게 된다. 이러한 궤도 변화를 줄이기 위해서는 궤도 유지 기동이 필요하다.

33 화성에서 출발하는 우주선의 추진제는 화성에서 직접 구하는 것이 가장 효율적인데, 산화제인 산소는 물을 전기분해 하거나 대 기 중의 이산화탄소로부터 추출할 수 있고, 연료인 수소와 메탄도 물의 전기분해나 대기에 있는 이산화탄소의 화학적 변화를 통해 얻을 수 있다.

사체의 경우에도 발사체 전체 질량의 상당 부분을 추진제가 차지할 것이고, 추진제의 일부를 우주 엘리베이터를 통해 화성 표면에서 궤도까지 미리 올린 후 발사체가 화성 궤도에서 이를 공급받는다면 발사 비용이 꽤 절감될 것이다.

달에서의 우주 엘리베이터

달의 질량은 지구 질량의 1.2%에 불과하므로 중력이 약해서 우주 엘리베이터 건설에 유리한 측면(케이블이 견뎌야 하는 인장응력이 지구에 비해 현저히 작은 점)이 있지만, 자전 각속도가 지구의 3.7%밖에 되지 않기 때문에 달의 자전 각속도와 같은 각속도로 공전을 하는 물체의 원심력 또한 작다. 이는 달의 중력을 상쇄할 원심력을 얻기 위해 상당히 멀리까지 케이블이 뻗어야 함을 의미한다.

지구와 태양에 의한 중력장이 없다고 가정하면 달 정지궤도(selenostationary[34] orbit, SEO)의 반경은 $r_{SEO} = 88,500$ km가 되며, 평형추가 없는 경우 케이블의 위쪽 끝의 위치는 $r_{top} = 892,000$ km가 된다. r_{SEO} 값은 달 영향권의 반경인 66,000 km보다 바깥에 위치하며, r_{top}은 지구-달 거리의 2.3배에 해당한다. r_{top} 값은 평형추를 이용하여 줄일 수 있다 하더라도, r_{SEO}가 달 영향권 바깥에 있다는 것은 달에 건설되는 우주 엘리베이터의 경우 지구와 태양에 의한 중력장이 고려되어야 한다는 것을 의미한다.

또한 달의 공전 궤도 이심률은 0.055나 되어 지구와의 거리가 363,000 km에서 405,000 km까지 변화하며, 이는 지구 중력장이 달 우주 엘리베이터에 미치는 영향이 지속적으로 변한

달에 건설되는 우주 엘리베이터는 매우 길어야 하는데 달은 표면 중력이 지구에 비해 약하지만 자전이 너무 느리기 때문이다.

---

34 seleno—는 달을 나타내는 접두사다.

다는 것을 의미한다. 이 때문에 달에 건설되는 우주 엘리베이터는 중력장이 안정된 지역에 설치되어야 하며, 지구-달 중력장의 L_1, L_2 지점이 이에 해당한다. 서로를 공전하는 2개의 천체에 의해 만들어지는 중력장에는 L_1부터 L_5까지 5개의 라그랑주 점(Lagrange point)[35]이 존재하는데, 이 지점들은 유효 퍼텐셜(effective potential)[36]의 기울기가 0이 되는 위치로, 이들 위치에 있는 물체는 상대적으로 적은 추력으로 자신의 위치를 벗어나지 않고 지킬 수 있다. L_1은 지구와 달을 잇는 직선 위에 달로부터 ~58,000 km 거리에 위치하고, L_2는 달을 중심으로 L_1의 반대편에 위치하는데 달로부터 ~65,000 km의 거리를 가진다. 즉, 달 우주 엘리베이터는 지구를 향하는 방향 또는 그 반대 방향으로 건설되는 것이 유리하다는 것이다.

달 우주 엘리베이터의 경우 지구와 태양, 특히 지구에 의한 중력장이 반드시 고려되어야 하며, 이 때문에 위에서 지구와 화성의 경우에 대해 했던 유도와 계산보다 복잡한 계산이 필요하다. 이는 이 책의 범주를 벗어나는 수준이어서 달 우주 엘리베이터에 관한 논의는 더 이상 진행하지 않겠다. 중요한 점은 화성과 마찬가지로 달에 우주 엘리베이터를 건설하는 것은 현존하는 소재와 기술로 가능할 것으로 보인다는 점이며, 또한 달에는 희토류, 핵분열·핵융합 발전 연료, 로켓 추진제[37] 등 지구 표면 또는 지구궤도에서 가치가 있는 물질이 상당량 존재한다는 점이다.

---

35 7.1절에서 자세히 다뤄진다.

36 두 천체에 의한 중력 퍼텐셜 외에 두 천체의 공전 각속도로 회전하는 좌표계에서 야기되는 원심력에 의한 퍼텐셜을 포함하는 퍼텐셜(7–8식).

37 달의 극 지역에 상당량 존재할 것으로 추정되는 얼음 형태의 물을 수소와 산소로 전기분해 한 후 액화해서 지구궤도로 가져가는 것이 지구 표면에서 싣고 지구궤도까지 올라가는 것보다 언젠가 더 저렴해질 수도 있다.

- 우주 엘리베이터는 지면으로부터 위로 쌓아 올리는 타워가 아니라, 중력과 원심력의 균형에 의해 궤도에 떠 있는 인공위성이다.
- 우주 엘리베이터 화물칸 안의 승객이나 물체는 GEO보다 아래에서는 화물칸 바닥에, GEO보다 위에서는 천장에 붙어 있게 된다.
- 우주 엘리베이터의 화물칸에서 밖으로 벗어난 물체는 GEO보다 아래에서는 하강을 하면서 동쪽으로, GEO보다 위에서는 상승을 하면서 서쪽으로 이동한다.
- 케이블의 역할은 인장응력(장력)을 버티는 것이며, 장력은 GEO 위치에서 가장 크고 케이블의 양 끝으로 갈수록 작아진다.
- 동일 소재로 케이블을 만드는 경우 케이블의 단면적은 장력의 크기와 비례해야 하며, 따라서 GEO 위치에서 가장 넓어야 한다.
- 케이블 소재의 인장응력이 크고 밀도가 낮을수록 케이블 두께와 질량이 줄어들며, 현존하는 소재를 이용해서는 지구궤도용 우주 엘리베이터 제작이 사실상 불가능하다.
- 현재 연구 중인 탄소 소재 중 일부(예: 탄소 나노 튜브, 거대 탄소 튜브)가 미래에 대량 제작 가능하다면 지구궤도용 우주 엘리베이터의 실현이 가능할 것으로 보인다.
- 우주 엘리베이터는 위쪽 끝에 평형추를 두어 케이블의 길이를 줄일 수 있는데, 평형추의 필요 여부와 질량 및 위치는 케이블 제작과 궤도 수송 사이의 상대적 비용에 의해 결정된다.
- 화물칸의 상승만으로 그 안의 화물은 궤도운동에 필요한 각운동량을 우주 엘리베이터로부터 얻는다.
- 우주 엘리베이터를 이용해서 지구궤도에 물체를 올리기 위해 올라가야 하는 최소 고도는 23,600 km이며, 지구 중력장을 벗어나기 위해서는 고도 47,000 km까지 올라가면

된다.

- 화물칸이 300 km/h의 속도로 올라가도 궤도운동에 필요한 고도 23,600 km에 이르는데 3일이 넘는 시간이 필요하다.
- 화물칸의 이동으로 인해 케이블에 수평 방향의 이동 및 진동이 야기되며, 이를 방지하거나 최소화하는 방책이 필요하다.
- 추력기를 이용해 케이블의 이동과 진동을 막는 것은 가능하나, 대신 화물 수송 능력에 상당한 손실이 생긴다.
- 화성 우주 엘리베이터는 현존하는 소재로도 가능하며, 화물칸의 이동 속도가 느린 경우 지구로 돌아올 때 필요한 로켓 추진제가 가장 적합한 화물이 될 것이다.
- 달에 건설되는 우주 엘리베이터는 매우 길어야 하는데, 달은 표면 중력이 지구에 비해 약하지만 자전이 너무 느리기 때문이다.

지구궤도에 진입하기

우주탐사의 첫 단계는 지구궤도에 들어가는 것이다. 어떤 천체의 주변을 선회(공전)하는 궤적(trajectory)을 궤도(orbit)라 부르며, 한 번 궤도에 진입하면 그 궤도에서 큰 추력 없이 오랜 기간 머무를 수 있다.[1] 물체를 어떤 궤도로 들어가게 하는 것을 그 궤도에 '투입한다(insert)'라고도 표현하는데, 이는 궤도의 안정성과 중요성을 상징한다고도 볼 수 있다.

단단한 표면을 가진 지구 주변 천체들인 달, 화성, 소행성 등과 비교할 때 지구의 표면 중력은 상당히 큰 편이며, 이 때문에 지구 표면에서 지구궤도로 올라가는 데에는 상당한 비용이 든다. 이 장에서는 지구궤도에 진입하는 데 드는 Δv 비용을 세부적으로 알아보고, 우주 발사체 발사장의 위치와 그곳에서의 발사를 통해 얻을 수 있는 궤도의 관계, 다양한 지구궤도의 특징들에 대해 알아본다.

---

1 물론 궤도에 진입한 물체도 대기와의 마찰이나 중력 섭동에 의해 궤도에서 서서히 벗어날 수 있으며, 이런 경우 목표 궤도를 유지하기 위해 추력기를 이용한 주기적인 궤도 보정이 필요하다.

준궤도 vs. 궤도

스파이 위성과 같은 특수 목적의 위성을 제외한 대부분의 위성은 대기와의 마찰을 줄이기 위해 500 km 이상의 고도를 가진다. 그런데 지구궤도에 투입되는 위성을 비롯해 달, 소행성, 화성 등으로 향하는 우주선을 싣고 궤도에 오르는 우주 발사체들은 180~250 km 고도 부근의 저궤도에 1차적으로 진입하여 잠시 머무른 후[2] 최종 목표 궤도 또는 궤적으로 투입되는 경우가 많다.[3] 그래서 이 절에서는 많은 우주 발사체가 1차적으로 다다라야 하는 저궤도 중 하나인 250 km 고도의 원궤도에 진입하는 데 필요한 Δv를 분석해본다.

먼저 해수면 고도에서의 비(比) 퍼텐셜에너지와 250 km 고도에서의 비 퍼텐셜에너지 차이는 $GM_E[1/R_E - 1/(R_E + 250 \text{ km})] = 2.36 \text{ kJ/kg}$이며, 이것과 같은 비 운동에너지에 해당하는 속도는 2.17 km/s이다. 즉 대기에 의한 마찰이 없을 경우 해수면 높이에서 2.17 km/s의 속도로 수직으로 쏘아 올려진 물체는 별도의 상승 중 추력 없이 250 km 고도에 다다를 수 있는 것이다.

---

2 이와 같이 잠시 머무르는 궤도를 주차 궤도(parking orbit)라 부른다.
3 이는 궤도 경사면을 바꾸거나 다른 천체로 가는 궤적에 투입하는 시점을 맞추기 위함 등의 이유 때문이다.

하지만 단순히 250 km의 고도에 올랐다고 해서 궤도에 진입한 것은 아니다. 물체가 다시 떨어지지 않고 그 높이를 유지하려면 1) 그곳에서 자신에게 가해지는 중력에 해당하는 크기의 추력을 중력의 반대 방향으로 지속적으로 만들어내거나, 2) 그 중력을 상쇄할 만큼의 원심력이 생기도록 수평 방향의 속도를 가져야 한다. 1)의 경우 그 높이에 머무르고자 하는 기간 동안 계속 추력을 내야 하고, 2)의 경우 필요한 속도를 얻게 되면 (거의) 지속적으로 그 높이에 머무를 수 있으므로, 궤도에 진입하여 오래 머무르기 위해서는 2)가 필요하다.

천체에 속박된 궤도운동에는 타원궤도와 원궤도가 있는데, 논의의 편의를 위해 원궤도 운동을 위한 속도를 알아보자. 원궤도 운동에서는 중력과 원심력이 같으므로 반경 r에서의 원궤도 속도는

5-1
$$v_c = \sqrt{\frac{GM_E}{r}}$$

궤도에 진입하기 위해 목표 고도까지 올라가는 것보다 그 궤도에서 머무르는 데 필요한 원심력을 얻는 것이 더 힘들다.

가 되며, 250 km 고도에서는 7.76 km/s의 값을 가진다. 이는 해수면 높이에서 고도 250 km까지 올라가는 데 필요한 초속도인 2.17 km/s의 ~3.6배이며, 에너지로는 ~13배에 해당한다. 즉 고도 0 km와 250 km 사이의 퍼텐셜에너지 차이보다 250 km에서 원궤도 운동을 하는 데 필요한 에너지가 약 13배 더 큰 것이다. 이처럼 궤도에 진입하는 데에는 그 높이까지 올라가는 것보다 그 높이를 유지하는 것에 훨씬 더 많은 에너지가 필요하다.

높은 고도까지는 올라가지만 그 고도를 유지하지 못하고 다시 내려와야 하는 운동을 준궤도(suborbital)운동이라 부르고, 이와 달리 충분히 큰 수평 속도를 얻은 후 대기에 의한 감속이 거

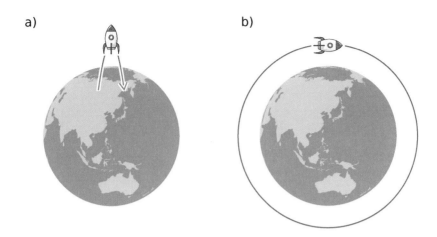

a)   b)

그림 5-1 a) 준궤도운동과 b) 궤도운동의 비교. (Sungsoo S. Kim / CC BY-SA 4.0)

의 없는 채로 타원 또는 원 운동을 하는 경우를 궤도(orbital)운동
이라 부른다(그림 5-1).

군사 목적이 아닌 준궤도운동의 대표적인 경우는 Virgin
Galactic사나 Blue Origin사에서 2021년부터 제공하는 우주여행
이다. Virgin Galactic의 우주여행은 VSS Unity[4]라는 이름의 우주
항공기(spaceplane)가 White Knight Two라는 이름의 특수 비행기
에 실려서 15 km 고도까지 날아 올라가 분리된 후, 그곳에서 로
켓엔진을 이용하여 80~90 km 고도까지 올라가는 방식으로, 바
로 3.10절에서 논의된 공중 로켓 발사 방식이다. VSS Unity는 귀
환 시 추력 없이 활공하여 지상에 비행기처럼 수평 착륙을 한다.

Blue Origin의 우주여행은 New Shepard라는 이름의 로켓을
이용하여 수직 이륙한 후 100~110 km 고도까지 올라갔다 내려
온다. 승객이 탑승하는 캡슐 부분은 비행의 정점에 다다르기 직

---

4   VSS는 'Virgin Space Ship'의 약자다. White Knight Two에 실리는 우주 항공기를 통칭하여 SpaceShipTwo라고 부르며,
    VSS Unity는 두 번째 SpaceShipTwo다. 첫 번째 SpaceShipTwo인 VSS Enterprise는 시험비행 중 분해되어 추락했다.

전에 로켓 본체와 분리되며, 분리된 캡슐은 낙하산을 이용하여 지상으로 귀환하고 로켓은 재점화를 통한 수직 착륙의 방식으로 귀환한다.

미국의 첫 유인 우주 비행이었던 Mercury-Redstone 3호의 비행(1961년 5월)도 준궤도운동이었으며,[5] 대륙 간 탄도미사일의 비행도 준궤도운동의 예다.

---

5 세계 최초의 유인 우주 비행인 러시아 Vostok 1호의 비행(1961년 4월)은 궤도운동이었다.

5.2 준궤도운동에 필요한 Δv

5.1절에서 언급되었듯이 초속도만으로 250 km의 고도에 이르기 위해서는 2.17 km/s의 초속도가 필요하다. 하지만 발사체는 처음부터 이렇게 큰 속도를 가지지 못하며,[6] 실제로는 속도가 0 km/s인 상태에서 출발한다. 로켓엔진에 의한 추력은 상승하는 동안 일정 시간에 걸쳐 연속적으로 발사체에 가해지며, 이 때문에 발사체가 가져야 하는 Δv는 퍼텐셜에너지의 차이에 해당하는 2.17 km/s뿐 아니라 공중에서 중력을 이겨내기 위해 필요한 추력에 해당하는 Δv가 추가적으로 필요하다. 로켓과 대기 사이의 마찰에 따른 감속을 보상하기 위한 Δv도 추가적으로 필요하지만, 논의의 단순화를 위해 이 절에서는 대기에 의한 영향을 무시할 것이다.

일정한 연소율의 연소로부터 얻은 추력을 이용해 수직 상승하는 로켓의 속도와 고도를 구해보자. 대기에 의한 영향을 고려하지 않는 경우 수직 상승하는 로켓에 가해지는 힘은 추력과 중력뿐이며 따라서 로켓의 가속도는

$$a(t) = v_{\text{eff}} \frac{\dot{m}_{\text{prop}}}{m_{\text{roc}}(t)} - g \qquad \boxed{5\text{-}2}$$

가 되는데, 이는 (3-24)식을 Δt로 나눈 형태에 해당한다. 실제 경

우에도 대부분 그렇듯이 로켓의 연소율 $\dot{m}_{\text{prop}}(=-\dot{m}_{\text{roc}})$은 일정하다고 가정하고, 수식 유도의 편의를 위해 v_{eff}와 중력가속도 g도 고도(대기의 밀도)에 관계없이 일정하다고 가정하자. 그러면 로켓이 연소하는 기간($t < t_{\text{burn}}$) 동안의 로켓 속도는 (5-2)식을 적분하여

5-3
$$v(t < t_{\text{burn}}) = \int_0^t a(t')\,dt' = v_{\text{eff}}\ln\frac{m_{\text{roc,i}}}{m_{\text{roc}}(t)} - g_0 t$$

와 같이 얻게 되며, 로켓의 고도 h는 (5-3)식을 적분하여

$$h(t < t_{\text{burn}}) = \int_0^t v(t')\,dt'$$

5-4
$$= v_{\text{eff}}\left(t - \frac{m_{\text{roc}}(t)}{\dot{m}_{\text{prop}}}\ln\frac{m_{\text{roc,i}}}{m_{\text{roc}}(t)}\right) - \frac{1}{2}g_0 t^2$$

를 얻게 되는데, 위 두 식에 있는 $m_{\text{roc}}(t)$는 $m_{\text{roc}}(t) = m_{\text{roc,i}} - \dot{m}_{\text{prop}}t = m_{\text{roc,i}} + \dot{m}_{\text{roc}}t$의 관계를 가진다.

특정 고도까지 이르는 것을 목표로 하는 경우 1) 목표 고도에 다가가면서 추진제의 연소율을 서서히 줄이거나, 2) 초기 일정 시간(t_{burn}) 동안 일정한 (안정 범위 내의) 최대 연소율로 연소한 후 연소를 멈추는 방법이 있다. 로켓이 목표 고도에 이르는 동안 중력은 계속 미치고 있으므로 목표 고도에 이르는 시간을 최소화하는 것이 중력에 의한 추가 Δv를 최소화하는 셈이 되며, 따라서 2)의 방법이 더 효율적이다.

연소를 멈춘 후 로켓의 운동은 관성과 중력에 의해서만 지배를 받게 되며, 이때의 속도와 고도는

---

6   2.17 km/s의 속도는 한국군 기본 화기인 K2 소총에서 쏘아진 총알의 총구 속도인 0.92 km/s에 비해 2.3배 이상 클 정도로 빠른 속도다. SpinLaunch라는 회사는 아진공 상태에 있는 대형 원심기(centrifuge)의 회전을 이용하여 초속 2.1 km/s의 속도로 로켓을 지상에서 고도 ~60 km까지 쏘아 올린 후 그곳에서 로켓엔진을 이용하여 200 kg까지의 화물을 궤도에 올리는 기술을 개발 중에 있다. 하지만 원심기가 회전하는 동안 화물이나 액체 추진제 등에 가해지는 극심한 가속 등의 문제 때문에 이러한 발사 방식의 성공 여부는 다소 불투명하다.

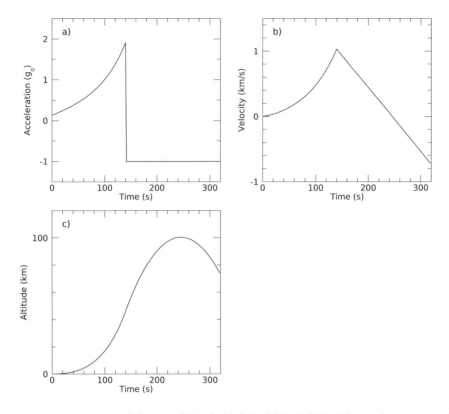

그림 5-2 New Shepard 로켓이 103 km까지 수직 상승한 후 하강할 때 가지는 가속도(a), 속도(b), 고도(c)의 시간에 대한 변화. 사용된 물리량들은 $m_{\text{roc,i}} = 75$ ton, $m_{\text{roc,f}} = 29.2$ ton, $I_{\text{sp}} = 260$ s, $t_{\text{burn}} = 140$ s이며, v_{eff}와 g는 고도에 관계없이 일정하고 대기가 로켓에 미치는 영향은 없다고 가정되었다. (Sungsoo S. Kim / CC BY–SA 4.0)

$$v(t > t_{\text{burn}}) = v(t_{\text{burn}}) - g_0(t - t_{\text{burn}})$$

$$h(t > t_{\text{burn}}) = h(t_{\text{burn}}) + v(t_{\text{burn}}) \cdot (t - t_{\text{burn}}) - \frac{1}{2} g_0 (t - t_{\text{burn}})^2$$

5-5

에 의해 기술되는데, 여기서 $v(t_{\text{burn}})$와 $h(t_{\text{burn}})$는 연소가 끝나는 시점의 로켓 속도와 고도다.

그림 5-2는 Blue Origin사의 New Shepard 로켓이 고도 100 km까지 오르는 과정을 (5-2)~(5-5)식을 이용해 계산한 것으로, 발사 시 질량, 로켓엔진의 비추력, 연소 시간 등은 알려진 근삿값들($m_{\text{roc,i}} = 75$ ton, $I_{\text{sp}} = 260$ s, $t_{\text{burn}} = 140$ s)을 썼으며, 최

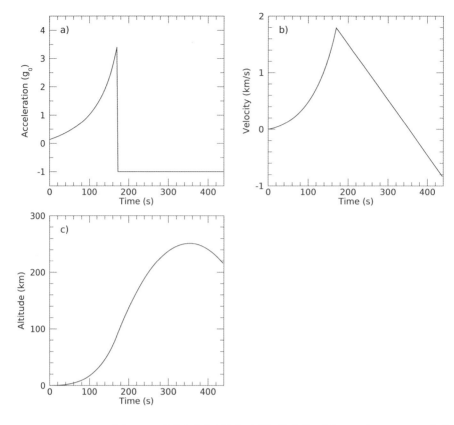

그림 5-3 New Shepard 로켓이 250 km까지 수직 상승한 후 하강할 때 가지는 가속도(a), 속도(b), 고도(c)의 시간에 대한 변화. 사용된 물리량들은 $m_{roc,i}$ = 75 ton, $m_{roc,f}$ = 19.3 ton, I_{sp} = 260 s, t_{burn} = 170 s이며, v_{eff}와 g는 고도에 관계없이 일정하고 대기가 로켓에 미치는 영향은 없다고 가정되었다. (Sungsoo S. Kim / CC BY-SA 4.0)

대 고도가 ~100 km가 되게 만들기 위해 연소 완료 후 질량은 $m_{roc,f}$ = 29.2 ton을 택했다. 이 값들을 이용하면 로켓의 추력이

$$F_{thrust} = \dot{m}_{prop} \, v_{eff} = \left(m_{roc,i} - m_{roc,f} \right) t_{burn}^{-1} v_{eff} = 840 \text{ kN}$$가 되는데, 이는 알려진 추력인 1,020 kN보다 조금 낮은 것이다. 이 차이의 가장 큰 원인은 위 계산에서 대기 항력이 고려되지 않은 것이다.

이번에는 New Shepard가 250 km 고도까지 수직 상승하는 경우를 고려해보자. 100 km 상승의 예와 같은 $m_{roc,i}$, I_{sp} 및 추력을 가지면서 최대 고도가 250 km가 되는 $m_{roc,f}$와 t_{burn}은 19.3 ton 과 170 s이며,[7] 이 경우에 대한 로켓의 상승과 하강 과정이 그림 5-3에 나타나 있다. 가속은 최대 3.4 g_0까지, 속도는 최대 1.8 km/s 까지 달하는데, 이는 그림 5-2에서 보이는 최대 가속 1.9 g_0, 최대 속도 1.0 km/s보다 현저히 큰 값들이다.

위와 같은 비행에서 쓰여진 Δv는 얼마일까? 이는 (3-7)식, 즉 $\Delta v = v_{eff} \ln(m_{roc,i}/m_{roc,f})$으로부터 구할 수 있으며, 그림 5-3 에 있는 비행의 경우에는 $\Delta v = 3.5$ km/s이다. 이는 초속도만으로 250 km 고도에 이르는 경우에 필요한 초속도인 2.17 km/s보다 1.3 km/s가량 큰데, 이 차이는 250 km 고도에 다다를 수 있는 속 도를 얻는 시간 동안(170 s) 중력을 이기기 위해 필요한 추가적인 Δv에 해당한다. 이 추가의 Δv가 이처럼 큰 이유는 5.3절에서 설 명할 것이다.

---

7   그림 5-2를 위해 수행된 계산에서는 주어진 $m_{roc,i}$, I_{sp}, t_{burn}에 대해 최대 고도가 100 km가 되도록 하는 $m_{roc,f}$가 반복 계산을 통해 재귀적으로 찾아진 것이며, 그림 5-3을 위해 수행된 계산에서는 주어진 $m_{roc,i}$, I_{sp}, F_{thrust}에 대해 최대 고도가 250 km가 되도록 하는 $m_{roc,f}$와 t_{burn}이 반복 계산을 통해 찾아진 것이다. 추진제가 없는 상태에서의 New Shepard의 질량은 20.6 ton으로 알려져 있으므로, $m_{roc,f}$ = 19.3 ton이어야 250 km 고도까지 올라갈 수 있다는 것은 실제로 New Shepard로는 이 고도까지 다 다를 수 없다는 것을 의미한다. 하지만 이 절에서의 모든 계산은 대기 효과를 무시한 것이므로 실제로는 가능할 수도 있다(이 경우 수직 착륙에 의한 로켓 회수는 물론 불가능하다).

5.3 궤도로의 진입 과정

지상에서 수직으로 발사된 로켓이 궤도에 진입하기 위해서는 로켓 진행 방향의 전환(선회)이 필수적이다.

지상에서 수직 이륙하여 궤도로 진입하는 우주 발사체들은 발사 초기에는 수직 상승하지만 궤도 진입에 가까워질수록 수평 비행을 해야 한다. 따라서 발사체의 방향이 수직에서 수평으로 서서히 변하게 되며, 이 때문에 비행 과정이 5.2절의 경우보다 복잡하다. 이 절에는 다소 많은 물리 개념이 한꺼번에 등장하기 때문에 따라가기에 난해할 수 있어, 여기서 다뤄질 내용 중 핵심적인 사항들만 미리 열거하자면 다음과 같다.

- 수직 비행에서 수평 비행으로 선회하는 방법에는 피치 기동과 중력 선회 방법이 있다.
- 피치 기동에서는 로켓의 주축 방향과 추력 방향이 일치하지 않으며, 이는 짐벌을 이용해 엔진의 방향을 주축으로부터 틀어서 이루어진다.
- 대기가 로켓 몸체에 가하는 양력으로 인해 로켓의 진행 방향은 로켓의 주축 방향과 일치하게 된다.
- 대기가 없으면 피치 기동 중 로켓의 주축과 추력 방향이 일치하지 않게 되며, 오래 지속되면 결국 텀블링 운동을 한다.
- 양력은 대기가 로켓 진행 방향의 수직인 방향으로 로켓 표

면에 가하는 힘으로, 대기의 동압($\frac{1}{2}\rho v^2$)에 비례한다.

- 로켓의 압력중심이 무게중심보다 더 아래에 있어야 로켓이 피치 회전에 대한 안정성을 가진다.
- 중력 선회는 로켓의 진행 방향이 연직 방향에서 어느 정도 기운 상태에서 중력에 의해 진행 방향이 바뀌는 것이며, 이 때에도 양력에 의해 로켓의 주축은 진행 방향과 일치하게 된다.
- 큰 동압은 로켓 몸체에 부담이 된다. 동압이 가장 커지는 고도인 10~15 km 영역에 이르기 조금 전부터 일시적으로 로켓의 연소율을 줄이는 것이 일반적이다.

로켓에 가해지는 힘들의 방향

그림 5-4는 지상에서 수직 이륙한 로켓이 궤도 진입을 위해 비행하는 동안 받는 힘인 추력, 중력, 항력, 양력의 방향을 보여주는데,[8] 이 그림에서 눈여겨봐야 할 것은 로켓의 진행 방향(로켓의 주축[9] 방향)이 추력의 방향과 일치하지 않을 수 있다는 것이다. 발사 직후 수직으로 상승하는 시기와 아래에서 언급될 중력 선회(gravity turn)라는 것을 하는 시기를 제외하면, 추력의 방향은 로켓의 진행 방향보다 더 천정[10] 방향에 가깝다. 이와 같이 로켓 주축의 방향과 추력의 방향이 일치하지 않는 비행을 피치(pitch) 기동[11]이라 한다. 로켓의 국부 지평면(local horizon)[12]과 진행 방향 사

---

8 5.2절에서는 항력을 무시했지만 이 절에서는 고려한다.

9 로켓의 위-아래 방향 축. 로켓은 대개 이 축을 따라 실린더 모양의 축 대칭 구조를 가진다.

10 어떤 지점에서의 천정(天頂, zenith)은 지구 중심으로부터 그 지점으로 그은 연직선이 천구(天球, 5.5절 참조)와 만나는 곳이다.

11 진행 방향을 축으로 하여 회전하는 것을 롤(roll), 진행 방향의 수직 좌우 방향을 축으로 하여 회전하는 것을 피치, 진행 방향의 수직 위아래 방향을 축으로 하여 회전하는 것을 요(yaw)라 부른다.

12 로켓의 수직 낙하점에서의 지평면.

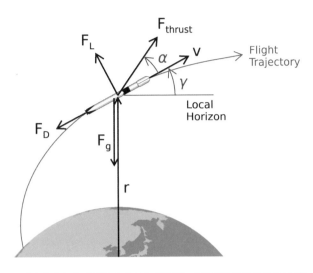

그림 5-4 지상에서 수직 이륙하여 궤도에 진입하는 우주 발사체가 비행 중에 받는 힘과 자세. 궤도면 전환이 없는 경우 이 그림에 있는 모든 벡터와 궤적은 하나의 평면(궤도면)에 놓인다. v는 속도 벡터이고, F_{thrust}, F_g, F_D, F_L는 추력, 중력, 항력, 양력 벡터다. (Sungsoo S. Kim / CC BY-SA 4.0)

이의 각을 γ, 진행 방향으로부터 추력 방향까지의 각을 국부 지평면에서 먼 방향으로 잰 각을 α로 정의하면, α는 일반적으로 $0°$ (비행 초기와 중력 선회 중)이거나 양수(피치 기동 중)가 된다.

선회 방법에는 피치 기동과 중력 선회가 있다.

로켓이 수직에서 수평으로 선회하는 방법은 두 가지로, 위에서 언급된 피치 기동과 중력 선회다. 이 중 피치 기동에 대해 먼저 알아보자.

피치 기동

피치 기동은 그림 5-5에서와 같이 짐벌(gimbal)을 이용하여 노즐을 포함한 엔진 전체의 방향을 바꾸는 것으로,[13] 선회하고자 하는 방향으로 엔진을 향하게 한다. 즉 동쪽으로 선회하고자 할 때

피치 기동은 엔진의 방향을 조절하여 이루어진다.

---

13 과거 한때 로켓엔진에 짐벌을 다는 대신 로켓 측면에 보조 추력기를 붙여 피치 기동을 얻은 경우도 있었다.

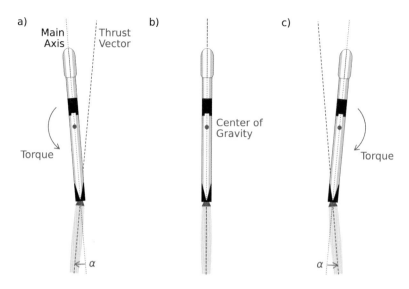

그림 5-5 선회 비행 중의 로켓의 주축 및 진행 방향(점선)과 추력 방향(대시선). 로켓의 무게중심이 빨간 점으로 표시되어 있다. (Sungsoo S. Kim / CC BY-SA 4.0)

는 엔진을 동쪽으로, 서쪽으로 선회하고자 할 때는 엔진을 서쪽으로 향하게 한다.

엔진이 동쪽으로 조금 향하도록 하는 경우를 예로 들어보자. 추력은 엔진(노즐) 방향의 반대 방향을 향하므로, 동쪽으로 틀어진 엔진은 로켓이 엔진 방향의 반대 방향으로 가속을 주는 효과 외에 로켓의 아랫부분을 서쪽으로 미는 효과(토크)도 유발한다. 이 때문에 로켓의 무게중심을 중심으로 남쪽에서 로켓을 바라볼 때 시계 방향으로 로켓의 주축이 서서히 회전하게 된다(그림 5-5c). 로켓이 시계 방향으로 회전하면서 추력의 방향도 따라서 시계 방향으로 회전하며, 결과적으로 로켓의 궤적이(즉 로켓의 진행 방향이) 서서히 동쪽으로 선회하게 된다.

그런데 피치 기동 중 로켓 주축의 방향과 로켓이 있는 위치에서의 로켓 궤적의 법선 방향(즉 로켓의 진행 방향)은 항상 같을

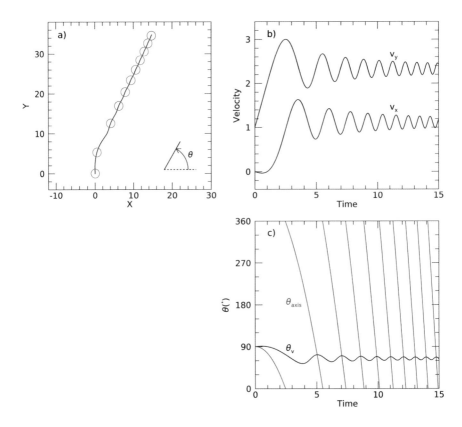

그림 5-6 a) +Y축 방향으로 직선(α = 0°) 가속하던 로켓이 시간 0에 엔진을 +X축 방향으로 α = 5° 튼 이후 가지는 궤적. 이 로켓이 가지는 b) v_x와 v_y 및 c) 로켓 주축 방향의 방위각 θ_{axis}(빨간 실선)와 로켓 진행 방향의 방위각 θ_v의 진화. 방위각 θ는 a)의 오른쪽 아래에 표시되어 있는 것과 같이 +X축으로부터 반시계 방향으로 정의된다. 이 계산에 사용된 로켓의 질량, 길이, 추력은 모두 1이며, Y축 방향의 초기 속도도 1이다(임의의 단위계가 사용됨). 시간 0에 엔진이 오른쪽으로 틀어진 후 로켓은 시계 방향으로 회전을 시작하며 회전의 속도는 시간이 갈수록 빨라진다. 로켓의 병진운동 속도는 일정한 값으로 수렴해가는 반면, 회전 속도는 추력이 지속되는 한 계속 커질 것이다. a)의 빨간색 원은 로켓의 주축이 +Y축 방향(θ_{axis} = 90°)을 향하는 시점을 나타낸다. (Sungsoo S. Kim / CC BY-SA 4.0)

까?[14] 먼저 대기도 없고 중력장도 없는 텅 빈 우주 공간에서 로켓이 α = 0°의 상태로 추력을 내며 직선으로 가속하고 있는 경우를 생각해보자. 직선운동을 하던 이 로켓의 엔진 방향을 그림 5-5c에서와 같이 오른쪽으로 일정 각도로 튼 후 그 각도에서 고

---

14 그림 5-4에서는 이 두 방향이 같게끔 그려져 있다.

정한다면 어떤 일이 일어날까? 일단 지구 대기 내에서 상승하는 경우와 마찬가지로 틀어진 엔진 각도로 인해 로켓에 시계 방향으로 토크가 가해져서 로켓이 시계 방향으로 회전하기 시작할 것이다. 하지만 대기가 없는 우주 공간에서는 이 회전을 멈출 방법이 없으며 엔진의 방향이 로켓의 주축 방향에서 틀어져 있는 ($\alpha \neq 0°$) 한 회전의 속도는 계속 증가하게 될 것이다(그림 5-6).

이 로켓이 $\alpha = 0°$의 상태로 비행하고 있을 때는 로켓의 주축 방향과 진행 방향이 같지만, $\alpha \neq 0°$인 순간부터 이 두 방향은 달라지게 된다. 그림 5-6c는 시간이 0일 때는 이 두 방향이 90°로 같았지만 그 이후에는 다르게 진화함을 보여주는데, 이는 로켓의 추력이 로켓의 병진운동 대신 회전운동을 키우는 데 쓰이고 있으며, 시간 0 이후의 병진운동은 시간이 0일 때 가지고 있던 속도 및 그 직후 회전운동이 아직 약했을 시기의 추력 방향에 의해 결정되었기 때문이다.

하지만 진공에서와는 달리 대기 내에서 비행하는 로켓의 경우 로켓의 주축 방향과 진행 방향이 (거의) 일치하게 되는데,[15] 그 이유는 대기와의 마찰이다. 대기 내에서 움직이는 물체에는 항력과 양력이 발생한다. 항력은 유체와 물체 사이의 상대적인 속도를 저하시키는 방향, 즉 물체의 움직임에 반대 방향으로 작용하는 힘이고, 양력은 움직이는 방향의 수직 방향으로 물체에 작용하는 힘이다.[16]

피치 기동 중에도 로켓의 주축은 진행 방향과 일치하는데, 이는 대기와의 마찰에 기인한다.

---

15 속도가 빠르지 않은 발사 직후에 급작스럽게 α가 변화하거나 대기의 밀도가 매우 낮은 높은 고도에서 너무 오래 $\alpha \neq 0°$인 상태가 지속되면 결국 로켓 진행 방향이 주축 방향에서 틀어지거나 더 나아가 그림 5-6에서와 같이 텀블링까지 할 수 있다.

16 양력은 그 이름과 달리 물체를 뜨게 하는 힘만을 의미하는 것은 아니며, 중력의 방향과 관계없이 어느 방향으로든 발생할 수 있다.

항력, 양력, 동압

대기 입자가 로켓 표면에 충돌하여 전달하는 힘의 관점에서 볼 때 항력과 양력의 정의는

$$\boxed{5\text{-}6} \quad F_D = \oint P_\parallel \, dA_\perp = \oint \frac{d(\Delta p_\parallel)}{dt \, \Delta A_\perp} \, dA_\perp = \rho v^2 \oint f_\parallel(\varphi) \cos\varphi \; dA$$

$$F_L = \oint P_\perp \, dA_\perp = \oint \frac{d(\Delta p_\perp)}{dt \, \Delta A_\perp} \, dA_\perp = \rho v^2 \oint f_\perp(\varphi) \cos\varphi \; dA$$

가 되는데, 각 식에서 첫 번째 등식은 압력이 단위면적당 힘이라는 사실에서, 두 번째 등식은 압력의 정의가 단위시간 동안 단위면적에 전달되는 충격량(운동량의 변화량, Δp)이라는 사실에 기인하고,[17] 세 번째 등식은

$$\boxed{5\text{-}7} \quad \frac{d(\Delta p_{\parallel/\perp})}{dt} = f_{\parallel/\perp}(\varphi)\frac{d(mv)}{dt} = f_{\parallel/\perp}(\varphi)\dot{m}v = f_{\parallel/\perp}(\varphi)\rho v^2 \, \Delta A_\perp$$

의 관계로부터 왔다. $f_\parallel$는 대기 입자가 로켓과의 상대적인 속도 v에 의해 가지는 운동량 mv 중 이 속도에 평행한 방향으로 로켓 표면에 전달되는 충격량의 비율이고, $f_\perp$는 직각인 방향으로 전달되는 충격량의 비율이다. (5-7)식의 두 번째 등식에서는 대기 흐름 속도가 일정하다고 가정되었고, 세 번째 등식은 연속방정식(질량 보존 방정식) $\dot{m} = \rho v \, \Delta A_\perp$[18]에서 왔다. $dA_\perp$는 로켓 표면에서 자신에게 충돌하는 대기 흐름의 방향으로 바라보았을 때의 단위면적으로 $dA_\perp = \cos\varphi \, dA$의 관계를 가지며, φ는 로켓 표면의 법선 방향과 그곳에 충돌하는 대기 흐름 방향 사이의 각이다(그림 5-7).

다시 말하면, $P_\parallel$와 $P_\perp$는 대기의 흐름으로 인해 '로켓 표면

---

17 이 책에서 압력은 대문자 P로, 운동량은 소문자 p로 나타낸다.

18 압력의 정의에는 '단위 xx 당'이 2개 있기 때문에 시간은 dt로, 면적은 ΔA로 표기했다. (5-6)식의 ΔA는 (5-7)식에 의해 결국 소거되기 때문에 어떻게 정의하거나 표기해도 상관없다. $\Delta p_\parallel$와 $\Delta p_\perp$에 있는 Δ는 운동량의 '변화량'이란 의미에서 쓰였으며, ΔA에 쓰인 Δ와 개념이 다르다.

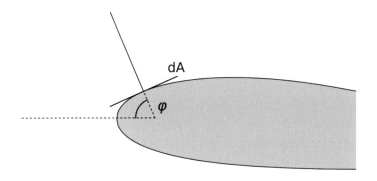

그림 5-7 φ는 로켓 표면의 법선 방향과 그곳에 충돌하는 대기 흐름 방향 사이의 각이다. (Sungsoo S. Kim / CC BY-SA 4.0)

에 전달'되는 대기 흐름 방향(∥)과 대기 흐름의 직각 방향(⊥) 압력으로, 대기 흐름이 가지고 있는 단위시간당 단위면적당 운동량인 $dp/(dt\,\Delta A) = \dot{m}v/\Delta A = \rho v^2$ 중 일부에만 해당된다. 단위시간당 단위면적당 운동량은 압력이므로 ρv^2은 대기 흐름이 가지고 있는 압력이 되며, 대기의 움직임(엄밀하게는 대기와의 상대적인 움직임)에 기인하는 압력이라는 의미에서 $\frac{1}{2}\rho v^2$을 동압(dynamic pressure)이라 부른다.[19]

> 항력과 양력 모두 로켓의 주변을 지나가는 대기가 가지는 동압에 비례한다.

    $f_\parallel(\varphi)$와 $f_\perp(\varphi)$는 결국 대기 흐름이 가지고 있는 동압 중 대기 흐름 방향(∥)과 대기 흐름의 직각 방향(⊥)으로 전달되는 비율로, 단위가 없으며 φ의 함수다. 따라서 대기 흐름의 운동량과 로켓에 전달되는 충격량 사이에는 $\Delta p_\parallel = f_\parallel(\varphi)\,p$, $\Delta p_\perp = f_\perp(\varphi)\,p$의

---

19 대기와 같이 흐르고 있는 어느 한 지점에서 대기 입자들의 무작위 움직임에 정의되는 압력(단위시간당 단위면적당 충격량)은 정압(static pressure)이라 부른다. 흐르지 않는 대기는 정압만, 흐르는 대기는 정압과 동압을 모두 가지고 있다. 무작위적 움직임(확산)을 하는 성질을 가진 열(heat)은 정압과 관련이 있고, 기체의 정돈된 흐름에 기인하는 물리량[예를 들어 마찰, 램(ram) 압력, 항력, 양력]들은 동압과 관련이 있다.
   동압의 정의에 1/2이 포함된 것은 동압이 베르누이 법칙에 나오는 항이며(밀도 ρ가 곱해진 3–8식의 좌변 세 번째 항) 베르누이 법칙은 에너지 보존에서 유도되었기 때문인데, 운동에너지 $\frac{1}{2}mv^2$에 1/2이 포함된 것과 같은 이유다. 선 운동량은 mv이나 선 운동에너지에는 상수 1/2이 있는데, 이 때문에 운동량의 변화량으로부터 출발한 압력에는 상수 1/2이 없으나 운동에너지로부터 출발한 운동에너지 밀도인 동압에는 상수 1/2이 있다(압력과 에너지 밀도는 같은 단위를 가진다).

관계가 있다. f는 로켓 외부 표면의 특성, 로켓 외부를 따라 움직이는 기체 흐름의 특성 등에 의해 결정되며, 항력과 양력을 줄이기 위해서는 f가 작아지도록 로켓의 형상과 표면을 만드는 것이 필요하다.

정리하자면, 항력은 로켓이 움직이는 방향의 반대 방향으로 로켓에 작용하는 힘이고, 양력은 로켓이 움직이는 방향의 직각 방향으로 로켓에 작용하는 힘이다. 따라서 축 대칭 모양을 가진 로켓의 주축 방향과 진행 방향 사이에 각이 없다면 로켓에 가해지는 양력의 총합은 0이 되지만, 두 방향 사이에 각이 있다면 0이 아닌 양력이 존재하게 된다.

압력 중심과 피치 안정성

양력은 로켓을 대기 흐름의 수직 방향으로 움직이게도 하지만, 로켓이 회전하게도 만든다. 어느 방향으로 회전하는지는 로켓의 무게중심(center of gravity) d_{cg}와 압력중심(center of pressure) d_{cp}의 상대적 위치에 의해서 결정되는데, 이들의 정의는 다음과 같다.

5-8

$$d_{\mathrm{cg}} = \frac{\oint d\, \rho_{\mathrm{roc}}\, dV}{\oint \rho_{\mathrm{roc}}\, dV}$$

$$d_{\mathrm{cp}} = \frac{\oint d\, P_\perp\, dA_\perp}{\oint P_\perp\, dA_\perp}$$

여기서 d는 어떤 기준점(예를 들어 로켓의 최하단)으로부터 로켓의 주축을 따라 잰 거리이고, ρ_{roc}는 로켓의 밀도, dV는 체적소다. $P_\perp$와 $dA_\perp$가 모두 θ의 함수이므로 d_{cp}는 로켓의 진행 방향과 주축 방향 사이의 각에 의존하게 된다. 이 식에서 볼 수 있듯 압력중심은 로켓에 가해지는 양력만을 고려한 것이며, 자신보다 더 위와 아래에 작용하는 양력이 같아지는 지점(높이)이다.

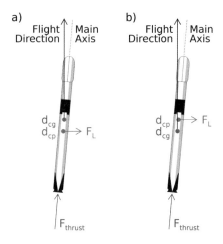

그림 5-8 a) 로켓의 압력중심(d_{cp})이 무게중심(d_{cg})보다 더 아래에 있는 경우. b) 로켓의 압력중심이 무게중심보다 더 위에 있는 경우. a)에서는 양력에 의해 야기되는 토크가 로켓의 주축 방향(대시선)이 진행 방향(점선)에 정렬하는 방향으로 작용하지만, b)에서는 반대 방향으로 작용한다. (Sungsoo S. Kim / CC BY-SA 4.0)

그림 5-8a에서와 같이 압력중심이 무게중심보다 더 아래에 (진행 방향에서 더 뒤에) 있는 경우를 먼저 고려해보자. 로켓의 주축이 진행 방향에 대해 오른쪽으로 틀어져 있으므로 로켓 기체의 왼쪽 면에 양력이 주로 가해질 것이고, 압력중심이 무게중심보다 더 아래에 있으므로 무게중심보다 아래에 가해지는 양력이 그 위에 가해지는 양력보다 클 것이다. 이 때문에 무게중심에 대한 알짜 토크는 반시계 방향, 즉 로켓 주축이 로켓의 진행 방향과 일치하게 되는 방향으로 작용하게 된다. 즉 일시적으로 로켓의 주축 방향이 진행 방향에서 틀어진다 하더라도 양력에 의한 토크가 이를 상쇄하는 방향으로 작용하여 로켓의 주축 방향이 진행 방향과 안정적으로 정렬하게 되는 것이다.

반대로 그림 5-8b에서와 같이 압력중심이 무게중심보다 더 위에 있을 때는 양력이 로켓의 주축이 대기 흐름(진행 방향)에서

압력중심이 무게중심보다 더 아래에 있는 한, 로켓은 피치 회전에 대한 안정성을 가진다.

멀어지는 방향의 토크로 작용한다. 이 토크를 상쇄할 다른 토크(로켓엔진의 방향을 조정하거나 별도의 추력기를 사용하여 얻는 토크)가 로켓에 가해지지 않는 한 로켓의 주축은 진행 방향에서 계속 멀어질 것이며, 따라서 로켓은 피치 회전에 대해 불안정한 것이다.

발사 초기에는 d_{cg}와 d_{cp}가 서로 가까운 위치에 있을 것이나 로켓의 속도가 느려서 동압이 크지 않으므로 피치 회전 불안정성이 문제되지 않으며, 로켓에 어느 정도 속도가 붙었을 때는 1단의 연료를 상당히 소모한 때이므로 무게중심이 처음보다 위로 올라가게 되어 압력중심이 상대적으로 아래에 위치하게 된다.

피치 안정성을 가진 로켓은 피치 기동 중에도 주축이 진행 방향과 일치한다.

다소 긴 설명이 있었지만 요점은 피치 안정성을 가진 로켓은 피치 기동 중에도 양력에 의해 자연스럽게 주축 방향이 진행 방향과 일치하게 된다는 것이다.

중력 선회

중력 선회는 피치 기동 없이 중력에 의해 진행 방향이 바뀌는 것이다.

한편 중력 선회는 로켓의 주축이 약간이라도 수평 성분을 가진 상태(즉 $\gamma \neq 90°$)에서 $\alpha = 0°$인 채로 중력에 의해 로켓이 스스로 선회하도록 하는 방식이다. 이 때문에 중력 선회는 피치 기동 후에 수행되는 기동이다.

그림 5-9는 $\gamma \neq 90°$, $\alpha = 0°$인 상태에서 비행하고 있는 로켓이 가지는 궤적과 자세로, 이 로켓은 중력으로 인하여 $\alpha = 0°$임에도 불구하고 로켓에 가해지는 힘들(추력과 중력)의 합은 진행 방향에서 벗어나게 된다. 이 때문에 로켓의 궤적은 직선이 아니라 γ가 서서히 줄어들면서 곡선이 되며, 로켓은 대기와의 마찰이 로켓의 측면 방향으로 미치는 힘인 양력을 계속 받게 된다. 위에서 논의되었던 바와 같이 이 양력으로 인해 (로켓이 피치 안정성을 가지고 있는 한) 로켓의 주축 방향이 진행 방향과 일치한 채로

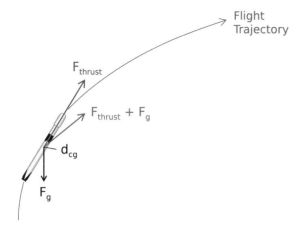

Flight
Trajectory

F_{thrust}

$F_{thrust} + F_g$

d_{cg}

F_g

그림 5-9 중력 선회를 하는 로켓에 미치는 힘과 로켓이 가지는 궤적 및 자세. (Sung-soo S. Kim / CC BY-SA 4.0)

비행하게 된다.

목표 궤도가 지구 원궤도인 경우, 중력 선회 도중 $\gamma = 0°$가 되는 시점에 목표 고도에 다다르며 동시에 그곳에서의 원궤도 속도를 얻게 되는 것이 가장 이상적이다. 이렇게 되도록 하기 위해서는 발사 이후 피치 기동의 시점과 정도, 중력 선회로의 전환 시점, 발사 이후 전체 추력 프로파일 등이 이에 맞도록 잘 설계되어야 한다.

최대 동압점

위에서 언급된 바와 같이 동압은 대기가 로켓에 전달하는 운동학적 압력이며, 대기의 밀도와 상대 속도에 의존한다. 동압이 커지면 항력이 커질 뿐 아니라 로켓 주축의 측면으로 작용하는 작용하는 힘인 양력도 커진다. 피치 기동을 하는 비행 초기를 제외하면 로켓의 자세가 $\alpha = 0°$에 가까워서 양력이 항력에 비해 작

긴 하지만, 위아래로 긴 로켓의 구조상 측면에서 작용하는 힘에는 상대적으로 취약할 수밖에 없다.[20]

측면에서 작용하는 힘에 잘 버틸 수 있도록 로켓 기체(airframe)를 더 튼튼하게 만드는 것도 방법이나, 이러면 로켓의 질량이 늘어나서 비효율적이게 된다. 이 때문에 로켓 기체를 더 튼튼히 만드는 대신 동압이 가장 커지는 고도인 10~15 km 영역에 이르기 조금 전부터 일시적으로 로켓의 연소율을 줄여 가속을 줄이는 것이 일반적이다. 로켓의 비행 중 동압이 가장 큰 시점을 '최대 동압점(max q)'이라고 부르는데, 여기서 q는 동압 $\frac{1}{2}\rho v^2$을 나타내는 물리량이다.[21]

상승 중의 로켓이 잘 쓰러지지 않는 이유

내가 어렸을 때 로켓에 대해 가장 신기하게 생각했던 것은 '저렇게 기다란 물체가 어떻게 상승 중에 옆으로 쓰러지지 않는가'였다. 로켓을 아무런 지지대 없이 지면에 세워놓는다면 비교적 작은 힘으로도 옆으로 잘 넘어갈 것 같았기 때문이다. 실제로 로켓이 지면에 세워져 있다면 돌풍 등에 의해 넘어질 가능성이 있는데, 로켓의 무게중심이 로켓의 최하단부가 차지하는 단면적 바깥으로 나가게 되면 중력에 의해 쓰러질 것이기 때문이다(그림 5-10a).

하지만 공중에 떠 있는 로켓은 상황이 다르다. 지상에 세워져 있을 때 로켓 회전의 축은 로켓 최하단부의 한 지점이지만,

---

20 중력 선회 중에 로켓의 궤적은 휘어지나 로켓 주축의 방향을 궤적 방향과 일치하게 만드는 것은 대기에 의한 양력이다. 따라서 피치 기동 시기뿐 아니라 중력 선회 시기에도 로켓 측면으로 양력이 항상 가해지게 된다. 그뿐 아니라 측면에서 불어오는 바람과 로켓 주변에 형성되는 난류(turbulence) 등도 로켓 측면에 힘을 가하게 된다. 이 모든 요인은 동압이 클수록 로켓에 더 큰 영향을 준다.

21 소문자 q 대신 대문자 Q를 쓰기도 한다.

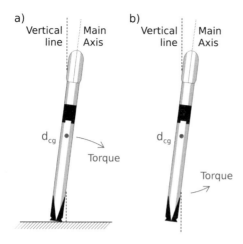

그림 5-10 a) 지상에 세워져 있는 로켓이 한쪽으로 기운 경우와 b) 공중에서 날아가고 있는 로켓이 한쪽으로 기운 경우. a)에서는 중력이 로켓을 넘어뜨리는 방향으로 토크를 가하지만 b)에서는 다시 서는 방향으로 토크를 가한다. (Sungsoo S. Kim / CC BY-SA 4.0)

공중에 떠 있을 때의 회전축은 로켓의 무게중심인 d_{cg} 위치가 되기 때문이다. 로켓에 가해지는 중력은 d_{cg}에 아래 방향으로 힘을 가하는 것 외에 로켓의 주축이 중력의 방향과 같도록 만드는 토크도 야기한다.[22] 즉 중력은 로켓을 넘어지게 만드는 것이 아니라 반대로 잘 서 있도록 만드는 효과가 있는 것이다(그림 5-10b). 게다가 로켓의 속도가 빨라지면 대기에 의한 양력이 중요해져서 (로켓의 압력중심이 무게중심보다 아래에 있는 한) 로켓의 주축이 피치 회전에 대해 안정된 채로 비행을 하게 된다.

따라서 로켓이 공중에 뜬 이후에는 엔진들 사이의 심각한 추력 차이나 엔진 짐벌에 생긴 문제 등이 아니면 의도와 다르게 옆으로 쉽게 기울어지지 않으며, 기운다 하더라도 엔진 짐벌의

---

22 지구에 조금 더 가까운 로켓의 하단부가 상단부에 비해 더 큰 중력을 느끼기 때문이다. 하지만 이 차이는 그리 크지 않아서 이로 인한 토크도 매우 작다.

움직임을 이용한 추력 편향(thrust vectoring)을 통해 자세를 쉽게 복구할 수 있다.

로켓이 목표 궤도에 진입하는 데 있어 가장 큰 기술적 난관은 로켓이 목표 궤도에 진입할 때까지 지속적으로 커다란 추력을 낼 수 있어야 하는 점이다. 다음 절에서는 궤도운동에 필요한 Δv의 크기를 알아본다.

준궤도운동에 필요한 Δv를 따져본 5.2절에서는 위아래로만 움
직이는 1차원 운동을 고려했고 대기는 무시했었다. 궤도운동을
기술하기 위해서는 최소한 2차원을 고려해야 하며, 이 절에서는
대기에 의한 항력과 양력도 고려하기로 한다. 1차원의 준궤도운
동에 대한 운동방정식[23]인 (5-2)식에 항력과 양력을 더하고 벡터
형태로 나타내면 궤도운동에 대한 벡터 운동방정식인

$$\frac{d\ddot{r}}{dt} = \frac{F_{\text{thrust}}}{m_{\text{roc}}} - g + \frac{F_{\text{D}}}{m_{\text{roc}}} + \frac{F_{\text{L}}}{m_{\text{roc}}}$$

5-9

중력, 항력, 양력이 고려된 운
동방정식

가 된다. 이 절에서는 궤도면 전이나 측풍을 고려하지 않을 것이
므로 여기서 풀게 될 (5-9)식은 2차원뿐이다.

 항력과 양력의 정의상 항력은 로켓 진행의 반대 방향으로
가해지는 힘이고 양력은 진행 방향의 수직으로 가해지는 힘이므
로, 2차원 좌표계의 한 축을 로켓 진행 방향으로, 다른 축을 진행
수직 방향으로 잡으면 (5-9)식에서 항력과 양력이 좌표계의 축
들로 분리될 수 있다. 이러한 좌표계는 로켓의 진행 방향의 변화
와 함께 움직이므로 공변(co-moving) 좌표계가 되며, 그림 5-11

---

23 뉴턴의 제2운동법칙 $F = ma$와 물체에 가해지는 모든 힘의 합을 나타내는 식 $F = F_a + F_b + F_c + \cdots$ 을 같게 놓은 방정식을 운동방정식이라 부르며, 운동방정식을 풀면 $r(t)$ 및 $v(t)$를 얻게 된다.

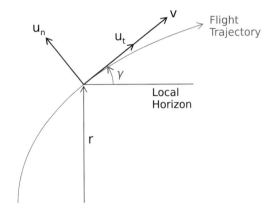

에서와 같이 로켓의 진행 방향을 u_t로, 로켓의 궤도면 내에서 u_t에 직각이면서 천정에 가장 가까운 방향을 u_n으로 정의하자.[24] 이러한 좌표계에서는 속도 v가 u_t와 나란하고 원심력이 u_n 항에만 나타나는 장점도 있다(아래 5-10식의 $v^2/r \cdot \cos\gamma$ 항).

(5-9)식에 나오는 각 항을 (u_t, u_n) 좌표계로 표현하면

$$\frac{d\ddot{r}}{dt} = \dot{v}\,u_t + \left(\dot{\gamma}v - \frac{v^2}{r}\cos\gamma\right)u_n$$

$$F_{\text{thrust}} = F_{\text{thrust}}\cos\alpha\;u_t + F_{\text{thrust}}\sin\alpha\;u_n$$

공변 좌표계로 표현된 벡터 운동방정식 `5-10`

$$g = -g\sin\gamma\;u_t - g\cos\gamma\;u_n$$

$$F_D = -F_D\,u_t$$

$$F_L = \quad F_L\,u_n$$

이 되는데, 이 중 $d\ddot{r}/dt$에 관한 식은 $\dot{v} = \dot{v}\,u_t + v\,\dot{u}_t$에서 왔으며 $v\,\dot{u}_t$는 공변 좌표계의 벡터 미분을 통해 $(\dot{\gamma}v - v^2/r \cdot \cos\gamma)\,u_n$이 됨을 보인 수 있다. (5-10)식을 이용하여 (5-9)식을 u_t 항과 u_n 항에 대한 스칼라 방정식으로 나타내면

---

24 아래 첨자 t와 n은 접선을 의미하는 'trangential'과 법선(수직)을 의미하는 'normal'에서 왔다.

$$\dot{v} = \frac{F_{\text{thrust}}}{m_{\text{roc}}}\cos\alpha - \frac{F_{\text{D}}}{m_{\text{roc}}} - g\sin\gamma$$

$$\dot{\gamma}v = \frac{F_{\text{thrust}}}{m_{\text{roc}}}\sin\alpha + \frac{F_{\text{L}}}{m_{\text{roc}}} - \left(g - \frac{v^2}{r}\right)\cos\gamma$$

5-11

공변 좌표계로 표현된 스칼라
운동방정식

가 된다. (5-11)의 첫 식, 즉 $\boldsymbol{u}_t$ 축에 대한 운동방정식을 적분하면
로켓이 얻게 되는 Δv를 다음과 같이 구할 수 있다.

$$\Delta v = \int_0^{t_{\text{burn}}} \frac{F_{\text{thrust}}}{m_{\text{roc}}}\cos\alpha\, dt - \int_0^{t_{\text{burn}}} \frac{F_{\text{D}}}{m_{\text{roc}}}\, dt - \int_0^{t_{\text{burn}}} g\sin\gamma\, dt$$

$$= \int_0^{t_{\text{burn}}} \frac{F_{\text{thrust}}}{m_{\text{roc}}}\, dt - \int_0^{t_{\text{burn}}} \frac{F_{\text{thrust}}}{m_{\text{roc}}}(1 - \cos\alpha)\, dt$$

$$- \int_0^{t_{\text{burn}}} \frac{F_{\text{D}}}{m_{\text{roc}}}\, dt - \int_0^{t_{\text{burn}}} g\sin\gamma\, dt$$

5-12

위 식의 우변 첫 항을 (3-7)식에서와 같이 계산하고 $(1 - \cos\alpha) = \sin^2(\alpha/2)$임을 이용하면

$$\Delta v = v_{\text{eff}} \ln\left(\frac{m_{\text{roc,i}}}{m_{\text{roc,f}}}\right) - \int_0^{t_{\text{burn}}} \frac{F_{\text{thrust}}}{m_{\text{roc}}}\sin^2(\alpha/2)\, dt$$

$$- \int_0^{t_{\text{burn}}} \frac{F_{\text{D}}}{m_{\text{roc}}}\, dt - \int_0^{t_{\text{burn}}} g\sin\gamma\, dt$$

5-13

궤도 진입에 필요한 Δv

를 얻게 되는데, 이 식 우변의 첫 번째 항은 3.3절에서 언급되었
던 이상(ideal) 로켓 방정식이고, 두 번째 항은 조종 손실(steering
loss), 세 번째 항은 항력 손실, 네 번째 항은 중력 손실이라 부른
다. 이 식에서 특기할 만한 사항은 양력과 원심력 항이 포함되어
있지 않다는 점이다. 이 두 가지 모두 (5-11)의 두 번째 식, 즉 γ
에 관한 미분방정식에만 포함되어 있다.

이상 로켓 방정식은 중력과 대기가 없는 상태에서 로켓의   조종, 항력, 중력 손실의 근원.
질량이 $m_{\text{roc,f}}$가 될 때까지 추력을 냈을 때 얻게 되는 Δv이다. 조
종 손실은 추력의 방향이 로켓 진행 방향과 다른 데서 발생하는
손실로, 추력의 일부가 로켓의 속도 증가가 아니라 로켓 진행 방
향을 바꾸는 데에 쓰이는 것에 기인한다. 항력 손실은 대기와의

마찰에 의해 로켓의 속도가 저하되는 데서 오는 것이며, 중력 손실은 로켓이 지구 중력을 이겨내는 데 소모된 Δv이다.

조종 손실은 $\alpha \neq 0°$인 때에만 0이 아닌 값이 되므로 피치 기동 시에만 발생한다. 5.3절에서 언급되었듯이 피치 기동은 비행 초기에만 일시적으로 이루어지며 작은 α에서는 $\sin^2(\alpha/2)$값도 상당히 작기[25] 때문에 250 km 고도의 원궤도에 이르는 비행 중의 조종 손실은 대개 0.1 km/s가 채 되지 않는다.

가파르게 상승하면 중력 손실이 커지고, 완만하게 상승하면 항력 손실이 커진다.

항력 손실과 중력 손실은 로켓이 어떤 비행 프로파일을 가지고 상승하느냐에 따라 달라진다. 큰 γ를 유지하면서 (즉 가파르게) 올라간다면 지나가야 하는 대기의 양이 상대적으로 적으므로 항력 손실은 적지만 상대적으로 큰 $\sin\gamma$값 때문에 중력 손실이 크다. 반대로 작은 γ를 유지하면서 (즉 완만하게) 올라간다면 지나가야 하는 대기의 양이 상대적으로 많으므로 항력 손실이 커지지만 상대적으로 작은 $\sin\gamma$값 덕분에 중력 손실은 작아진다.

완만한 상승의 경우는 동압이 큰 고도 구간($\max q$ 부근)을 지나는 동안 연소율을 줄여야 하는 기간도 상대적으로 길어야 하기 때문에 이로 인한 추가의 손실도 있다. 그럼에도 불구하고 일반적으로 중력 손실의 크기가 항력 손실보다 훨씬 더 크기 때문에[26] 완만한 상승이 더 효율적이다.

250 km 고도의 원궤도에 이르는 비행의 경우 중력 손실은 1.0~1.5 km/s, 항력 손실은 0.1~0.15 km/s 정도다. 따라서 각 손실들의 상대적 크기는 '중력 손실 ≫ 항력 손실 > 조종 손실'이며, 모든 손실의 합은 ~1.5 km/s 정도에 이른다.

---

25 $\alpha = 10°$일 때 $\sin^2(\alpha/2) \cong 0.03$에 불과하다.

26 (5-13)식에서 항력 손실은 로켓의 질량이 클수록 상대적으로 작아진다(질량이 큰 로켓일수록 로켓 표면적이 커지고 F_D도 커지지만, 질량 증가에 비해 F_D의 증가는 상대적으로 작기 때문). 이 때문에 커다란 로켓일수록 항력 손실의 비중이 작아진다.

한편 지상에서 발사된 로켓이 목표 Δv를 얻는 데에 이와 같은 손실 요소들만 있는 것은 아니다. 지구의 자전은 도움 요소가 되는데, 지구 자전이 자전 속도만큼의 수평 방향 속도 성분을 공짜로 제공하기 때문이다. 적도에서의 자전 속도는 $\omega_E r_E = 0.465$ km/s이며, 발사장의 위도 λ가 높아질수록 자전의 효과는 $\cos\lambda$만큼 줄어드므로 지구 자전에 의한 Δv 이득은 $0.465\cos\lambda$ km/s가 된다. 북위 28.6°에 위치한 미국 플로리다주 케네디 우주센터 발사장의 Δv 이득은 0.408 km/s이며, 북위 34.4°에 위치한 전남 고흥 나로 우주센터 발사장의 Δv 이득은 0.384 km/s이다.

이제 지상에서 발사된 로켓이 250 km 고도의 원궤도에 이르는 데 필요한 총 비용인 Δv_{tot}을 알아보자. 로켓이 결과적으로 250 km 고도에서 얻어야 하는 속도는 5.1절에서 보았듯이 7.76 km/s이다. 지구의 중력도 대기도 자전도 없다면 이 속도는 (5-13)식 우변의 첫 항, 즉 로켓 방정식에 의해 얻어야 하는 값이다. 여기에 각종 손실 요소들은 추가적인 Δv를 필요로 하므로 더해지는 항이고, 이득이 되는 지구 자전은 빼지는 항이 된다. 따라서 이들을 모두 고려하면

$$\Delta v_{tot} = 7.76 + 1.3^{+0.25}_{-0.25} + 0.125^{+0.025}_{-0.025} + 0.1 - 0.465\cos\lambda \quad (\text{km/s})$$
$$\approx 9.2 - 0.465\cos\lambda \quad (\text{km/s})$$

5-14

를 얻는다. 여기에 안전 마진까지 고려하면 Δv_{tot}는 9.0~9.3 km/s가 된다.

적도에 가까운 곳에서 발사될수록 지구 자전에 의한 도움을 더 많이 받는다.

250 km 고도에 진입하는 데 필요한 Δv는 9.0~9.3 km/s 이다.

5.5 지구궤도의 종류

저궤도, 중궤도, 고궤도

위에서 언급된 250 km 고도는 저궤도에 해당한다. 지구궤도의 종류를 고도에 따라 나눌 때는 저궤도(Low Earth Orbit, LEO), 중궤도(Medium Earth Orbit, MEO), 고궤도(High Earth Orbit, HEO)로 나누는데, 각각 고도 160~2,000 km, 2,000~35,786 km, 35,786 km 이상에 해당한다.

저궤도에 하한이 있는 것은 160 km보다 낮은 고도에서는 대기 마찰이 너무 커서 위성이나 우주선이 임무를 수행하기 힘들기 때문이다. 추진제와 추력기를 이용해 궤도 유지를 하지 않는 경우 위성이 궤도를 유지할 수 있는 대략적인 기간은 200 km에서 1일, 300 km에서 1개월, 400 km에서 1년, 500 km에서 10년, 700 km에서 100년 정도다.[27]

저궤도에 있는 물체들은 원궤도의 경우 87~127분의 공전 주기를 가진다. 국제우주정거장은 400~450 km에서, 위성 전화 서비스를 제공하는 이리듐 위성군(satellite constellation)은 780 km에서 활동 중에 있다. 위성 인터넷 서비스를 제공하는 SpaceX사

---

27 대기와의 마찰에 의해 위성의 고도가 떨어지는 데 걸리는 시간은 크기와 모양에 크게 의존하며, 정확히 예측하기 힘들다.

의 스타링크 위성군은 ~560 km에 배치되고 있으며 향후 ~340 km 고도에도 배치될 예정이다. 지구 표면이나 대기를 탐사하는 위성들은 대부분 500~1,000 km의 고도를 가진다.

중궤도에 있는 물체들은 원궤도의 경우 2시간 7분에서 23시간 56분의 공전주기를 가진다. GPS, GLONASS, Galileo 등의 내비게이션 위성군들이 20,000~23,000 km에 배치되어 있으며,[28] 지자기장 내에 고에너지 하전(charged) 입자들이 많이 붙잡혀 있는 밴앨런대가 중궤도에 위치한다.

고궤도에 있는 물체들은 23시간 56분 이상의 공전주기를 가지며, 이들은 공전 각속도가 지구의 자전 각속도보다 느리므로 물체의 지구면[29] 수직 낙하점이 역행(동에서 서 방향으로) 운동한다. 1960년대에 우주 핵실험 감시를 위해 쏘아 올려진 Vela 위성이 118,000 km에 배치되었던 바 있으며, 태양권계면을 연구하는 과학 위성인 IBEX가 근지점 7,000 km, 원지점 221,000 km의 타원궤도에 배치되어 있다.

정지궤도와 지구동기궤도

정지궤도(geostationary orbit, GEO)는 관성계(inertial frame)[30]에서의 공전주기가 지구의 항성일(sidereal day)[31]인 23시간 56분 4초와 같으며 경사각[32] 0°, 이심률 0인 궤도다. 물체의 궤도가 이 같은 주

---

28 20,200 km 고도에서의 원궤도 공전주기가 12시간이다.

29 지면은 보통 육지가 있는 표면을 뜻하므로, 육지와 바다를 모두 포함한다는 의미에서 '지구면'이란 단어를 쓸 것이다.

30 가속이 없이 등속도로 움직이거나 움직이지 않는 계. 지구는 태양 중력에 의해 가속되고, 태양은 우리은하의 자체 중력에 의해 가속되며, 우리은하도 주변에 있는 은하들, 은하단, 초은하단 등에 의해 가속되고 있다. 아주 멀리 있는 은하들은 우주 팽창에 의해 후퇴하는 속도 외에는 우리에게 관측될 만한 크기의 고유(peculiar) 속도가 없으므로, 이들을 기준으로 관성계를 정의할 수 있다. 우주배경복사도 관성계의 기준이 될 수 있다. 하지만 위성이 움직이는 시간 척도(time scale)는 태양이 우리은하 내에서 움직이는 시간 척도나 우리은하가 주변 은하 및 은하단에 비해 움직이는 시간 척도에 비해 훨씬 짧으므로, 위성 운동의 계산을 위한 관성계에서는 태양이나 우리은하의 움직임은 무시해도 된다.

기, 경사각, 이심률을 가지게 되면 그 물체의 지구면 수직 낙하점은 항상 적도의 한곳에 고정되며, 이 때문에 궤도 이름에 '정지'라는 단어가 들어 있는 것이다. 이 궤도의 고도는 35,786 km이며, 통신위성 등과 같이 지구면 한 위치의 상공에 계속 머물러야 하는 위성들이 갖는 궤도다.

지구동기궤도(geosynchronous orbit, GSO)는 공전주기가 지구의 항성일과 같지만 임의의 경사각 i와 이심률 e를 가지는 궤도로, 정지궤도는 지구동기궤도의 특별한 경우에 해당한다. 그림 5-12a,b에서 볼 수 있듯, $e \neq 0$이면서 $i = 0°$인 경우(a) 지구면 궤적은 적도에서 동서로 움직이고, 반대로 $e = 0$이면서 $i \neq 0°$인 경우(b) 지구면 궤적은 8 자 모양을 가지게 된다. 후자의 경우 경사각이 0°가 아니므로 남북 방향으로 움직이는 것은 당연한데, 동서 방향으로도 움직이는 것은 물체의 경도 방향 속도가 적도에 가까워질수록 느려지고 위도 $\pm i$에 가까워질수록 빨라지기 때문이다.[33]

경사각이 있는 궤도의 경도 방향 속도는 위도에 따라 다르다.

$e \neq 0$이면서 $i \neq 0°$인 지구동기궤도의 경우 지구면 궤적이 위아래가 비대칭인 8 자가 된다. 그림 5-12c는 2018년에 궤도에 올려진 일본의 QZSS(Quasi-Zenith Satellite System) 위성군[34] 중 $e = 0.075$, $i = 43°$인 지구동기궤도를 가지는 세 위성의 궤적이다. 이 위성군은 GPS(Global Positioning System)의 일본 내 정밀도를

---

31 항성일은 관성계에서 측정한 지구의 자전주기다. 정지궤도의 정의는 평균태양일(24시간 0분 0초)을 이용해서도 내릴 수 있지만 물체-지구-태양 사이의 각을 이용해야 하는 등, 조금 더 복잡해진다.

32 궤도면과 지구 적도면 사이의 각을 동쪽으로부터 잰 각. 0°에서 180° 사이로 정의된다.

33 원운동을 하는 물체의 속도는 일정하지만 $i \neq 0°$인 경우 물체의 경도 방향 속도는 위도에 따라 달라진다. 경사각이 i인 궤도는 적도와 i의 각을 가지며, 적도에서 가장 먼 때의 위도는 $\pm i$이다(그림 5-13). 이 궤도에 있는 물체는 위도 $\pm i$에 있을 때는 경도 방향 속도 성분만 가지며 적도에서 가장 큰 위도 방향 속도 성분을 가진다. 따라서 이 물체의 경도 방향 속도는 위도 $\pm i$에서 가장 빠르고 적도에서 가장 느리다.

34 총 4기의 위성으로 이루어져 있으며, 하나는 정지궤도에, 나머지 셋은 같은 위상 간격을 유지한 상태로 지구동기궤도에 있다. QZSS는 일본 시스템이므로 지구동기궤도의 중심 경도가 동경 135°에 있으나, 그림 5-12c에서는 중심 경도가 127.5°이도록 했다.

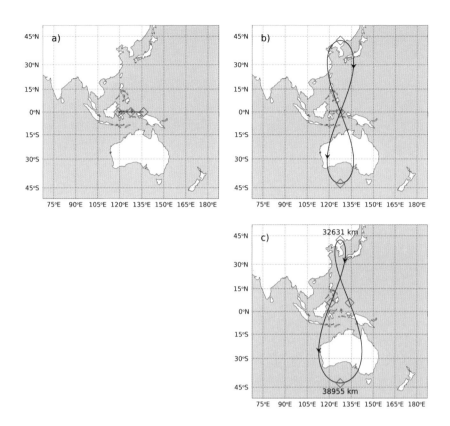

그림 5-12 a) 이심률 0.075, 경사각 0°, b) 이심률 0, 경사각 43°, c) 이심률 0.075, 경사각 43°인 지구동기궤도의 지구면 궤적. 궤적의 경도 중심이 동경 127.5°에 있게 했고, c)에서는 근지점 위치에서 궤도의 최북단이 되도록 했다. 숫자는 고도를 나타내며, 붉은색 다이아몬드는 공전 주기의 0%, 25%, 50%, 100% 시점을 나타낸다. (Sungsoo S. Kim / CC BY-SA 4.0)

높이기 위해 배치된 것으로, 지구동기궤도에 있는 세 위성 중 하나는 항상 일본 지역 상공(천정에서 30° 이내)에 있게 하는 것이 목적이다.

극궤도

궤도 경사각이 적도면으로부터 60° 이상 기울어진(60° < i < 120°) 궤도를 극궤도(polar orbit)라 부른다. 경사각 i인 궤도의 지

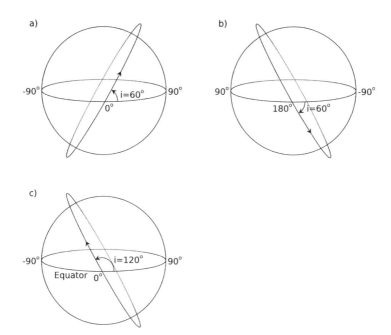

그림 5-13 궤도의 경사각과 궤도 내 물체의 운동 방향. 순행하는 물체의 경사각을 승교점에서 잰 경우(a)와 강교점에서 잰 경우(b). 역행하는 물체의 경사각을 승교점에서 잰 경우(c). 적도에 있는 숫자는 경도를 나타낸 것으로, a)와 c)는 경도 0°에서 바라본 것이고, b)는 경도 180°에서 바라본 것이다. b)는 a)의 반대편에서 바라본 것으로, 이들의 궤도는 같다. (Sungsoo S. Kim / CC BY-SA 4.0)

구면 궤적이 다다를 수 있는 가장 높은 위도는 ±i이므로, 경사각이 클수록 위도 커버리지가 넓어진다.[35] 이 때문에 극궤도는 정찰, 탐사, 촬영, 기상 측정 등의 목적에 부합하며, 극궤도 위성들은 좋은 해상도를 얻기 위해 통상 1,000 km 이내의 고도를 가진다.

경사각은 궤도의 승교점(ascending node) 또는 강교점(descending node)[36]에서 물체의 속도 벡터를 동쪽으로부터 잰 각으로, 승

---

35 예를 들어 경사각이 60°인 궤도의 지구면 궤적은 위도 −60°에서 +60° 사이를 커버한다. 이는 경도의 정의가 자전축을 중심으로 돌아가면서 자른 평면인 데 반해 위도의 정의는 적도면과 평행하게 자른 평면인 것에 기인한다.

36 승교점은 궤도를 따라 움직이는 물체가 어떤 기준면을 남에서 북으로 지나가면서 만나는 점이고 강교점은 반대로 북에서 남으로 지나가면서 만나는 점이다. 기준면은 정의하기 나름이며 여기에서의 기준면은 적도면이다.

교점에서 재면 반시계 방향으로 재게 되고, 강교점에서 재면 시
계 방향으로 재게 된다. 그림 5-13a,b는 경사각이 60°인 같은 궤
도를 승교점과 강교점에서 잰 것으로, 경사각은 승교점과 강교
점 중 어디에서 재느냐, 또 어느 방향으로 재느냐와 관계없음을
보여준다(단 속도 벡터의 방향으로 재야 한다). 이 때문에 경사각은
0°~180°의 값만 가질 수 있으며, 경사각이 90° 미만이면 물체가
서에서 동으로 움직이는 것(순행)이고 경사각이 90°를 초과하면
동에서 서로 움직이는 것(역행)이다(그림 5-13a,c).

경사각은 0°~180°의 값만 가지
며, 90° 미만이면 순행, 초과하
면 역행이다.

지구 자전축의 세차운동

경사각이 0°, 90°, 180°가 아닌 위성 궤도는 세차운동을 한다. 이
는 지구 자전축이 세차운동을 하는 것과 같은 현상으로, 지구 자
전축의 세차운동에 대해 먼저 알아보자.

    지구의 자전축은 지구 공전축으로부터 23.4° 기운 채 공전
축을 중심으로 25,800년에 한 번씩 지구 자전 및 공전 방향과 반
대로 회전한다(그림 5-14a). 이를 자전축의 세차운동(precession)이
라 하며, 지구 적도 지역의 불룩하게 튀어나온 부분과 달 및 태
양이 중력적으로 상호작용하기 때문에 일어난다.[37] 이는 약간 기
울어진 채 회전하고 있는 팽이의 회전축이 천정을 중심으로 회
전하는 것과 같은 이유다.

지구 자전축의 세차운동은 적도
지역의 불룩한 부분과 달, 태양
의 중력적 상호작용 때문이다.

    지구의 세차운동을 이해하기 위해 다음과 같이 단순화된 경
우를 상상해보자. 우선 지구의 밀도 분포를 1) 구와 2) 구의 적도

---

37 지구의 밀도 분포가 완벽한 구대칭이거나 지구 자전축과 공전축 사이의 각이 0°이거나 90°이면 세차운동이 일어나지 않는다.
지구를 비롯한 자전하는 별, 행성, 위성의 적도 부분은 불룩하게 튀어나오는데, 이는 자전으로 인한 원심력이 적도 지역의 중력
적 수축을 방해하기 때문이다. 이와 같이 3차원의 세 축 중 두 축 방향으로 더 긴 모양을 편구(偏球, oblateness)라 부르며, 반대
로 한 축 방향으로만 더 긴 모양은 편장(偏長, prolateness)이라 부른다.

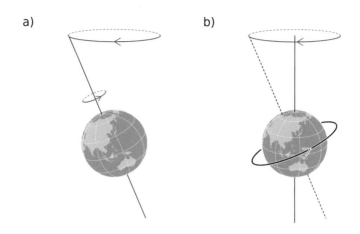

a)   b)

그림 5-14 a) 지구 자전축의 세차운동과 b) 지구궤도에 있는 물체의 세차운동.
(Sungsoo S. Kim / CC BY-SA 4.0)

부분을 둘러싸고 있는 도넛 모양 튜브의 합으로 보자. 구는 구대
칭의 밀도 분포를 대신하고, 튜브는 비구대칭 밀도 분포를 대신
한다. 구대칭 분포는 토크를 야기하지 않기 때문에 세차운동과
관계없으므로 논의에서 제외하자. 달과 태양의 존재도 수천에서
수만 년의 긴 시간 척도에서 볼 때 지구 주변에 놓여 있는 붙박
이 고리로 볼 수 있다.[38]

　　이제 상황은 고정되어 있지 않은 지구 크기의 도넛이 기준
면에서 23.4° 기울어진 채로 중심에 있고, 지구 공전궤도 크기의
태양 고리와 달 공전궤도 크기의 달 고리가 기준면에 고정된 채
로 위치하고 있는 상태다. (도넛과 두 고리의 중심은 모두 일치한다.) 2
개의 붙박이 고리가 도넛에 중력을 미치지만 세 천체의 무게중

---

38 세차운동 주기인 25,800년 동안 태양은 지구 주위를 25,800번, 달은 약 350,000번 돌기 때문이다. 태양은 지구보다 훨씬 더
무거우므로 태양을 대신하는 고리는 붙박이로 볼 수 있다. 달의 공전 궤도면은 지구의 공전 궤도면과 5.1° 기울어져 있으나 달의
공전 궤도면도 18.6년의 주기로 지구 공전 궤도면에 대해 세차운동을 하므로, 장기적인 관점에서 볼 때 달의 평균적인 질량 분
포는 지구의 공전면과 일치한다고 볼 수 있다. 따라서 달을 대신하는 고리도 태양을 대신하는 고리와 같은 평면에 고정되어 있
다고 볼 수 있다.

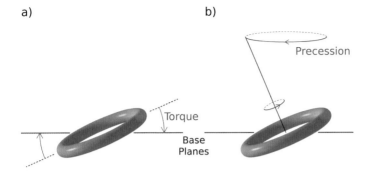

a)   b)

Precession

Torque

Base
Planes

그림 5-15 달과 태양을 대표하는 붙박이 고리와 지구 적도 지역의 불룩하게 튀어
나온 부분을 대표하는 도넛. 고리와 도넛은 23.4°의 기울기를 가지고 있다. a) 도넛
이 자전하지 않는 경우와 b) 도넛이 자전하는 경우. (Sungsoo S. Kim / CC BY-SA 4.0)

심이 모두 같은 곳에 있으므로 중력으로 인해 도넛에 병진운동
이 야기되지는 않는다. 즉 선 운동량의 변화를 일으키는 알짜힘
은 없는 상태다.

　하지만 도넛의 평면과 두 고리의 평면(기준면)이 일치하지
않으므로 도넛 평면이 기준면과 일치하게 하려는 토크가 도넛에
미친다. 도넛이 회전하지 않을 경우 이 토크는 도넛 평면이 놀이
터의 시소처럼 한 축(도넛 평면과 기준면이 만나는 선)을 중심으로
진동운동을 하게한다(그림 5-15a). 그런데 지구가 자전하는 것과
같이 도넛이 자전운동을 한다면 상황이 달라진다. 도넛 평면이
시소 운동을 하는 대신 천천히 세차운동을 하게 되는데, 도넛 평
면과 기준면이 만나는 축이 기준면 내에서 도넛의 자전 방향과
반대로 회전하게 되는 것이다(그림 5-15b). 도넛의 자전이 진동
운동 대신 세차운동을 야기하는 것은 뉴턴의 제2운동법칙 때문
으로, 토크가 도넛의 각운동량 변화를 야기할 때 토크가 가해지
는 축에서는 각운동량 변화가 최대가 되면서, 나머지 두 축에서

의 각운동량 변화는 최소화하기 위함이다.

위성 궤도면의 세차운동

지구 자전축(a)의 세차운동과 똑같은 현상이 지구를 공전하는 위성의 궤도면(b)에도 일어난다. a)에서 달과 태양의 역할을 b)에서는 지구 적도 지역의 불룩 튀어나온 부분, 즉 지구의 편구성이 하며, a)에서의 지구 편구성이 b)에서는 위성의 궤도에 해당한다.

　　a)에서 사용했던 구, 도넛, 고리의 예를 b)의 경우에도 적용해보면, 지구를 구와 도넛으로 분리한 후 도넛만 고려하는 것은 b)에도 똑같이 적용할 수 있으나 이번에는 지구를 대신하는 도넛이 기준면에 고정되어 있는 상황이다. 그리고 위성의 움직임을 고리로 대신하고, 이 고리의 중심은 도넛의 중심과 일치하나 고리 평면이 기준면에 대해 임의의 각(경사각 i)을 가지며 고정되어 있지 않은 경우가 된다. 이 고리는 고정된 도넛으로부터 토크를 받아서 도넛과 정렬하는 방향으로 움직이려 하나, 고리의 자전[39]으로 인해 도넛과 정렬하는 쪽으로 움직이는 대신 세차운동을 하게 된다(경사각이 $0°, 90°, 180°$ 중 하나가 아닌 경우).

　　이제 지구궤도에 있는 물체의 세차운동 각속도 ω_p의 크기를 알아보자. 이 각속도는 지구의 편구적 밀도 분포가 궤도에 미치는 토크에 의해 결정되며, 지구 질량과 크기, 지구 밀도의 편구성 정도, 궤도의 각속도, 고도, 기울기, 이심률 등에 의해 아래와 같이 결정된다.

위성 궤도면의 세차운동은 지구 적도 지역의 불룩한 부분과 위성 궤도의 중력적 상호작용 때문이다.

---

39 a)의 경우에서는 지구를 대신하는 도넛이 자전을 하지 않을 수도 있지만, b)에서는 고리가 위성의 공전을 대변하는 것이므로 고리가 자전하지 않는 경우는 생각할 수 없다.

$$\omega_{\mathrm{p}} = -6.60 \times 10^{10} \frac{\omega \cos i}{a^2 (1 - e^2)^2}$$ **5-15**

여기서 ω와 a는 물체의 각속도[40]와 공전 장반경(m 단위)이며, 계수 앞에 음수가 붙는 것은 세차운동이 물체의 각운동(공전) 방향과 반대로 일어남을 의미한다. 따라서 순행($i < 90°$) 운동을 하는 물체의 세차운동은 역행하고($\cos i > 0$이므로), 역행($i > 90°$) 운동을 하는 물체의 세차운동은 순행한다($\cos i > 0$이므로).

궤도에 있는 물체에 미치는 힘이 지구 중력만 있는 경우(즉 물체에 별도의 추력이 없을 경우[41])에는 ω는 a로 표현될 수 있으며,[42] 세차운동 각속도는

$$\omega_{\mathrm{p}} = -6.53 \times 10^{24} \frac{\cos i}{a^{7/2} (1 - e^2)^2} \ \mathrm{deg/day}$$ **5-16**

위성 궤도면의 세차운동 각
속도

가 된다(a는 m 단위). 예를 들어 600 km 고도에서 이심률 0, 경사각 60°의 궤도를 가진 위성은 하루에 $-3.64°$씩 세차운동을 한다.

태양동기궤도

$i = 0°$ 또는 90°인 위성의 궤도면은 세차운동 없이 항상 같은 방향을 바라본다. 위성의 궤도면은 지구의 공전에도 영향을 받지 않기 때문에 지구가 태양 주위를 한 바퀴 돌아서 같은 자리에 올 때까지도 계속 같은 방향을 바라본다. 즉 관성계에서 볼 때 궤도면이 고정되어 있는 것이다. 마찬가지로 궤도면이 세차운동을 하는 일반적인 경우에도 세차운동은 지구의 공전과 관계없이 관성계에서 일어난다.

---

40 ω의 단위는 임의로(rad/s, deg/s 등으로) 선택할 수 있으며, ω_{p}의 단위는 선택된 ω 단위와 같게 된다.

41 자체 추력을 가진 로켓에도 세차운동이 일어나나, 로켓은 대개 지구궤도에 머무는 시간이 길지 않으므로 세차운동의 관점에서 보는 대신 지구 밀도 분포의 비대칭성이 로켓의 궤적에 미치는 영향의 관점에서 보게 된다.

42 $\omega = \sqrt{GM_{\mathrm{E}}/a^3}$ 이므로(6–8식 참조).

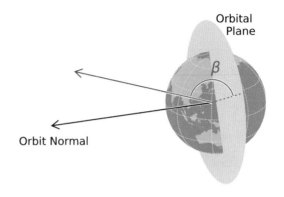

　　위성 궤도의 고도, 경사각, 이심률을 적절하게 선택하면 임의의 원하는 세차운동 각속도를 얻을 수 있다. 궤도면의 세차운동 각속도를 $+360°/(365.2422\ \text{day})$로 만드는 경우, 궤도면의 세차운동 주기가 지구의 태양년(tropical year)[43]과 일치하게 되며, 이러한 궤도를 태양동기궤도(Sun-synchronous orbit, SSO)라 부른다.

　　지구 중심에서 태양을 향하는 벡터와 그 벡터가 궤도면에 투영된 벡터 사이의 각을 베타(β)각, 또는 태양 베타(Sun-β)각이라 하는데(그림 5-16), 태양동기궤도는 천구(天球, celestial sphere)[44]상에서 태양이 움직이는 속도와 같이 세차운동 하므로 태양 베타각이 일정하다.

태양동기궤도는 지구면 낙하점을 항상 같은 시간에 지나간다.

　　태양동기궤도에 놓인 물체는 계속 같은 면이 태양을 향하게 되며, 위성의 특정한 한 면(예를 들어 태양전지판)이 항상 태양을 바라보는 것이 필요할 때 유리하다. 또한 태양동기궤도에 있는

---

43 지구가 관성계에서 태양 주위를 한 번 공전하는 데 걸리는 시간으로, 365.2422일이다.

44 지구가 중심에 있고 반경이 무한대인 가상의 구(球)로, 모든 천체(celestial body)는 이 구면에 투영된다. 천구에서는 천체까지의 거리는 따지지 않고 구면상에서의 위치만 따진다.

위성의 지구면 낙하점은 항상 같은[45] 국부평균태양시(local mean solar time)[46]에 놓이는데, 지구면 촬영 시 촬영되는 지역에서 태양이 가지는 천구상 고도[47]가 항상 같다는 장점이 있다.

(5-16)식을 보면 원궤도의 경우, 200 km 고도에서 태양동기궤도가 되려면 $i = 96.3°$이어야 하고 2,000 km 고도에서는 $i = 104.9°$이어야 하는데, 이는 더 높은 고도에서 같은 세차운동 각속도를 얻으려면 물체의 궤도면이 더 지구 적도면에 가까워야(i가 더 커야) 함을 의미한다.

또한 원궤도의 경우에 $a = 12,350$ km(고도 5,975 km)에서 $\omega_p = \cos i \cdot 360°/(365.2422\ \text{day})$가 되는데, a가 커질수록 ω_p의 절댓값은 작아지고 $|\cos i| \leq 1$이므로 고도 5,975 km 이상이 되면 어떤 경사각에서도 태양동기궤도가 존재할 수 없다. 고도 5,975 km에서는 $i = 180°$일 때 $\omega_p = 360°/(365.2422\ \text{day})$가 되지만 이 경사각에서는 세차운동이 없으므로 태양동기궤도라 볼 수 없다.[48] 또한 고도 5,975 km 미만에서도 이심률이 너무 큰 경우 태양동기궤도가 존재하지 않을 수 있다.

태양동기-지상반복궤도

태양동기궤도를 포함하여 대부분의 궤도는 일반적으로 지구면 어떤 한 위치의 상공을 주기적으로 지나가지 않는다. 하지만 주

---

45 낮과 밤인 지역의 시간은 물론 다르다. 예를 들어 낮인 지구면 지역의 국부평균태양시가 계속 오후 2시면 밤인 지구면 지역의 국부평균태양시는 계속 오전 2시가 된다.

46 태양이 남중하는 시점을 정오(낮 12시)로 하여 계산하는 시간. 지구궤도는 0이 아닌 이심률을 가지고 있기 때문에 태양의 남중으로부터 다음 날 남중까지의 시간, 즉 시태양일(apparent solar day)의 길이가 매일 조금씩 달라진다. 평균태양일은 1년 동안의 시태양일에 대한 평균이며, 평균태양시는 이를 기준으로 하여 재는 시간이다. 국부평균태양시는 지구면 특정 위치에서의 평균태양시다.

47 천구상에서의 고도(altitude, elevation)는 천체가 국부 지평선과 가지는 가장 작은 각으로, 해수면으로부터의 높이와는 다른 개념이다.

48 i가 정확히 180°가 아니라 $i \approx 180°$ 경우에도 태양동기궤도로서의 의미는 크지 않다.

어진 고도와 이심률에 대해 궤도의 지구면 궤적이 닫힌 궤적[49]이 되도록 경사각을 선택할 수 있으며,[50] 이러한 궤도를 지상반복 (repeat ground tracks)궤도라 부른다.

태양동기궤도이면서 동시에 지상반복궤도인 것을 태양동기-지상반복(Sun-synchronous repeat ground track, SSRGT)궤도라 한다. 이 궤도는 태양동기 조건과 지상반복 조건이 모두 맞아야 하므로 아무 고도에서나 가능한 것은 아니고, 원궤도인 경우 표 5-1에 있는 10개의 고도에서만 가능하다. 이 고도들은 1평균태양일(24시간 0분 0초)을 공전주기로 나눈 값이 정확히 정수가 되는 고도로, 하루 동안 7회에서 16회 공전한 후 지구면 궤적이 정확히 같은 위치로 돌아온다. 이는 1) 태양동기궤도에서는 궤도면이 항상 같은 태양 베타각을 유지하고(즉 궤도면이 태양과 항상 같은 각을 유지하도록 따라가고), 2) 1평균태양일의 정의가 지구상의 어떤 점에서 태양이 한 번 남중한 뒤에 다시 남중할 때까지의 시간이며, 3) 표 5-1에 있는 고도에서는 1평균태양일이 공전주기의 정수배가 되기 때문이다.

그림 5-17은 하루 공전 횟수가 15회인 고도 567 km의 태양동기-지상반복궤도가 하루 동안 그린 지구면 궤적을 보여주는데, 궤적의 시작(경도 0°, 위도 0°)과 끝이 정확히 일치한다. 이 궤도에 있는 물체는 하루 15회 공전하지만, 지구면 궤적 중 어느 한 곳에서 보았을 때 이 물체가 자신의 천정을 지나가는 것은 하루한 번뿐이며 매번 같은 국부태양시에 지나간다. 매번 같은 국부태양시에 지나가는 것은 이 궤도가 태양동기궤도이기 때문이며,

태양동기-지상반복 궤도는 지구상의 같은 궤적을 매일 한 번씩 지나가며, 10개 궤도만 존재한다.

---

49 그림 5-17에서와 같이 궤도의 지구면 궤적이 수차례 공전 후 다시 출발한 곳으로 돌아오는 궤적.

50 궤도의 지구면 궤적이 경도 방향으로 움직이게 하는 요인은 1) 궤도에 있는 물체의 공전, 2) 지구의 자전(관성계에서 23시간 56분 4초의 자전주기를 가짐), 3) 궤도의 세차운동이다.

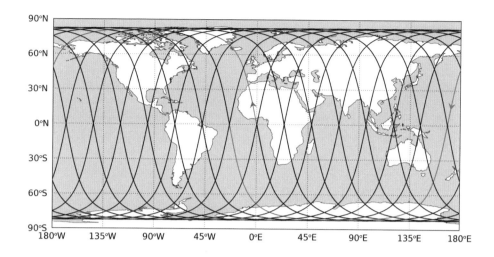

그림 5-17 567 km의 고도를 가지는 태양동기-지상반복궤도가 가지는 하루 동안의 지구면 궤적. 이 궤도의 공전 주기는 24/15 hour이고 경사각은 97.7°이다. 첫 한 바퀴 공전이 붉은색으로 표시되어 있으며, 화살표는 움직이는 방향을 나타낸다. (Sungsoo S. Kim / CC BY-SA 4.0)

지구면 궤적 중 어느 곳에서 보았을 때 이 물체가 자신의 천정을 한 번만 지나가는 것은 공전주기나 하루 공전 횟수에 관계없이 표 5-1에 있는 모든 궤도에서 똑같다.

태양동기-지상반복궤도가 10개만 존재하는 것은 1) 태양동기궤도는 고도 5,975 km 이하에만 존재하고(하루 공전 횟수가 정확히 6회가 되는 고도는 6,415 km), 2) 너무 낮은 고도에서는 대기 마찰이 너무 커서(하루 공전 횟수가 정확히 17회가 되는 고도는 10.9 km) 궤도가 유지되지 않기 때문이다.

정지전이궤도

위성을 정지궤도에 배치하고자 할 때 우주 발사체(로켓)의 추력만으로 위성을 정지궤도에 진입하게 하는 것은 비효율적이다. 로켓은 근지점이 저궤도, 원지점이 정지궤도인 타원궤도까지

공전 횟수 (하루)	주기 (hour)	고도 (km)	경사각 (deg)	공전 횟수 (하루)	주기 (hour)	고도 (km)	경사각 (deg)
16	$\frac{24}{16}=1\frac{1}{2}$	274	96.6	11	$\frac{24}{11}=2\frac{2}{11}$	2,162	105.9
15	$\frac{24}{15}=1\frac{3}{5}$	567	97.7	10	$\frac{24}{10}=2\frac{2}{5}$	2,722	110.1
14	$\frac{24}{14}=1\frac{5}{7}$	894	99.0	9	$\frac{24}{9}=2\frac{2}{3}$	3,385	116.0
13	$\frac{24}{13}=1\frac{11}{13}$	1,262	100.7	8	$\frac{24}{8}=3$	4,182	125.3
12	$\frac{24}{12}=2$	1,681	103.0	7	$\frac{24}{7}=3\frac{3}{7}$	5,165	142.1

표 5-1 원궤도인 태양동기-지상반복궤도의 하루 공전 횟수, 주기, 고도 및 경사각. 고도는 적도 반경(6,378 km)부터의 높이다.

만 위성을 진입시키고, 위성이 원지점에 다다랐을 때 위성에 달린 추력기를 이용하여 정지궤도로 전이하는 것이 더 효율적이다. 저궤도와 정지궤도를 연결하는 이 타원궤도를 정지전이궤도(geostationary transfer orbit, GTO)라 하며, 목표 궤도가 지구동기궤도인 경우 지구동기전이궤도(geosynchronous transfer orbit)라 부른다.

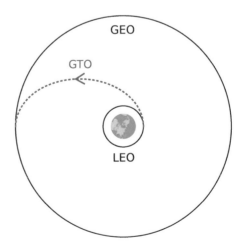

그림 5-18 저궤도와 정지궤도를 잇는 정지전이궤도. (Sungsoo S. Kim / CC BY-SA 4.0)

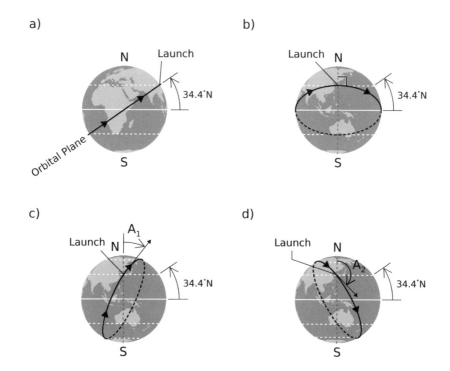

a)

N

Launch

34.4°N

Orbital Plane

S

b)

Launch N

34.4°N

S

c)

A₁

Launch N

34.4°N

S

d)

Launch N

A₂

34.4°N

S

그림 5-19 북위 34.4°에서 정동 방향으로 발사된 물체가 가지는 궤도를 a) 발사장 경도보다 90° 서쪽에서 본 경우와 b) 발사장 경도에서 본 경우. 북위 34.4°에서 c) 0°에서 90° 사이의 방위각 A를 가지고 발사된 물체와 d) 90°에서 180° 사이의 방위각 A₂를 가지고 발사된 물체의 궤도. (Sungsoo S. Kim / CC BY-SA 4.0)

발사장의 위도와 궤도 경사각

북위 34.4°에 위치한 고흥 나로 우주센터에서 정확히 동쪽으로 발사되어 궤도에 진입한 물체는 34.4°의 궤도 경사각을 가진다 (그림 5-19a,b). 그 이유는 1) 발사장이 경사각 34.4°인 평면에 놓여 있으며, 2) 궤도에 진입할 때까지 궤도면을 바꾸지 않은 물체는 계속 같은 평면에 있어야 하기[51] 때문이다.

로켓을 정동이 아닌 다른 방향으로 발사하면 어떤 궤도 경

---

51 질량을 가진 두 물체 사이의 중력의 방향은 한 물체에서 다른 물체로 향하는 방향이기 때문이다. 두 물체에 서로에 의한 중력만 작용하는 경우, 물체의 움직임은 원래 가지고 있는 (질량중심에 상대적인) 속도 성분과 힘이 작용하는 속도 성분을 둘 다 포함하는 한 평면에 국한된다.

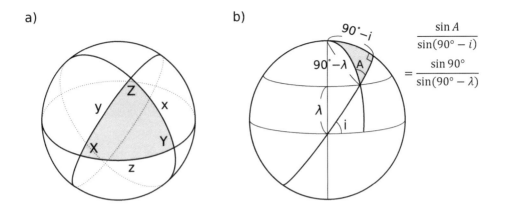

사각을 가지게 될까? 그림 5-19c는 나로 우주센터에서 북동쪽 방향으로, 5-19d는 남동쪽 방향으로 발사된 물체의 궤도를 보여준다. 발사 시 로켓의 방향은 방위각(azimuth) A로 흔히 표현하는데, 이는 북쪽으로부터 지평면을 따라 시계 방향으로 잰 각이다. 방위각 A와 궤도 경사각 i 사이에는

5-17
$$\cos i = \cos \lambda \cdot \sin A$$

의 관계가 있는데, 여기서 λ는 발사장의 위도다. 이 식은 경사각 i의 궤도가 위도 λ의 지구면에 투영된 직선이 가지는 방위각으로, 구면삼각법(spherical trigonometry)의 사인(sine)법칙인

5-18
$$\frac{\sin X}{\sin x} = \frac{\sin Y}{\sin y} = \frac{\sin Z}{\sin z}$$

로부터 오는데, 여기서 X, Y, Z는 구면 위 삼각형의 내각이며 x, y, z는 이 내각들을 마주 보는 호의 길이를 구면의 중심에서 잰 각이다(그림 5-20a).

방위각 A를 북쪽으로부터 시계 방향으로 재지 않고 경

사각과 마찬가지로 동쪽으로부터 반시계 방향으로 재는 각 $A' = 90° - A$로 재정의하면[52] (5-17)식은 $\cos i = \cos \lambda \cdot \cos A'$가 되며, 주어진 위도 λ에서 $\cos i \propto \cos A'$의 관계가 있으므로 i는 A'의 단조증가함수가 된다. 즉 A'이 증가하면 i도 증가하고 A'이 감소하면 i도 감소한다. 한편 (5-17)식은 로켓이 정동($A = 90°$)으로 발사되는 경우 앞에서 언급되었던 것과 같이 $i = |\lambda|$의 관계가 된다.

그런데 (5-17)식과 그림 5-20b의 A는 모두 관성계에서 본 방위각으로, 지구 자전이 고려되지 않은 것이다.[53] 따라서 위도 λ에서 궤도 경사각 i를 얻기 위해 관성계 방위각 A로 발사할 때는 그 위도에서의 지구 자전에 의한 속도를 감안하여 발사 방향을 계산해야 한다.

방위각과 마찬가지로 경사각 i와 위도 λ를 모두 북쪽으로부터 (경사각의 경우 시계 방향으로) 재는 각인 $i' = 90° - i$ ($-90° \leq i' \leq 90°$) 및 $\lambda' = 90° - |\lambda|$($0° \leq \lambda' \leq 90°$로, 북위와 남위의 구분 없음)로 재정의하면 (5-17)식은 $\sin i' = \sin \lambda' \cdot \sin A$가 된다. $\sin A$의 절댓값은 항상 1보다 작거나 같으므로 이 식으로부터 우리가 알 수 있는 것은 위도 λ'의 발사장에서는 $|i'| \leq |\lambda'|$의 경사각($|\lambda| \leq i \leq 180° - |\lambda|$)을 가지는 궤도는 바로 얻을 수 있지만, $|i'| \geq |\lambda'|$의 경사각($i < |\lambda|$ 또는 $180° - |\lambda| < i$)을 가지는 궤도는 (비용이 많이 드는 궤도면 전이 없이는) 얻을 수 없다는 것이다.

그런데 부등식 $|i'| \leq |\lambda'|$와 $|\lambda| \leq i \leq 180° - |\lambda|$ 모두 한 번에 알아보기 힘드므로 순행과 역행을 구분하지 않고 오로지 궤도

---

52 A'은 A-프라임(prime)으로 읽는다.
53 (5-17)식에 지구 자전 각속도가 포함되어 있지 않은 것으로부터도 이를 알 수 있다.

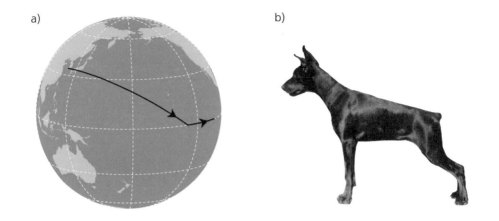

a)   b)

그림 5-21 a) 나로 우주센터에서 정동 방향으로 발사된 로켓이 0°의 경사각을 얻기 위해 적도에서 개다리 기동
을 수행한 모습. b) 개다리 기동의 명칭은 개 뒷다리의 꺾인 모양에서 왔다. (a: Sungsoo S. Kim / CC BY-SA 4.0; b:
Shutterstock / Gepta Ys)

면이 적도로부터 기울어진 각만을 고려하는 '단순 경사각' i_s를
$0° \leq i_s \leq 90°$의 범위를 가지도록 다음과 같이 정의하자.

단순 경사각의 정의   `5-19`
$$i_s = i \qquad\qquad \text{for} \quad i \leq 90°$$
$$i_s = 180° - i \quad \text{for} \quad i > 90°$$

그러면 위도 λ의 발사장에서 바로 얻을 수 있는 단순 경사각의
범위는 $i_s \leq |\lambda|$, 바로 얻을 수 없는 단순 경사각의 범위는 $i_s > |\lambda|$
가 되어 매우 단순히 표현될 수 있다.

이와 같이 발사장의 $|\lambda|$가 작으면 지구동기궤도처럼 경사각
이 0°이거나 단순 경사각이 0°에 가까운 궤도를 얻기에 유리하
다. 또한 발사장의 $|\lambda|$가 낮으면 지구 자전의 도움을 많이 받기
때문에 지구 중력장을 벗어날 때 유리하며, 발사장의 위도가 높
으면 지구 자전의 영향이 줄어들기 때문에 극궤도나 역행궤도를
얻기에 유리하다.

발사장의 $|\lambda|$보다 작은 단순 경사각을 가지는 궤도로 진입

하려면 비용이 많이 드는 궤도면 전이가 필요하다(6.4절). 이러한 전이 때 사용하는 기동을 개다리 기동(dogleg maneuver)이라고 부르는데, 궤도면 전이 때의 지구면 궤적이 개의 뒷다리처럼 꺾이는 것에서 비롯된 표현이다(그림 5-21).

발사장 위도의 절댓값보다 작은 단순 경사각을 얻기 위해서는 개다리 기동이 필요하다.

- 궤도에 진입하기 위해 목표 고도까지 올라가는 것보다 그 궤도에서 머무르는 데 필요한 원심력을 얻는 것이 더 힘들다.
- 지상에서 수직으로 발사된 로켓이 궤도에 진입하기 위해서는 로켓 진행 방향의 전환(수직에서 수평으로의 선회)이 필수적이다.
- 선회 방법에는 엔진의 방향을 로켓 주축 방향과 다르게 하는 피치 기동과 중력을 이용하는 중력 선회 방법이 있다.
- 선회 방법과 관계없이 대기 마찰이 야기한 양력에 의해 로켓의 주축 방향은 진행 방향과 일치하게 된다.
- 양력은 대기가 로켓 진행 방향의 수직인 방향으로 로켓 표면에 가하는 힘으로, 대기의 동압($1/2\rho v^2$)에 비례한다.
- 로켓의 압력중심이 무게중심보다 더 아래에 있어야 로켓이 피치 회전에 대한 안정성을 가진다.
- 큰 동압은 로켓 몸체에 부담이 된다. 동압이 가장 커지는 고도인 10~15 km 영역에 이르기 조금 전부터 일시적으로 로켓의 연소율을 줄이는 것이 일반적이다.
- 조종 손실은 추력의 방향이 로켓 진행 방향과 다른 데서 발생하는 Δv, 항력 손실은 대기와의 마찰에 의한 Δv, 중력 손실은 로켓이 지구 중력을 이겨내는 데 소모된 Δv이다.
- 로켓이 가파르게 상승하면 중력 손실이 커지고, 완만하게 상승하면 항력 손실이 커진다.
- ~250 km 고도에 진입하는 데 필요한 Δv는 9.0~9.3 km/s이다.
- 위성 궤도면의 세차운동은 지구 적도 지역의 불룩한 부분과 위성 궤도의 중력적 상호작용 때문이다.
- 태양동기궤도는 지구상 낙하점을 항상 같은 시간에 지나가는 한편, 태양동기-지상반복

궤도는 일정한 지구상 궤적을 매일 한 번씩 지나가며, 10개 궤도만 존재한다.

- 적도에 가까운 곳에서 발사될수록 지구 자전에 의한 도움을 더 많이 받는다.
- 발사장 위도의 절댓값보다 작은 단순 경사각을 얻기 위해서는 개다리 기동이 필요하며, 발사장의 위치가 적도에 가까울수록 작은 단순 경사각을 얻기에 유리하다.

궤도 바꾸기

위성이나 우주선 등의 화물을 저궤도에 투입하는 경우 우주 발사체(로켓)가 주차 궤도를 거치지 않고 화물을 목표 궤도까지 한 번에 운반하는 경우도 있지만, 화물을 중궤도 이상의 궤도에 투입하거나, 궤도가 특정한 승교점 또는 근지점 경도를 가져야 하거나, 달이나 지구 중력장 외로 비행하는 경우, 궤도 전이가 필요하다. 이번 장에서는 제한된 2체 문제에 대해 먼저 알아본 후, 호만 전이, 이중타원 호만 전이, 궤도면 전이에 대해 알아본다.

텅 빈 우주 공간에 두 물체만 있다고 할 때, 두 물체는 서로에 중력을 미치므로 두 물체 모두 움직임에 변화가 생긴다. 즉 둘 다 가속되는 것이다. 그런데 우주 발사체, 위성, 우주선 등의 물체는 자신을 중력적으로 지배하는 하나의 천체(지구, 달, 태양, 다른 행성, 소행성 등)에 비해 질량이 매우 작다. 따라서 지배적인 천체 주변에서의 물체의 움직임을 따질 때는 그 천체가 고정되어 있다고 가정해도 무방하다. 이러한 가정하에 물체의 운동방정식[1]을 푸는 문제를 제한된 2체 문제(restricted two-body problem)라 부른다.

우선 일반적인 2체 문제에서의 운동방정식은 다음과 같다.

$$F_{12} = m_1 a_1 = G \frac{m_1 m_2}{r^3} r$$
$$F_{21} = m_2 a_2 = -G \frac{m_1 m_2}{r^3} r$$

6-1

여기서 F_{12}는 물체 2가 1에 미치는 힘, F_{21}는 물체 1이 2에 미치는 힘이며, 두 물체 사이의 상대 위치 r은 $r \equiv r_2 - r_1$로 정의된다.[2] 이 식에서 우변의 분모가 r^2이 아닌 r^3인 이유는 분자에 있

---

1 물체의 움직임을 기술하는 방정식으로, (6-1)식에서와 같이 $F = ma$와 물체에 작용하는 힘에 관한 식이 결합된 형태다.

2 r_1은 임의의 원점에서 물체 1까지의 거리 벡터, r_2는 물체 2까지의 거리 벡터다. 따라서 r은 물체 1에서 2까지의 거리 벡터이며, F_{12}는 물체 1에서 2로 향하는 방향을, F_{21}는 물체 2에서 1로 향하는 방향을 가진다.

는 벡터 r의 크기(스칼라 r)를 상쇄하기 위함이다.

(6-1)식은 연립방정식으로 2개의 벡터식으로 구성되어 있으며, 각 벡터식은 각 물체의 운동을 기술한다. 하지만 환산 질량 (reduced mass) μ를 $\mu \equiv m_1 m_2/(m_1 + m_2)$와 같이 정의하면 두 물체의 운동을 질량 $M_T \equiv m_1 + m_2$가 원점에 고정되어 있고 질량 μ를 가진 물체만 그 주위를 움직이는 1체 문제로 기술할 수 있다. 이 경우 (6-1)식은

6-2
$$F = \mu a = -G \frac{M_T \mu}{r^3} r$$

와 같이 하나의 벡터식으로 단순해지며, 여기서 r과 a는 원점(질량 M_T의 위치)으로부터 질량 μ로의 거리와 가속도 벡터다.

이제 한쪽의 질량이 다른 쪽의 질량보다 훨씬 더 큰 경우를 고려하겠으며, 두 질량의 차이가 크다는 것을 강조하기 위해 무거운 쪽의 질량을 M, 가벼운 쪽의 질량을 m으로 표현하자. 이제 $M_T \cong M$, $\mu = Mm/(M + m) \cong m$의 근사를 취할 수 있으며, 이러한 근사가 가능한 경우가 바로 앞에서 언급된 '제한된 2체 문제'다. 이 경우 (6-2)식의 해는

궤도 방정식 6-3
$$r = \frac{h^2}{GM} \frac{1}{(1 + e \cos \theta)}$$

가 되며, 이를 '궤도 방정식'이라 부른다. 여기서 h, e, θ는 질량 m의 비 각운동량($|r \times v|$), 이심률, 진근점 이각(true anomaly)으로, 진근점 이각은 그림 6-1에서와 같이 주초점(질량 M의 위치)에서 바라본 궤도 근점과 질량 m 사이의 각을 물체의 진행 방향을 따라 잰 것이다. 즉 θ는 근점에서 $0°$, 원점에서 $180°$가 된다.

질량 m은 궤도운동을 하면서 θ가 지속적으로 변하는데, (6-3)식이 만들어내는 궤도의 모양은 이심률 e에 따라 타원[3]

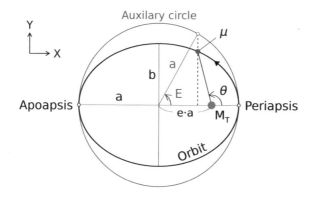

그림 6-1 고정되어 있는 질량 M_T의 주변을 질량 μ가 타원궤도를 가지고 공전하고 있다. 근점(periapsis) 및 원점 (apoapsis)의 위치와 장반경(a), 단반경(b), 진근점 이각(θ) 및 편심 이각(E)의 정의가 표시되어 있다. 이 그림은 타원궤도의 경우를 보여주지만 (6-3)식은 포물선 및 쌍곡선 궤도에도 적용된다. (Sungsoo S. Kim / CC BY-SA 4.0)

궤도 모양	이심률	비 총에너지
원	$e = 0$	$\varepsilon < 0$
타원	$0 < e < 1$	$\varepsilon < 0$
포물선	$e = 1$	$\varepsilon = 0$
쌍곡선	$e > 1$	$\varepsilon > 0$

표 6-1 제한된 2체 문제에서 물체가 가지는 궤도 모양, 이심률, 비 총에너지 사이의 관계.

($e < 1$), 포물선($e = 1$), 쌍곡선($e > 1$) 중 하나가 된다. $e < 1$인 경우 m이 M에 중력적으로 속박되어 있는 것이고, $e \geq 1$인 경우에는 속박되어 있지 않다.

비 운동에너지와 비 중력 퍼텐셜에너지의 합인 비 총에너지

$$\varepsilon = \frac{1}{2}v^2 - \frac{GM}{r}$$

6-4 비 총에너지

는 궤도가 타원인 경우 0보다 작고, 포물선인 경우 0이며, 쌍곡선

---

3 원궤도는 타원궤도의 한 특별한 경우이므로 앞으로는 원궤도와 타원궤도를 통칭하여 타원궤도로 부르기로 한다.

인 경우 0보다 크게 된다.[4] 2체 문제에서 물체가 가지는 궤도의 모양, 이심률, 비 총에너지 사이의 관계가 표 6-1에 정리되어 있는데, 이 관계들은 $M \gg m$의 근사가 없는 일반적인 2체 문제에도 해당된다.

2체 문제에서 총 에너지가 음수일 때 물체는 속박되어 있으며 타원궤도를 가진다.

ε은 물체의 움직임과 관계없이 값이 변하지 않기 때문에 '불변량(integral)'이라 하며, 2체 문제에는 불변량이 하나 더 있는데 바로 비 각운동량 벡터

6-5
$$\boldsymbol{h} = \boldsymbol{r} \times \boldsymbol{v}$$

이다. 다소 긴 유도 과정을 거치면 타원궤도의 경우 (6-4)식은 r과 v 대신 장반경[5] a 하나로만

비 총에너지와 장반경

6-6
$$\varepsilon = -\frac{GM}{2a}$$

와 같이 표현될 수 있으며, ε, e, h 사이에는 아래의 관계가 존재한다.

6-7
$$\varepsilon = -\frac{1}{2}\left(\frac{GM}{h}\right)^2 (1 - e^2)$$

그리고 타원궤도의 경우 주기 P는

궤도주기

6-8
$$P = 2\pi \sqrt{\frac{a^3}{GM}}$$

의 관계를 가지며, 이것이 바로 행성의 움직임에 관한 케플러 제3법칙이다.

이 식들은 2체 문제에서의 중요한 식들로, 그 유도 과정이 어렵지는 않지만 다소 길기 때문에 이 책에서는 다루지 않겠으며, 본 6장에서 자주 쓰일 식들은 (6-4), (6-6), (6-8)식이다.

---

4   총 에너지가 0이거나 양수일 때 물체가 속박되지 않는 것은 두 물체 간의 거리가 무한대일 때의 퍼텐셜이 0이 되도록 중력 퍼텐셜이 정의되어 있기 때문이다. 총 에너지는 보존되므로 총 에너지가 음수라는 것은 두 물체의 거리가 무한대로 멀어질 수 없다는 것을 뜻한다.

5   타원에서 장축의 반경. 단축의 반경은 단반경이라 하며 흔히 b로 표기한다.

호만 전이

더 높거나 낮은 고도의 궤도로 전이하거나 지구궤도에 있다가 달이나 화성 등의 다른 천체로 가기 위해 전이하는 과정 중 가장 간단한 경우는 전이 전후의 궤도가 모두 원궤도이며 같은 평면에 있는 경우다(그림 6-2).

예를 들어 로켓이 LEO에 있는 적도면 원궤도에서 GEO 궤도[6]로 전이하는 경우를 고려하자. 이때 가장 효율적인, 즉 추력(Δv)을 가장 덜 쓰는 전이는, 전이를 시작할 때 순간적인 (impulsive) 추력을 진행 방향으로 한 번, 전이가 끝날 때 순간적인 추력을 한 번 더 진행 방향으로 가하는 전이다. 이는 이론적으로 찾아진 해이며, 이를 처음 발견한 사람인 독일의 공학자 호만 (Walter Hohmann)[7]의 이름을 따 호만 전이라 부른다.

여기서 순간적인 추력이라 하면 이론적으로는 무한히 짧은 시간 동안의 추력이지만 이는 물론 불가능하므로, 실제로는 수 초에서 수십 초 정도 걸리는, 궤도 전이 시간에 비해 상대적으로 매우 짧은 추력이 가해진다.

고도를 바꾸는 경우, 전이의 출발 지점과 도착 지점에서 한 번씩 순간적인 추력을 가하는 호만 전이가 가장 효율적이다.

---

6 GEO 궤도는 정의상 적도면에 있고 원궤도다.

7 호만의 전공은 토목공학이었으며 직업은 건축가였는데, 어릴 때부터 우주에 관심이 있었던 그는 자신의 전공이나 직업과 무관한 궤도 전이에 대해 연구하여 그 결과를 1925년에 책으로 출판했다.

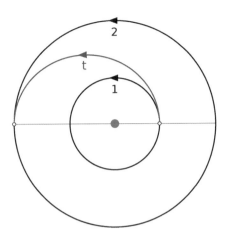

그림 6-2 같은 평면에 있는 두 원궤도 사이의 호만 전이. (Sungsoo S. Kim / CC BY-SA 4.0)

이때 두 궤도를 연결하는 궤도, 즉 전이(transfer) 궤도는 타원인데, 전이를 하는 동안에도 로켓은 계속 지구에 속박되어 있기 때문이다. 이 타원의 근지점은 전이 시작 지점, 원지점은 전이 종료 지점이 되며, 따라서 전이 궤도는 타원의 정확한 반이다. 전이 궤도의 시작과 끝이 타원궤도의 근지점과 원지점이므로, 추력의 방향은 두 번 모두 전이 전후 궤도 및 전이 궤도의 접선과 평행해야 하며, 로켓 진행과 같은 방향이어야 한다. 즉, 로켓은 피치 기동 없이 로켓 주축 방향을 따라 추력을 내면 된다.

호만 전이가 가장 효율적인 해라는 사실은, 낮은 연소율로 더 오래 추력을 주는 것보다 높은 연소율로 더 짧은 추력을 주는 것이 추력의 총 누적량 면에서 더 유리하다는 것을 의미한다.

호만 전이가 효율적인 이유

그럼 호만 전이는 왜 효율적일까? 반경이 다른 궤도 간의 전이는 총 에너지가 다른 궤도 간의 전이이며(6-6식), 궤도운동 중에 총 에너지를 늘리거나(더 높은 궤도로 전이) 줄이기(더 낮은 궤도로 전이) 위해서는 속도를 늘리거나 줄여야 한다(6-4식).[8] 그런데 운동 에너지는 속도의 제곱에 비례하므로, 속도의 증분 Δv가 비 운동 에너지의 변화($\Delta\varepsilon$)에 미치는 영향은

$$\Delta\varepsilon \propto (v \pm \Delta v)^2 - v^2$$
$$\propto \pm 2v\,\Delta v + \Delta v^2$$

6-9

와 같다. 이 식의 두 번째 우변 첫 항인 $\pm 2v\,\Delta v$가 의미하는 것은 같은 양의 총 $\pm\Delta v$를 가하더라도 v가 클 때 가하는 것이 더 큰 $\pm\Delta\varepsilon$를 얻게 해준다는 것이다.

그런데 고도를 바꾸는 전이에서 속도가 가장 빠른 때는 가장 지구에 가까운 때,[9] 즉 고도를 높이는 전이에서는 기존 (전이 전) 궤도, 고도를 낮추는 전이에서는 목표 (전이 후) 궤도에 있을 때이며, 따라서 같은 양의 누적 추력을 가하더라도 고도를 높이는 전이에서는 가능한 한 전이 초기에, 고도를 낮추는 가능한 한 전이 말기에 추력을 가해야 하는 것이다. 이같이 속도가 가장 빠른 시점에 추력을 가하는 것이 가장 큰 총 에너지 변화를 야기하는 것을 오베르트 효과(Oberth effect)라 부른다.

그런데 고도를 바꾸는 전이는 (전이하려는 두 궤도가 같은 근지점이나 원지점을 가지지 않는 한) 한 번의 추력 기동만으로는 불가능하다. 고도를 높이는 전이에서는 위에서 논의된 전이 시작 시 기동 외에도 목표 고도에 다다른 후 다시 내려가지 않고 그 궤도에 머물기 위한 기동이 필요하다. 이 기동은 목표 고도에 다다르기

8　(6-4)식의 우변에서 v 외의 변수는 r인데, 로켓의 위치를 순간 이동시킬 방법은 없으므로.

9　반경이 다른 두 원궤도의 속도를 비교하면 반경이 작은 원궤도의 속도가 더 빠르며, 타원궤도 내에서는 근지점일 때의 속도가 가장 빠르다. 전자는 지구에 가까울수록 중력이 더 크기 때문이고 후자는 총 에너지 보존 때문이다.

전에 미리 하는 것은 비효율적인데, 그 이유는 이 두 번째 기동의 추력 방향은 전이 궤도 원지점에서의 운동 방향이어야 하며, 그 방향으로의 속도는 물체가 원지점에 있을 때 가장 크기 때문이다.[10] 이는 오베르트 효과가 단순히 속도의 크기만 고려해야 하는 것이 아니라 방향까지 고려해야 한다는 것을 의미한다. 고도를 높이는 전이의 첫 번째 기동에서는 물체가 이미 움직이는 방향으로 추력을 얻도록 기동을 했기 때문에 방향에 대해 고려할 필요가 없었다. 결론적으로 고도를 높이는 전이의 두 번째 추력도 전이 궤도의 원지점에서 순간적으로 가하는 것이 가장 효율적이다.

호만 전이가 효율적인 이유는 오베르트 효과와 연관이 있다.

고도를 낮추는 전이에서는 기존 궤도에서 진행 역방향으로 순간적인 추력을 가하는 것(진행 방향으로 배기가스를 분사)으로 전이가 시작되는데, 이 첫 번째 기동도 가능한 한 시작 초기 짧은 시간에 몰아서 추력을 가하는 것이 유리하다. 전이 시작 시 진행 방향으로의 속도 성분은 전이 궤도 전체 중 원지점(전이 시작 지점)에서 가장 크기 때문이다(속도의 절댓값은 전이 궤도 전체 중 원지점에서 가장 작지만). 목표 궤도에 가까워짐에 따라 물체가 다시 기존 궤도로 올라가지 않고 목표 궤도에 머물기 위해 진행 역방향으로의 추력이 필요한데, 이것 또한 당연히 속도의 절댓값이 가장 큰 근지점(목표 궤도의 한 지점)에서 순간적으로 가하는 것이 가장 효율적이다.

---

10 원지점에 접선인 방향(그림 6–1에서의 Y축)으로의 속도 성분은 $h \cos E / \{a(1 - e \cos E)\}$으로, 이 속도 성분은 원지점에서 가장 큰 음의 값(−Y 방향이 원지점에서의 운동 방향)을 가진다(속도의 절댓값은 원지점에서 가장 작지만). 여기서 E는 편심 이각(eccentric anomaly)이라 불리는 궤도 변수다(그림 6–1).

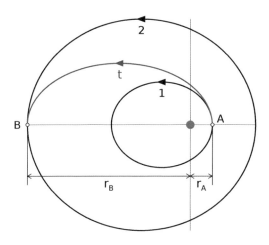

그림 6-3 같은 평면에 있고 장축이 일치하는 두 타원궤도 사이의 호만 전이의 예. 궤도 1의 근지점(A)에서 출발하여 전이 궤도 t를 거쳐 궤도 2의 원지점(B)에 도착하는 경우를 보여준다. (Sungsoo S. Kim / CC BY-SA 4.0)

호만 전이에서의 Δv_1, Δv_2

위에서는 호만 전이의 효율성을 설명하기 위해 가장 단순한 경우인 두 원궤도 사이의 전이에 국한해서 논의했지만, 호만 전이는 같은 평면에 있고 장반경이 다른 원 또는 타원 궤도 사이의 전이에 일반적으로 적용될 수 있다. 단, 두 궤도 모두 타원인 경우 두 궤도의 장축이 일치해야 하는 조건이 추가된다.[11]

그림 6-3은 두 궤도 모두 타원궤도인 경우에 대한 호만 전이인데, 고도가 더 낮은(장반경이 더 작은) 궤도 1의 근지점에서 고도가 더 높은(장반경이 큰) 궤도 2의 원지점으로 전이 궤도 t를 거쳐 전이하는 과정을 보여준다.

호만 전이에 필요한 두 번의 순간 기동 Δv를 계산하기 위해서는 물체가 그림 6-3의 A와 B 위치에 있을 때의 속도를 궤도 1, 2, t에 대해 먼저 알아야 한다. (6-4)식에 의하면 궤도 1상의 A 위

---

11 각 궤도의 근지점과 원지점을 있는 직선이 일치해야 한다. 그렇지 않은 경우 호만 전이 외에 장축단 회전 전이도 수행해야 한다.

치에서의 속도와 궤도 2상의 B 위치에서의 속도는

6-10
$$v_{1,A} = \sqrt{2\left(\frac{GM}{r_A} + \varepsilon_1\right)}$$

$$v_{2,B} = \sqrt{2\left(\frac{GM}{r_B} + \varepsilon_2\right)}$$

가 되며, 궤도 t상의 A, B 위치에서의 속도는

6-11
$$v_{t,A} = \sqrt{2\left(\frac{GM}{r_A} + \varepsilon_t\right)}$$

$$v_{t,B} = \sqrt{2\left(\frac{GM}{r_B} + \varepsilon_t\right)}$$

가 되는데, 여기서 ε_t는 (6-6)식으로부터

6-12
$$\varepsilon_t = -\frac{GM}{2a_t} = -\frac{GM}{r_A + r_B}$$

가 된다. 참고로 타원궤도에서 근지점의 반경은 $(1-e)a$, 원지점의 반경은 $(1+e)a$이다.

이제 궤도 1과 t 사이의 전이에 필요한 추력인 Δv_1과, 궤도 2와 t 사이의 전이에 필요한 추력인 Δv_2를 구할 수 있다. Δv_1은 $v_{t,A}$와 $v_{1,A}$의 차이이고 Δv_2는 $v_{2,B}$와 $v_{t,B}$의 차이므로

호만 전이의 Δv 6-13
$$\Delta v_1 = \sqrt{2\left(\frac{GM}{r_A} + \varepsilon_t\right)} - \sqrt{2\left(\frac{GM}{r_A} + \varepsilon_1\right)}$$

$$\Delta v_2 = \sqrt{2\left(\frac{GM}{r_B} + \varepsilon_2\right)} - \sqrt{2\left(\frac{GM}{r_B} + \varepsilon_t\right)}$$

가 되는데, 이들은 고도를 높이는 전이에서는 +값을, 고도를 낮추는 전이에서는 −값을 가진다.

한편 전이에 필요한 비행 시간(time of flight, TOF)은 (6-8)식으로부터

$$\text{TOF} = \frac{P_t}{2} = \pi \sqrt{\frac{(r_A + r_B)^3}{8GM}}$$

가 된다.

　(6-13)과 (6-14)식을 이용하여 250 km 고도의 적도면 원궤도에서 GEO로 전이하는 데 필요한 추력과 시간을 구해보면 Δv_1 = 2.44 km/s, Δv_2 = 1.47 km/s 및 TOF = 5.3 h를 얻는다. 지구면에서 250 km 고도의 원궤도로 진입시키는 데 필요한 추력은 9.0~9.3 km/s인 데 비해 그곳에서 GEO로 전이하는 데 필요한 추력은 이것의 40%가 조금 넘는 3.91 km/s가 되는 것이다.

전이 출발 지점과 도착 지점의 선택

원궤도 간의 전이와 달리 두 궤도 중 하나 또는 둘 모두 타원인 전이에서는 출발 지점과 도착 지점을 어떻게 선택해야 가장 효율적일까? 그 답은 다음과 같다.

　　1) 안쪽 궤도가 타원인 경우, 바깥쪽 궤도의 근지점 위치와 관계없이 안쪽 궤도의 근지점이 출발지나 도착지가 되어야 한다.

　　2) 안쪽 궤도가 원인 경우, 바깥쪽 궤도의 원지점이 도착지나 출발지가 되어야 한다.

　이 두 경우 모두 가장 속도가 빠른 위치에서 더 많은 추력을 가하는 것이 효율적이라는 오베르트 효과에 해당한다. 1)의 경우는 쉽게 이해되는 것이며, 2)는 바깥쪽 궤도의 원지점이 도착지가 되면 바깥쪽 궤도의 근지점을 향해 출발하는 경우보다 안쪽 궤도에서 출발 시 더 큰 Δv를 가해야 하기 때문이며, 바깥쪽 궤도의 원지점이 출발지가 되면 바깥쪽 궤도의 근지점에서 출발하는 경우보다 안쪽 궤도로 도착 시 더 큰 Δv를 가해야 하기 때문이다.

6.3 이중타원 호만 전이

전이하려는 궤도 간의 장반경 비가 매우 큰 경우, 두 번 대신 세 번의 순간 기동이 더 효율적인 경우가 있다. 이를 이중타원(Bi-elliptical) 호만 전이라 부르며, 그림 6-4에서와 같이 기존 궤도에서 한 번, 제3의 지점(경유 지점)에서 한 번, 목표 궤도에서 한 번의 기동을 수반한다.

낮은 궤도에서 높은 궤도로 전이하는 경우, 처음 두 번은 진행 방향으로, 마지막은 진행 역방향으로 추력을 가해야 한다. 반대로 높은 궤도에서 낮은 궤도로 전이하는 경우, 처음 한 번은 진행 방향으로, 뒤에 두 번은 진행 역방향으로 추력을 가해야 한다.

원궤도 간의 전이의 경우, 두 궤도 사이의 장반경 비가 11.9보다 크고 15.5보다 작은 때는 경유 지점을 얼마나 멀리 두느냐에 따라 이중타원 호만 전이가 더 효율적일 수 있으며, 장반경 비가 15.5 이상이 되면 이중타원 호만 전이가 항상 더 효율적이다(그림 6-5). 하지만 어느 경우든 경유 지점은 기존 및 목표 궤도보다 항상 더 멀리 있기 때문에 이중타원 호만 전이는 전이에 걸리는 시간이 매우 길어진다.

세 번의 기동이 두 번보다 더 효율적일 수 있는 이유는 (6-6)식에 있는데, 장반경이 클수록 총 에너지의 변화가 장반경의 변

> 전이하려는 고도 간의 비가 매우 크면 세 번 기동하는 이중타원 호만 전이가 더 효율적이다.

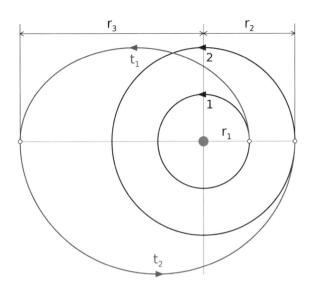

그림 6-4 같은 평면에 있는 두 원궤도 사이의 이중타원 호만 전이의 예. 낮은 궤도 (반경 r_1)에서 출발하여 제3의 지점(반경 r_3)을 거쳐 높은 궤도(반경 r_2)로 도착하는 경우를 보여준다. (Sungsoo S. Kim / CC BY-SA 4.0)

화에 주는 영향이 커지기 때문이다. (6-4)식과 (6-6)식으로부터 Δv와 Δa 사이에는

6-15

$$\frac{\partial a}{\partial v} = 2 \frac{v a^2}{GM}$$

의 관계가 있는데, $\partial a / \partial v$가 v에는 1승에 비례하지만 a에는 2승에 비례함을 볼 수 있다. 이 때문에 효율적인 장반경 전이에는 두 가지 방식이 존재하는데, 하나는 속도가 큰 위치에서 더 많은 Δv를 가하는 것($\partial a / \partial v \propto v$를 이용; 오베르트 효과)이고, 다른 하나는 장반경을 일시적으로 키워서 더 작은 Δv로 같은 Δa를 얻게하는 것($\partial a / \partial v \propto a^2$을 이용; 이중타원 호만 전이)이다.

이중타원 호만 전이는 전이하는 궤도 사이의 반경 비가 클수록 유리해지는데, 그 이유는 다음과 같다. 전이하려는 원궤도 1과 2 사이의 반경 비가 $r_2 / r_1 \gg 1$인 경우 (6-13)식의 Δv_1이

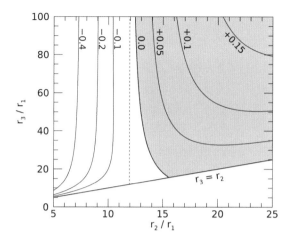

그림 6-5 일반 호만 전이와 이중타원 호만 전이 간의 Δv 비교. 기존 및 목표 궤도
는 모두 원궤도이며, r_2/r_1는 이 두 궤도 간의 반경 비, r_3/r_1는 이중타원 호만 전이
에 쓰이는 경유지 반경(r_3)과 기존 및 목표 궤도 중 더 낮은 궤도 반경(r_1) 사이의 비
다. 하늘색으로 채워진 영역이 이중타원 호만 전이가 Δv 비용 측면에서 더 효율적
인 지역이며, 등고선 옆의 숫자는 $r_1 = 185$ km인 경우에 대한 일반 호만 전이와 이
중타원 호만 전이 간의 Δv 차이다(km/s 단위). 다른 등고선들의 위치는 r_1 값에 따라
달라지지만 $\Delta v = 0$인 곡선의 위치는 변하지 않는다. 점선은 $r_2/r_1 = 11.9$인 위치를
보여준다. (Sungsoo S. Kim / CC BY-SA 4.0)

$$\Delta v_1 = \sqrt{2\left(\frac{GM}{r_1} - \frac{GM}{r_1 + r_2}\right)} - \sqrt{2\left(\frac{GM}{r_1} - \frac{GM}{2r_1}\right)}$$

$$= \sqrt{2\frac{GM}{r_1}\frac{r_2/r_1}{1 + r_2/r_1}} - \sqrt{\frac{GM}{r_1}}$$

6-16

$$\approx (\sqrt{2} - 1)\sqrt{\frac{GM}{r_1}}$$

와 같이 근사되어 r_2의 값과 관계없이 비슷한 Δv_1이 필요하게 된
다.[12] 즉 r_2/r_1가 큰 경우에는 1) r_2와 r_1 사이의 전이에 필요한 Δv_1
과, 2) r_2보다 더 높은 곳에 위치하는 r_3와 r_1 사이의 전이에 필요

이중타원 호만 전이가 더 효율
적일 때가 있는 것은 같은 Δv도
더 큰 장반경에서 가해졌을 때
더 효율적이기 때문이다.

---

12 이 식에서 r_A, r_B 대신에 r_1, r_2를 쓴 것은 고려하고 있는 두 궤도 1, 2가 모두 원궤도이기 때문이다.

한 Δv_1 사이에 별 차이가 없게 된다. 따라서 r_2/r_1가 클수록 r_3로의 우회에 드는 추가 Δv가 작아지고 이중타원 호만 전이의 장점 (더 큰 a에서는 더 작은 Δv가 필요하다는 점)이 상대적으로 더 중요해지는 것이다.

안쪽 궤도의 고도가 185 km인 경우[13] r_2/r_1가 11.9와 15.5가 되는 바깥쪽 궤도의 반경은 78,000 km와 102,000 km로, 42,200 km의 반경을 가지는 GEO로의 전이에는 이중타원 호만 전이가 도움되지 않는다. 지구 중력권 안에 있으면서 78,000 km 또는 102,000 km보다 바깥에 놓인 중요한 궤도는 384,000 km의 반경을 가진 달의 공전궤도뿐으로, 달 공전궤도로의 전이 시에는 이중타원 호만 전이의 이용이 가능하다. 하지만 달 궤도로의 전이 시에는 지구 중력뿐 아니라 태양의 중력, 지구의 공전, 달의 중력까지도 고려되어야 하기 때문에 이중타원 호만 전이를 그대로 적용할 수는 없다(7.3절). 따라서 지구 중력장 내에서 이중타원 호만 전이가 그대로 쓰일 수 있는 경우는 거의 없다고 봐도 무방하다.

---

13 6.2절에서는 250 km를 GTO(정지전이궤도, 5.5절)의 출발점으로 예를 들었는데, 이중타원 호만 전이의 경우 안쪽 궤도가 조금이라도 더 작은 것이 유리하기 때문에 여기서는 185 km를 예로 들었다.

경사각 전이

5.5절에서 언급되었듯이 위도 λ의 발사장에서 발사된 로켓이 궤도면 전환 없이 얻을 수 있는 궤도 경사각 i의 범위는 $|\lambda| \le i \le 180° - |\lambda|$이다. 이외의 경사각을 얻기 위해서는 경사각을 바꾸는 궤도면 전이를 해야 하는데, 이는 생각보다 Δv 비용이 많이 드는 기동이다.

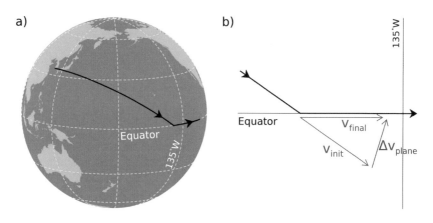

그림 6-6 a) 나로 우주센터에서 정동 방향으로 발사된 로켓이 가지는 지구면 궤적. b) 이 로켓이 $i = 0°$의 궤도면으로 진입하기 위해 적도 근처에서 수행해야 하는 궤도면 전이. v_{init}은 전이 전 속도, v_{final}은 전이 후 속도, Δv_{plane}은 궤도면 전이에 필요한 기동이다. (Sungsoo S. Kim / CC BY-SA 4.0)

예를 들어 북위 34.4°에 위치한 나로 우주센터에서 발사된 로켓이 저궤도에서 적도면과 나란한 $i = 0°$의 궤도면을 얻고자 하는 경우를 생각해보자. 발사 시에는 지구 자전의 도움을 100% 받기 위해 정동 방향으로 발사하는 것이 유리하며, 그렇게 발사된 로켓의 궤적은 그림 6-6a와 같다. 로켓이 200 km 부근의 고도를 가지는 저궤도에 이르는 데까지 걸리는 지구면 거리(downrange distance)[14]는 500~1,500 km로, 나로 우주센터에서 발사된 로켓은 적도에 닿기 전에 낮은 저궤도에 이를 수 있다.

　　그림 6-7은 NASA의 CRS-8 임무[15]를 위해 2016년 4월에 발사된 Falcon 9의 고도 프로파일로, 이 발사에서의 주차 궤도 고도는 210~220 km이었다. 나로 우주센터에서 발사된 로켓이 그림 6-7의 고도 프로파일을 가진다면, 발사 후 10분 30여 초 만에 주차 궤도에 이를 것이고 그 뒤 18여 분 만에 적도를 만나게 될 것이다.

　　로켓이 적도에 다다르면 그림 6-6b와 같은 Δv 기동을 해야 하는데, 자신의 속도 v를 유지한 채 방향을 ϕ만큼 바꾸기 위해서 필요한 Δv는

궤도면 전이의 Δv	6-17	$$\Delta v_{\text{plane}} = 2v \sin\frac{\phi}{2}$$

가 된다. 나로 우주센터에서 정동으로 발사된 로켓은 적도를 지날 때 적도와 34.4°의 각을 가지므로 $\phi = \Delta i = 34.4°$가 되며, $i = 0°$으로의 궤도면 전환에는 기존 속도의 59%나 되는 Δv_{plane}가 필요하다. 지표면으로부터 저궤도에 진입하는 데 9 km/s 이상의

14　로켓의 지구면 낙하점이 움직인 거리.

15　CRS는 'Commercial Resupply Service'의 약자로, 민간 우주 발사체를 이용하여 국제우주정거장에 화물을 공급하는 임무이며, 목표 궤도가 국제우주정거장이 위치한 고도 400 km 부근의 저궤도다.

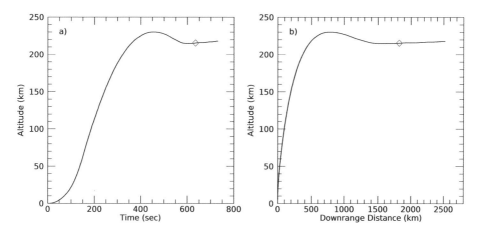

그림 6-7 NASA의 CRS-8 임무를 위해 2016년 4월 발사된 Falcon 9 로켓의 a) 시간과 b) 지구면 거리에 대한 고도 프로파일. 본문에서 언급된 적도면 및 북극 상공까지의 비행 시간은 발사 후 10분 35초(빨간 다이아몬드)부터 215 km의 원궤도 운동을 한다고 가정하고 계산되었다. (비행 자료 출처: SpaceX사의 YouTube 영상; Sungsoo S. Kim / CC BY-SA 4.0)

Δv가 필요한데, 궤도면 전이를 위해 다시 4.5 km/s 이상의 추력이 필요한 것이다.

움직이는 자동차가 방향을 전환할 때는 비용이 많이 들지 않는데, 그 이유는 자동차의 타이어와 지면 사이의 마찰을 통해 타이어가 향한 방향으로 자동차가 움직이기 때문이다. 즉 자동차의 엔진 동력은 타이어가 어느 방향을 향하는가에 관계없이 자동차를 움직이게 하는 데 쓰이는 것이다. 얼음, 눈, 수막 등으로 인해 마찰의 정도가 현저히 줄어든 경우 자동차도 조향이 어려워진다. 선박의 경우는 방향타를 이용해 방향 전환을 하는데, 이는 방향타와 물 사이의 양력(진행 방향의 수직으로 가해지는 힘; 5.3절)에 의한 것이다. 하지만 무거운 선박의 경우 조향이 자동차만큼 자유자재로 되는 것은 아니어서,[16] 항만 근처에서 선박끼리 또는

로켓의 궤도면 전이에 비용이 많이 드는 것은 로켓에는 방향 전환에 이용할 외부 매질이 없기 때문이다.

---

16 무거운 선박이 가지고 있는 커다란 운동량을 상대적으로 크기가 작은 방향타만으로 바꾸는 것이 쉽지 않기 때문이다.

선박과 항만 시설과의 충돌 사고가 이따금 일어난다.

자동차나 선박과 달리 우주에서는 로켓이 방향을 바꿀 때 외부의 도움을 받을 방법이 중력(5.3절의 중력 선회 참조)을 제외하고는 없다. 대기가 있기는 하지만 대기와의 마찰(양력)은 그 크기가 속도 방향의 전환에 도움이 될 정도로 크지는 않다. 궤도면 전환과 같이 중력의 방향과 관계없는 기동의 경우 오롯이 로켓의 추력만으로 방향을 바꿔야 하며, 로켓이 기존에 가지고 있던 속도 성분 중 일부는 줄이고 목표 방향으로의 새로운 속도 성분은 추가로 얻어야 한다. 이것이 (6-17)식에서처럼 궤도면 전환에 상당히 큰 Δv가 소모되는 이유다. (아래에서 설명될 복합 전이의 경우에는 궤도면 전이에 드는 비용의 일부를 줄일 수 있다.)

경사각 i로 경사각을 바꾸고자 할 때는 $|\lambda| \leq (90° - |90° - i|)$인 위도 어디에서나 전이 기동을 수행할 수 있다. $0° \leq i \leq 180°$로 정의되는 경사각의 정의로 인해 이 식이 다소 복잡해 보이지만, 말로 표현하자면 경사각 i를 가지는 궤도가 닿을 수 있는 위도 범위 내에서 전이 기동을 하면 된다는 뜻이다. 위의 예에서는 적도면에서 궤도면 전이를 했는데, 그것은 적도면으로의 전이 경우에는 $\lambda = 0°$에서만 전이가 가능하기 때문이다.

목표 경사각이 $i \neq 0°$인 경우, 승교점의 적경(right ascension)[17]은 유지한 채 경사각만 바꾸려면 목표 경사각의 크기와 관계없이 적도면에서 전이를 해야 한다. 반대로 말하면 적도면이 아닌 곳에서 경사각 전이를 하는 경우에는 경사각뿐 아니라 승교점의

---

17 천구의 적도(지구 적도면이 천구에 투영된 원)와 춘분점(천구에서 태양이 가지는 궤도인 황도가 적도에 대해 가지는 승교점)을 기준으로 하는 좌표계인 적도 좌표계(celestial coordinates)는 적경과 적위(declination)로 좌표를 표현하는데, 적위는 천구의 적도에서 북(+)이나 남(-)으로 벌어진 각이고, 적경은 적도를 따라 춘분점에서 동쪽으로 잰 방위각이다. 지구궤도에서 공전하는 물체는 적도면 승교점의 지구면 경도가 지구 자전에 의해 지속적으로 바뀌지만 승교점 적경의 변화는 궤도의 세차운동에 의해서만 일어나며 상대적으로 느리게 일어난다. 따라서 궤도면 전이에 걸리는 시간 동안에는 승교점의 적경 변화를 무시할 수 있다.

적경도 바뀌게 된다.

그리고 타원궤도에서 궤도면 전이를 하는 경우에는 속도가 가장 느린 지점인 원지점에서 하는 것이 유리한데, Δv_{plane}이 속도에 비례하기 때문이다(6-17식).

궤도면 전이는 속도가 느릴 때 할수록 효율적이다.

승교점 전이

이번에는 반대로 경사각의 변화 없이 승교점만 바꾸는 전이를 생각해보자. 이것이 한 번의 기동으로 가능한 경우는 $i = 90°$인 궤도이며, 그림 6-8과 같이 북극이나 남극에서 전이를 해야 한다.

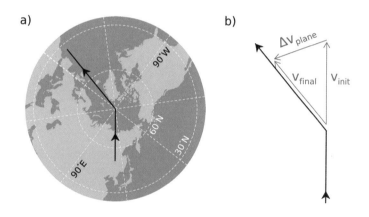

그림 6-8 $i = 90°$ 인 궤도가 북극에서 승교점 전이를 하기 위해 필요한 궤도면 전이. v_{init}은 전이 전 속도, v_{final}은 전이 후 속도, Δv_{plane}은 궤도면 전이에 필요한 기동이다. (Sungsoo S. Kim / CC BY-SA 4.0)

나로 우주센터에서 관성계 정북 방향으로 발사되어 저궤도의 주차 궤도에 진입된 로켓의 경우를 고려해보자. 그림 6-7과 같은 발사의 경우 10분 30여 초 만에 215 km의 주차 궤도에 이르고 그 후 9분 40여 초가 지나 북극 상공을 지나게 된다.

이 궤도는 88분 39초의 주기를 가지며, 한 바퀴 돌 때마다 지구의 자전으로 인해 승교점의 지구면 경도가 22.2도씩 서쪽으로 이동한다. 하지만 $i = 90°$이므로 세차운동은 없으며, 관성계에서 볼 때 일정한 궤도면을 유지하면서 승교점의 적경은 변하지 않는다. 따라서 이 궤도에서 비행 중 북극이나 남극에서 그림 6-8과 같이 지평면에 나란한 평면 내에서 방향 전환을 하면 경사각은 유지한 채로 승교점 적경이 변화하게 할 수 있다. 북극이나 남극이 아닌 곳에서 전이를 하면 승교점 적경뿐 아니라 경사각도 변하게 된다.

복합 궤도면 전이

위도가 $0°$가 아닌 발사장에서 지구 정지궤도에 위성을 올리려면 로켓이 GEO 고도의 원궤도에 진입해야 하는 것과 경사각 $0°$로의 궤도면 전이가 모두 필요하다. 그런데 GEO 고도로의 진입은 통상 낮은 저궤도의 주차 궤도로 우선 진입한 후 그곳으로부터 호만 전이를 통해 이루어진다. 따라서 위도가 $0°$가 아닌 발사장에서 GEO에 들어가려면 1) 주차 궤도로 진입, 2) GEO로 호만 전이, 3) 궤도면 전이가 필요하다.

궤도면 전이와 호만 전이를 같이 수행하면 효율적이다.

그런데 이 중 2)와 3)의 기동은 동시에 수행하는 것이 가능하며, 벡터 합의 특성상 동시에 수행할 때 Δv 비용 면에서 더 유리하게 된다. 이처럼 궤도면 전이와 호만 전이를 동시에 하는 기동을 '복합(combined) 궤도면 전이'라 하며, 궤도면 전이에 필요한 속도 증분을 Δv_{plane}, 호만 전이에 필요한 속도 증분을 $\Delta v_{Hohmann}$이라 할 때, 이 두 전이를 동시에 수행하는 $\Delta v_{combined}$는 각 전이의 벡터 합이 된다(그림 6-9). $\Delta v_{combined}$의 크기는 각 속도 증분 크기의 합보다는 항상 작아서

6-18
$$|\Delta v_{combined}| < |\Delta v_{plane}| + |\Delta v_{Hohmann}|$$

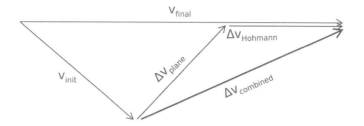

그림 6-9 궤도면 전이와 장반경(호만) 전이를 동시에 하는 복합 궤도면 전이. v_{init}는 전이 전 속도, v_{final}는 전이 후 속도, Δv_{plane}은 궤도면 전이에 필요한 속도 증분, $\Delta v_{\text{Hohmann}}$는 호만 전이에 필요한 속도 증분, $\Delta v_{\text{combined}}$는 복합 궤도면 전이의 속도 증분이다. 이 그림의 벡터들은 모두 한 평면에 놓여 있으며, 본문에서 예로 언급된 복합 궤도면 전이들의 경우 이 평면은 지구 중심을 향한 방향에 수직이다. (Sungsoo S. Kim / CC BY-SA 4.0)

의 관계를 가지며, 궤도면 전이를 통해 바꾸려는 경사각의 크기를 Δi라 하면 $\Delta v_{\text{combined}}$의 크기는 코사인법칙에 의해

$$\Delta v_{\text{combined}} = \sqrt{v_{\text{init}}^2 + v_{\text{final}}^2 - 2 v_{\text{init}} v_{\text{final}} \cos \Delta i}$$

6-19 복합 궤도면 전이의 Δv

가 되는데, 여기서 v_{init}과 $v_{\text{final}}(= v_{\text{init}} + v_{\text{Hohmann}})$은 전이 전후의 속도다(그림 6-9).

복합 궤도면 전이는 호만 전이의 첫 번째 기동 때 하는 방법과 두 번째 하는 방법이 있다. 궤도면 전이에 드는 Δv 비용이 속도에 비례함을 고려하면 고도를 높이는 호만 전이의 경우 두 번째 호만 기동 때 복합 궤도면 전이를 하는 것이 유리하다. 복합 기동을 첫 번째 호만 기동 때 수행하는 경우 목표 경사각이 0°이므로 그 기동은 당연히 적도 상공에서 이루어져야 하며, 복합 기동을 두 번째 호만 기동 때 수행하는 경우에도 첫 번째 호만 기동은 적도에서 이루어져야 하는데, 그래야 복합 기동을 하는 두 번째 호만 기동 때 적도 상공에 놓이기 때문이다.

나로 우주센터에서 정동 방향으로 발사되어 고도 215 km의

주차 궤도에 진입한 후 최종적으로 GEO로 진입하고자 하는 경우를 예로 들어보자. 가장 많은 Δv 비용이 드는 방식은 주차 궤도에서 궤도면 전이를 한 후 호만 전이를 수행하는 것이다. 주차 궤도에서의 원궤도 속도는 7.78 km/s이므로 $\Delta i = 34.4°$의 이 궤도에서 궤도면 전이를 하는 데는 $\Delta v_{plane} = 4.60$ km/s가 필요하며, 두 번의 호만 전이를 합쳐 $v_{Hohmann} = 2.45 + 1.48 = 3.93$ km/s가 필요하여 주차 궤도 이후 총 8.53 km/s의 Δv 비용이 든다.

다음으로 복합 전이를 수행하되 이를 높은 궤도가 아니라 낮은 궤도인 주차 궤도에서 수행하는 경우를 보자. 주차 궤도에서의 복합 전이 비용을 계산하기 위해 (6-19)식에 $v_{init} = 7.78$ km/s, $v_{final} = 7.78 + 2.45 = 10.23$ km/s, $\Delta i = 34.4°$를 대입하면 $\Delta v_{combined} = 5.82$ km/s를 얻게 되며, GTO 종점에서의 두 번째 호만 전이에는 $v_{Hohmann} = 1.48$ km/s가 필요하므로 주차 궤도 이후 총 7.30 km/s의 Δv 비용이 든다.

마지막으로 가장 적은 Δv 비용이 드는 방식은 주차 궤도에서 첫 번째 호만 기동을 하고 GTO의 종점에서 두 번째 호만 기동과 궤도면 전이를 같이 하는 경우다. 주차 궤도에서의 첫 번째 호만 기동은 2.45 km/s이며, 두 번째 기동인 복합 궤도면 기동은 (6-19)식에 $v_{init} = 1.60$ km/s, $v_{final} = 1.60 + 1.48 = 3.07$ km/s, $\Delta i = 34.4°$를 대입하면 $\Delta v_{combined} = 1.97$ km/s를 얻게 되어 주차 궤도 이후 총 4.43 km/s의 Δv 비용이 든다. 이는 주차 궤도에서 복합 전이를 하는 경우의 52%, 복합 전이를 하지 않으면서 궤도면 전이를 주차 궤도에서 하는 경우의 61%에 해당하는 것으로, 전이를 복합적으로 수행하느냐 아니냐, 그리고 복합 전이를 어디에서 수행하느냐에 따라 Δv 비용 차이가 크게 날 수 있음을 잘 보여준다.

복합 궤도면 전이도 속도가 낮을 때 할수록 효율적이다.

하지만 중궤도나 고궤도가 목표 궤도인 경우 주차 궤도에서 전이 궤도로 밀어주는 기동은 우주 발사체(로켓)가 담당하고 전이 궤도의 종점에서 목표 고도로 진입하기 위한 기동은 통상 위성이나 우주선에 있는 추력기가 담당한다. 로켓에 비해 위성이나 우주선에 실리는 추진제의 양은 제한적일 수밖에 없으므로 위성이나 우주선이 담당하는 Δv 비용만 놓고 보자면 앞서 알아본 첫 번째(복합 전이 없이 궤도면 전이를 주차 궤도에서 수행)와 두 번째(복합 전이를 주차 궤도에서 수행) 경우 모두 1.48 km/s, 세 번째(복합 전이를 전이 궤도 종점에서 수행) 경우 1.97 km/s가 되어 세 번째가 가장 많은 Δv를 필요로 하는 단점이 있다.

- 행성이나 위성 주변에서 움직이는 로켓, 위성, 우주선 등의 움직임은 '2체 문제'로 기술될 수 있으며, '궤도 방정식'이라는 해석학적 해가 존재한다.
- 2체 문제에서 총 에너지가 음수일 때 물체는 속박되어 있고 타원궤도를 가진다.
- 2체 문제에서 비 총에너지(비 운동에너지와 비 퍼텐셜에너지의 합)는 중력장을 만들어내는 물체의 질량과 궤도 장반경만으로 나타내어질 수 있으며, 이 식은 호만 전이 등에 매우 유용하다.
- 고도를 바꾸는 전이의 경우, 전이의 출발 지점과 도착 지점에서 한 번씩 순간적인 추력을 가하는 호만 전이가 가장 효율적이며, 호만 전이가 효율적인 이유는 오베르트 효과와 연관이 있다.
- 전이하려는 고도 간의 비가 매우 크면 두 번 대신 세 번 기동하는 이중타원 호만 전이가 더 효율적이며, 그 이유는 같은 Δv라 해도 더 큰 장반경에서 가해졌을 때 더 효율적이기 때문이다.
- 로켓의 궤도면 전이에 비용이 많이 드는 것은 자동차, 배, 비행기 등과 달리 로켓에는 방향 전환에 이용할 외부 매질이 없기 때문이다.
- 궤도면 전이는 속도가 느릴 때, 즉 더 높은 곳에서 수행할수록 효율적이다.
- 궤도면 전이와 호만 전이를 같이 수행하면 더 효율적이 되며, 이러한 기동을 복합 궤도면 전이라 부른다. 복합 궤도면 전이도 속도가 낮을 때 수행할수록 효율적이다.

다른 천체로 가기

21세기 우주탐사의 핵심은 본격적인 탐사 대상이 달, 화성, 소행성 등의 지구 외 천체로 확대된다는 점이다. 그런데 우주선이 지구를 떠나 다른 천체로 이동하는 데 필요한 과정은 지구궤도 간의 전이와 크게 다르지 않다. 이번 장에서는 천체의 영향권과 라그랑주 점들에 대해 먼저 알아보고, 6장에서 논의된 것들을 바탕으로 달과 다른 행성 및 소행성으로의 전이 과정에 대해 알아본다.

7.1 행성의 영향권

태양계 내에 있는 행성들은 모두 태양의 중력장 안에 있지만, 중력이 거리의 제곱에 반비례하는 특성 덕에 로켓이나 우주선 등의 물체가 천체 가까이에 있을 때는 태양의 중력을 무시해도 된다. 그러면 행성에 얼마나 가까울 때는 태양 중력을 무시할 수 있고, 얼마나 멀어질 때 태양 중력을 고려하기 시작해야 할까? 이에 대한 답을 주고자 하는 개념이 행성의 영향권(sphere of influence, SOI)이다.

행성 영향권의 반경은 한 물체에 두 천체(태양과 행성)의 중력이 가해지고 있을 때 각 천체에 의한 상대적 섭동(perturbation)들[1]이 같아지는 반경으로 정의된다. 이 상대적 섭동들의 크기를 구하기 위해 그림 7-1과 같이 태양으로부터 우주선 s와 행성 p로 향하는 위치벡터를 $r_{s\odot}$와 $r_{p\odot}$로, p에서 s로 향하는 위치 벡터를 r_{sp}라 하자.

우선 우주선 s가 태양 중심의 관성계[2]에서 태양과 행성 p에 의해 받는 가속도는

> 행성의 영향권은 태양과 행성에 의한 상대적 섭동이 같아지는 반경으로 정의된다.

---

1   천체역학에서 섭동이란 한 물체에 가해지고 있는 주된 중력 외에 부차적으로 가해지는 나머지 중력들을 통칭한다.
2   태양과 같은 속도로 움직이는 관성계.

$$\ddot{r}_{s\odot} = -\frac{GM_\odot}{r_{s\odot}^3}\boldsymbol{r}_{s\odot} - \frac{GM_p}{r_p^3}\boldsymbol{r}_{sp}$$

7-1

$$\simeq -\frac{GM_\odot}{r_{p\odot}^3}\boldsymbol{r}_{s\odot} - \frac{GM_p}{r_{sp}^3}\boldsymbol{r}_{sp}$$

가 되는데, 여기서 $\odot$는 태양을 나타내는 기호이며, 우주선의 위치가 태양보다 행성 p에 훨씬 더 가까운 경우에 해당하는 근사인 $r_{s\odot} \simeq r_{p\odot}$가 사용되었다. 이 가속도는 태양 중심의 관성계에서 본 것이기 때문에 우변 첫 항의 절댓값은 태양에 의한 중력가속도($g_{s\odot}$), 둘째 항의 절댓값은 행성 p에 의한 섭동 가속도(p_{sp})라 볼 수 있다:

$$g_{s\odot} = \frac{GM_\odot}{r_{p\odot}^2}$$

7-2

$$p_{sp} = \frac{GM_p}{r_{sp}^2}$$

한편, 이것에 대칭이 되는 물리량인 행성 p에 의한 중력가속도 g_{sp}와 태양에 의한 섭동 가속도인 $p_{s\odot}$는 행성 p가 중심인 관성계에서 계산되어야 하며, 이를 위해 행성 p가 태양 중심의 관성계에서 받는 가속도를 먼저 보자:

7-3

$$\ddot{r}_{p\odot} = -\frac{GM_\odot}{r_{p\odot}^3}\boldsymbol{r}_{p\odot} + \frac{GM_s}{r_{sp}^3}\boldsymbol{r}_{sp}$$

여기서 우변 두 번째 항은 부호가 +인데, 이는 $\boldsymbol{r}_{sp}$가 천체 p에서 우주선 s로 향하도록 정의되어 있기 때문이다. 이제 행성 p 중심의 관성계에서 본 우주선 s의 가속도는 (7-1)식과 (7-3)식으로부터

$$\ddot{r}_{sp} = \ddot{r}_{s\odot} - \ddot{r}_{p\odot}$$

7-4

$$\simeq -\frac{GM_\odot}{r_{p\odot}^3}\left(\boldsymbol{r}_{s\odot} - \boldsymbol{r}_{p\odot}\right) - \frac{GM_p}{r_{sp}^3}\boldsymbol{r}_{sp}\left(1 + \frac{M_s}{M_p}\right)$$

$$\simeq -\left(\frac{GM_\odot}{r_{p\odot}^3} + \frac{GM_p}{r_{sp}^3}\right)\boldsymbol{r}_{sp}$$

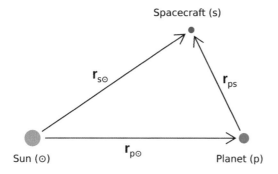

Spacecraft (s)

$\mathbf{r}_{s\odot}$

$\mathbf{r}_{ps}$

Sun (⊙)

$\mathbf{r}_{p\odot}$

Planet (p)

그림 7-1 태양(⊙), 행성 p, 우주선 s 사이의 위치벡터 $\mathbf{r}_{s\odot}$, $\mathbf{r}_{p\odot}$, $\mathbf{r}_{sp}$. (Sungsoo S. Kim / CC BY-SA 4.0)

가 되는데, 마지막 근사에서는 $M_p \gg M_s$가 쓰였다. 이제 행성 p에 의한 중력가속도와 태양에 의한 섭동 가속도는 위 식 각 항의 절댓값이므로

$$g_{sp} = \frac{GM_p}{r_{sp}^2}$$

$$p_{s\odot} = \frac{GM_\odot}{r_{p\odot}^3} r_{sp}$$

7-5

가 된다.

이렇게 다소 복잡한 수식 유도를 해야 한 이유는 다음과 같다. 행성의 영향권 내에서는 행성이 관성계의 중심이자 가장 큰 중력원이며, 태양에 의한 중력은 섭동에 불과하다. 반대로 행성의 영향권 밖에서는 태양이 관성계의 중심이자 가장 큰 중력원이며, 행성에 의한 중력은 섭동에 불과하다. 따라서 행성 영향권의 내부냐 외부냐에 따라 다른 관성계에서 중력과 섭동의 크기를 따져야 하는 것이다.

행성 영향권의 정의는 섭동 가속도와 주 중력원에 의한 중

력가속도의 비가 같아지는 반경이다. 즉,

7-6
$$\frac{p_{sp}}{g_{s\odot}} = \frac{p_{s\odot}}{g_{sp}}$$

이 되게 하는 r_{sp}가 행성 영향권의 반경 r_{SOI}가 된다. 이제 (7-2)식
과 (7-5)식을 (7-6)식에 대입하면

행성의 영향권 반경 `7-7`
$$r_{SOI} = a_p \left(\frac{M_p}{M_\odot}\right)^{2/5}$$

를 얻게 되는데, 여기서 a_p는 행성 p의 궤도 장반경으로 $r_{p\odot}$와
같다.

r_{SOI}보다 충분히 안쪽에서는 해당 행성의 중력만 고려해도
되고, r_{SOI}보다 충분히 바깥쪽에서는 태양의 중력만 고려해도 큰
오차가 없다. 하지만 r_{SOI} 부근에서는 해당 행성과 태양의 중력
을 모두 고려해야 하며, 단순한 근사가 존재하지 않는다.

그리고 아래 7.2절에서 보게 되듯이 '유효 퍼텐셜'의 모양은
완벽한 구에서 조금 벗어나며, r_{SOI}의 크기도 행성으로부터 태양
에 대한 상대적인 방향에 따라 조금씩 달라진다.[3] 지구 주변의
행성들과 달의 r_{SOI}가 표 7-1에 주어져 있다.

천체	r_{SOI} (km)
수성	112,000
금성	616,000
지구(달 포함)	929,000
화성	577,000
달	66,200

표 7-1 네 행성과 달의 영향권 반경. 달의 영향권 반경은 태양 대신 지구 중력과 비교하여 계산된 값이다.

---

3   태양과 행성을 잇는 축을 따라서는 실제 r_{SOI}가 조금 더 길며, 이 축에 직각인 방향으로는 실제 r_{SOI}가 조금 더 짧다. 하지만 r_{SOI}
는 상대적인 섭동의 기준이 되는 반경일 뿐, 방향에 따른 차이를 고려해야 할 정도로 엄밀한 개념은 아니다.

7.2 라그랑주 점

행성의 중력장 깊은 곳에 있는 물체(우주선)의 움직임을 계산할 때는 행성의 중력만 고려하면 되지만, 행성으로부터 멀어질수록 1) 태양의 중력과 2) 행성의 태양계 내 움직임을 고려해야 한다. 단 우주선이 행성의 영향권 반경 부근에 있을 때만 1)과 2)를 모두 고려해야 하며, 영향권에서 충분히 멀어지면 1)만 고려하면 된다.

우주선이 행성의 영향권 반경 근처에 있는 경우 태양과 행성의 중력을 모두 고려해야 하므로 태양, 행성, 우주선으로 구성된 3체 문제가 된다. 그런데 우주선의 질량은 태양과 행성의 질량에 비해 사실상 무질량(massless)[4]이며, 이와 같이 세 천체 중 하나의 질량이 무질량인 경우를 제한된(restricted) 3체 문제라고 한다.

제한된 3체 문제에서 두 무거운 천체는 대부분 서로에 대해 궤도운동을 하는 경우[5]이며, 따라서 이들의 궤도운동과 같은 각속도를 가지고 회전하는 계(rotating frame)에서 우주선의 운동을

---

4 우주선의 질량이 실제로 0이면 우주선은 태양과 행성에 의한 중력을 느끼지 못한다. 여기서 무질량이라 함은 우주선이 태양이나 행성에 주는 중력적 영향은 무시해도 된다는 뜻이다.

5 태양과 행성, 지구와 달 등.

기술하는 것이 편리하다. 특히 두 천체가 원운동을 하는 경우 이러한 회전계에서 두 천체의 위치는 고정된다.

두 천체가 서로에 대해 원운동을 하여 공전 각속도가 일정하다고 가정하고 행성의 중력, 태양의 중력, 그리고 행성의 공전운동까지 모두 고려한 중력 퍼텐셜을 유효 퍼텐셜(effective potential)이라 부른다. 행성의 공전면에 놓인 우주선 s에 대해 공전 각속도가 ω_p인 행성 p와 태양에 의해 만들어지는 단위질량당 유효 퍼텐셜은

유효 퍼텐셜

7-8
$$U_{\text{eff}} = -\frac{GM_p}{r_{\text{sp}}} - \frac{GM_\odot}{r_{s\odot}} - \frac{1}{2}\omega_p^2 r_{s\odot}^2$$

와 같다. 여기서 r은 행성 공전면 내에서의 거리로 r_{sp}는 우주선과 행성 간의 거리, $r_{s\odot}$은 우주선과 태양 간의 거리이며, 우변의 세 번째 항은 행성 공전면 내의 원심력인 $\omega_p^2 r_{s\odot}$에 대한 퍼텐셜이다.[6] 이 원심력은 좌표계의 회전으로 인해 야기된 가상의 힘이며, 회전계가 아닌 관성계에서는 없는 힘이다.

유효 퍼텐셜은 공전하는 두 천체에 의한 중력 퍼텐셜에 원심력에 의한 퍼텐셜을 더한 것이다.

그림 7-2a는 태양-지구계에 대한 유효 퍼텐셜인데 태양과 지구 사이의 질량비가 너무 커서 지구 공전 반경 부근의 유효 퍼텐셜 모양을 제대로 알아보기 힘들다. 이 어려움을 완화하기 위해 그림 7-2b는 지구의 질량을 100배 증가시킨 경우에 대한 유효 퍼텐셜이며, 지구 공전 반경으로부터 안쪽이나 바깥쪽으로 멀어질수록 유효 퍼텐셜이 낮아짐을 잘 보여준다(그림 7-2c,d는 그림 7-2b의 유효 퍼텐셜을 X축, Y축을 따라 그린 프로파일). 이는 지구 공전 반경의 안쪽에서는 태양의 중력이 우세하고 바깥쪽에서는 원심력이 우세하기 때문인데, 회전계에서 원심력은 항상 회전중

---

6 퍼텐셜을 공간에 대해 미분한 것에 −1을 곱하면 힘이 된다.

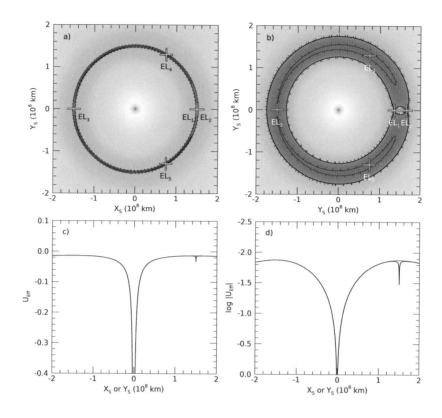

그림 7-2 a) 태양-지구 시스템의 유효 퍼텐셜과 라그랑주 점들(EL₁~EL₅; EL의 E는 태양-'지구' 시스템에서의 라그랑주 점임을 의미). b) 지구 반경 부근을 잘 보이게 만들기 위해 지구 질량을 100배 키운 경우에 대한 태양-지구 시스템의 유효 퍼텐셜과 라그랑주 점들. c) b)의 유효 퍼텐셜을 X_S축(검은 선)과 Y_S축(빨간 선)을 따라 그린 프로파일. d) c)를 로그 스케일로 그린 것. a), b) 모두 지구의 공전 각속도로 회전하는 좌표계이며, 유효 퍼텐셜의 내리막 방향으로 등고선에 발들이 그려져 있다. X_S축은 태양 중심의 태양-지구 회전 좌표계에서 태양과 지구를 잇는 축이고, Y_S축은 이에 직각인 축이다. (Sungsoo S. Kim / CC BY-SA 4.0)

심인 태양[7]의 반대 방향을 향하고 태양으로부터의 거리에 비례하기 때문이다.[8]

그림 7-2a,b는 지구의 공전궤도 부근에 5개의 특이한 지점

7　회전중심은 태양-지구계의 질량중심에 있지만 태양에 비해 지구의 질량은 무시될 수 있으므로 회전의 중심은 사실상 태양이다.

8　(7-8)식 우변 세 번째 항의 부호가 음(−)이기 때문에 원심력에 의한 퍼텐셜은 태양에서 멀어지는 방향으로 기울기가 존재하며, 이 때문에 원심력은 태양에서 먼 방향으로 작용한다.

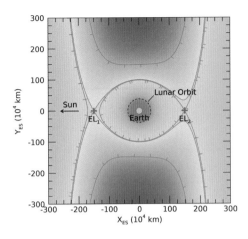

그림 7-3 태양-지구 시스템의 지구 주변 유효 퍼텐셜과 라그랑주 점들. 지구의 공전 각속도로 회전하는 좌표계이며, 태양은 항상 그림의 왼쪽($-X_{ES}$축)에 위치한다. 지구의 위치와 달 공전궤도가 표시되어 있으며, 유효 퍼텐셜의 내리막 방향으로 등고선에 빗금이 그려져 있다. X_{ES}축은 지구 중심의 태양-지구 회전 좌표계에서 태양과 지구를 잇는 축이고, Y_{ES}축은 이에 직각인 축이다. (Sungsoo S. Kim / CC BY-SA 4.0)

라그랑주 점은 유효 퍼텐셜이 평평한 지점들이다.

(노란색 십자)들을 보여주는데, 이들은 유효 퍼텐셜의 2차원 공간(공전면)에 대한 미분이 0이 되는 지점, 즉 유효 퍼텐셜이 국부적으로 평평한 곳이다. 이 지점들을 라그랑주 점(Lagrange point)이라 부르며, L_1부터 L_5까지 숫자로 구분한다.[9]

L_1과 L_2는 지구 주변의 태양-지구축 위에 존재하며 지구로부터 양쪽으로 약 150만 km 거리에 있는데(그림 7-3), 이 거리는 지구 공전 반경인 1억 5,000만 km의 약 1/100에 해당한다. L_3는 지구에서 봤을 때 태양의 반대편 지구 공전궤도에 존재한다.

L_4와 L_5은 태양 및 지구와 함께 정삼각형의 한 꼭짓점을 이루는 곳에 위치하며 태양-지구 유효 퍼텐셜 전체에서 가장 높은

---

9 라그랑주 점은 태양-지구 시스템 외에 모든 공전하는 2체 시스템에 존재한다. 이들을 구분하기 위해 태양-지구 시스템에서의 라그랑주 점은 EL로(E는 지구를 의미), 지구-달 시스템에서의 라그랑주 점은 LL로 표기할 것이다(앞의 L은 달을 의미).

곳으로, 이 지점들로부터는 주변 모든 방향으로 유효 퍼텐셜이 낮아진다. 하지만 유효 퍼텐셜의 정점이라고 해서 이들 근처에서 물체가 오래 머무르는 것이 어려운 일은 아니다. 유효 퍼텐셜의 기울기에 의해 물체가 정점으로부터 멀어지더라도 전향력에 의해 시계 방향으로 선회를 거듭하면서 오랜 기간 L_4와 L_5 근처를 '배회'할 수 있으며, 이 때문에 오히려 이들 지역은 역학적으로 안정적이다. 목성 궤도의 L_4와 L_5 근처에 오래 머무는 소행성들의 군집인 트로이 소행성군(trojan asteroid group)이 L_4와 L_5의 역학적 안정성을 보여주는 좋은 예다.

L_4와 L_5 근처에서 물체가 오랫동안 배회할 수 있는 이유는 다음과 같다. 단위질량당 전향력의 크기는 $2|\omega \times v|$이므로 속도에 비례하는데, 물체가 L_4, L_5에서 멀어질 때는 내리막이므로 속도가 붙어 전향력이 커지지만 L_4, L_5으로 향할 때는 오르막이므로 속도가 줄면서 전향력이 작아진다. 물체의 전향력은 L_4, L_5을 중심으로 시계 방향으로만 주로 작용하게 되며, 물체들은 자그만 고리들을 만들면서 L_4, L_5 주변을 계속 시계 방향으로 배회할 수 있는 것이다(그림 7-4a).

이에 반해 L_1, L_2, L_3에서는 이 지점들로부터 멀어질수록 유효 퍼텐셜이 X-축(태양-지구축) 방향으로는 내리막이지만 Y-축(태양-지구 연결선의 수직축) 방향으로는 오르막이다. 이와 같이 퍼텐셜 단면이 한쪽 축으로는 오목하고 다른 쪽 축으로는 볼록한 경우에는 L_4 및 L_5의 인근에서와는 달리 역학적으로 안정적이지 않다. 즉 L_1, L_2, L_3 근처에서는 일반적으로 물체가 오래 머물 수 없는 것이다.[10] 이는 이 라그랑주 점로부터의 방위각(azimuthal angle)에 따라 전향력이 주로 작동하는 방향이 라그랑주 점을 기준으로 시계 방향이 되기도 하고 반시계 방향이 되기도 하기 때

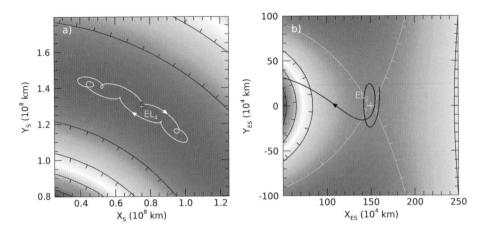

그림 7-4 a) EL_4와 b) EL_2 부근에서 배회하는 물체들의 궤적. (Sungsoo S. Kim / CC BY-SA 4.0)

문으로, 전향력의 영향이 일관되지 않고 무질서적인(chaotic) 움직임을 야기하기 때문이다(그림 7-4b).

작은 천체 주변에는 유효 퍼텐셜의 분지가 형성된다.

L_1과 L_2 사이에 지구가 위치하며 L_1과 L_2를 지나는 등고선들을 기준으로 그 내부에 '퍼텐셜 분지(basin)'가 형성되므로(그림 7-3), 이 분지 내에서 밖으로 빠져나갈 때 유효 퍼텐셜이 가장 낮은 지점은 L_1 또는 L_2가 된다.[11] 즉 이 지점들을 통해 분지 안에서 밖으로 나가거나 밖에서 안으로 들어오는 것이 에너지 측면에서 가장 효율적이게 된다.

---

10 일부 특정한 궤도들에 있는 우주선은 최소한의 궤도 유지 기동으로 L_1, L_2, L_3 근처에 오래 머무를 수 있다. 궤도면이 행성 공전면에 수직이며 닫힌 궤도를 가지는 헤일로(halo) 궤노, 궤노변이 행성 공선변에 비스듬한 각늘 가지며 열린 궤도를 가지는 리사주(Lissajous) 궤도, 궤도면이 행성 공전면에 놓여 있는 리푸노프(Lyapunov) 궤도 등이 그 예다. 혜성 탐사선인 ICE(International Cometary Explorer), 제임스웹(James Webb) 우주망원경 등이 L_2 부근의 헤일로 궤도에, 태양풍 입자와 행성 간 물질 등을 탐사하는 ACE(Advanced Composition Explorer), 우주배경복사를 탐사하는 플랑크(Planck) 우주망원경 등이 L_2 부근의 리사주 궤도에 놓여있다.

11 L_2의 유효 퍼텐셜이 L_1보다 조금 더 낮다.

7.3 달 궤도로의 전이

원궤도 간 호만 전이의 경우, 두 궤도 반경의 비 r_2/r_1가 충분히 커지면 전이의 첫 번째 속도 증분인 Δv_1이 r_2에 거의 무관해짐을 6.3절에서 보인 바 있다(6-16식). 뿐만 아니라 r_2/r_1가 충분히 커지면 두 번째 속도 증분인 Δv_2는 오히려 줄어들게 된다. 원궤도 간 전이의 경우 (6-13)의 두 번째 식은

$$\Delta v_2 = \sqrt{\frac{GM}{r_2}} - \sqrt{2\left(\frac{GM}{r_2} - \frac{GM}{r_1 + r_2}\right)} \qquad \boxed{\text{7-9}}$$

가 되는데, 이 식에서 r_1을 고정하고 r_2를 증가시킬 때 Δv_2가 처음엔 증가하지만 r_2가 $5.88\,r_1$을 넘어서면 감소하는 모양을 갖는 것이다.[12] 이는 우변 둘째 항이 $r_2 \approx r_1$일 때는 Δv_2가 증가하게 하는 역할을 하나 $r_2 \gg r_1$가 되어감에 따라 0으로 수렴하기 때문이다.

그림 7-5는 250 km 고도의 원궤도에서 더 높은 원궤도로 호만 전이를 할 때 필요한 Δv_1, Δv_2와 이 두 속도 증분에 지상에서 250 km 고도로 진입하는 데 필요한 속도 증분(9.0 km/s로 가정)까지 모두 포함한 Δv_tot을 보여준다. (6-16)식에서 근사된 것과 같이 r_2가 커짐에 따라 Δv_1이 어떤 값으로 수렴해감을 볼 수 있

---

12 Δv_2가 극대가 되는 위치 $r_2 = 5.88\,r_1$는 GM 값에 무관하다.

다른 천체로 가기   261

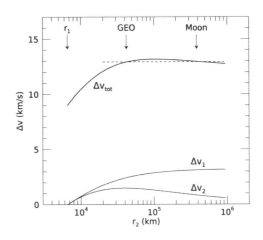

그림 7-5 $r_1 = 250$ km 고도의 원궤도에서 더 높은 원궤도(r_2)로 호만 전이할 때 필요한 Δv_1, Δv_2 및 이 두 속도 증분에 지상에서 250 km 고도로 진입하는 데 필요한 속도 증분(9.0 km/s로 가정)까지 모두 포함한 Δv_{tot}. r_1, GEO 반경, 달의 공전 반경이 표시되어 있다. (Sungsoo S. Kim / CC BY-SA 4.0)

고, 바로 위에서 논의된 바와 같이 r_2가 커짐에 따라 Δv_2가 처음에는 증가하지만 5.88 r_1(~39,000 km[13])을 넘어서는 다시 감소하는 모습을 볼 수 있다.

Δv_1, Δv_2의 이러한 특성들로 인해 Δv_{tot}도 $r_2 \gg r_1$인 경우 증가하다가 감소하는 모습을 보인다. 출발하는 원궤도의 고도가 500 km 이내의 저궤도인 경우 Δv_{tot}이 최대가 되는 반경 r_2는 ~100,000 km가 되는데, 이 위치는 그림 7-5에서와 같이 반경을 로그 스케일로 나타낼 때 GEO 반경과 달 궤도 반경의 중간 위치[14] 부근에 위치한다.

그림 7-5의 점선은 지상에서 발사되어 GEO 반경에 투입하는 데 필요한 총 속도 증분인 $\Delta v_{tot} = 12.9$ km/s에 위치하는데,

---

13 우연히도 GEO 반경 조금 아래다.

14 로그 스케일에서의 평균값을 기하평균(geometric mean)이라 부른다.

이는 우연히도 달 공전궤도 반경(384,000 km)을 가지는 원궤도에 투입하는 데 필요한 Δv_{tot}인 13.0 km/s와 거의 같다. 이는 매우 재미있는 사실인데, r_2 = 42,200 km에 불과한 GEO 투입 비용과 GEO 반경의 9배가 넘는 r_2 = 384,000 km의 달 공전궤도 투입 비용이 거의 같은 것이다. 단 여기서 이야기하는 달 공전궤도 투입은 달의 공전 반경과 같은 반경을 가지는 지구 중심 궤도로의 투입이며, 달 중심 궤도로의 투입은 아래에서 논의된다.

지상으로부터 GEO 투입에 필요한 Δv와 달 공전 반경 투입에 필요한 Δv는 매우 비슷하다.

직접 전이

달 궤도[15]까지 우주선을 보내는 방법 중 가장 고전적이고 많이 쓰여온 방법은 지구 저궤도에서 달 궤도 반경(384,000 km)으로 호만 전이 하는 방법으로, 3~4일의 시간이 걸린다.[16] 이러한 전이를 직접(direct) 전이라고 하는데, 뒤에 소개될 위상 전이나 저에너지 전이에서와 달리 시간적 지연이나 공간적 우회 없이 한 번에 이루어지는 전이이기 때문이다.

안쪽 궤도가 250 km 고도의 원궤도이고 바깥쪽 궤도가 달 공전궤도인 호만 전이의 경우, 전이 궤도의 근지점 속도는 10.88 km/s, 원지점 속도는 0.19 km/s이다. 고도 250 km에서의 원궤도 속도는 7.76 km/s이므로 이 호만 전이의 Δv_1은 10.88 - 7.76 = 3.12 km/s가 되며, 달 공전궤도에서의 원궤도 속도는 1.03 km/s 이므로 Δv_2는 1.03 - 0.19 = 0.84 km/s가 된다. 즉 우주선이 원지점에 다다랐을 때의 속도보다 달의 공전 속도가 5배 이상 빠르

---

15 이 책에서 '달 궤도'는 달을 중심으로 공전하는 달 주변의 궤도를 뜻하는 것으로, 앞서 언급된 '달 공전궤도'와 다르다. 이 책에서 후자는 달이 지구를 중심으로 공전하는 궤도다.

16 호만 전이보다 더 큰 Δv를 가해서라도 빨리 가려 한다면 1.5일 만에도 갈 수 있기는 하다. 이 경우 호만 전이의 첫 번째 Δv 기동보다 더 큰 Δv를 가해서 지구 주차 궤도로부터 출발해야 하며, 달 공전 반경 부근에 가서는 우주선이 달 공전 반경을 넘어서지 않게 하는 Δv 기동을 추가로 가해야 한다.

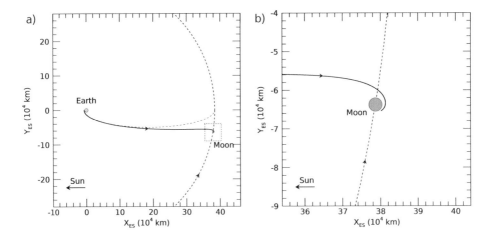

그림 7-6 지구 저궤도에서 달 궤도로의 직접 전이. 좌표계는 지구를 중심에 두고 지구의 공전을 따라 회전하고 있으며, 태양은 항상 두 그림의 왼쪽 먼 곳(-X_ES축)에 위치한다. a)에 있는 점선 상자가 b)의 위치와 크기를 나타내며, 달의 위치는 우주선이 궤적의 마지막 지점에 위치할 때의 것이다. 검은색 대시선은 달 공전궤도를, 파란색 대시선은 호만 전이 궤도를 나타낸다. (Sungsoo S. Kim / CC BY-SA 4.0)

며, 우주선은 달을 따라잡아야 하는 입장에 있는 것이다.

하지만 우주선이 달의 중력장에 포획되어 달 궤도에 안착하기 위해서는 단순한 호만 전이로는 불가능하다. 그 이유는 두 가지인데 하나는 달의 중력이 전이 궤도에 영향을 미치기 때문이고 다른 하나는 우주선이 달 표면에 충돌하지 않고 달 궤도에 진입하기 위해서는 궤도 유지(즉 고도 유지)를 위한 속도가 필요하기 때문이다.

그림 7-6a에서와 같이 우주선이 달 공전궤도에 가까워짐에 따라 달 중력에 의해 전이 궤도가 타원궤도(호만 전이 궤도: 파란색 대시선)에서 서서히 벗어나게 되며(검은색 실선), 달에 가까이 근접할 무렵에는 역행(retrograde)운동을 시작하며 속도가 증가한다 (그림 7-6b).

100 km 고도의 달 궤도[17]로 진입하려는 경우, 100 km 고도

로 내려갈 때까지 달의 중력에 의해 ~1.7 km/s가량 가속된다. 그런데 우연하게도 고도가 100 km인 달 궤도의 공전 속도는 1.63 km/s로, 달 중력에 의해 증가된 속도와 거의 같은 것이다. 이로 인해 우주선이 달 부근에서 100 km 고도에 진입하는 데에 필요한 속도 증분은 호만 전이의 Δv_2값에 가까운 ~0.82 km/s만 있으면 된다.

우주선이 달에 가까워지면서 달 중력에 의해 가속되는 Δv는 달 100 km 고도에 진입하는 데 필요한 Δv와 유사하다.

전이의 마지막 부분을 정리하자면, 호만 전이의 Δv_2는 0.84 km/s(우주선이 달의 공전 속도를 따라잡기 위한 속도), 달 중력에 의해 가속된 속도는 ~1.7 km/s, 100 km 고도에서의 달 궤도 공전 속도는 1.63 km/s(우주선이 달 표면에 충돌하지 않고 달 주변에서 궤도운동을 하기 위한 속도)이며, 이 모두를 합해 결국 ~0.82 km/s의 속도 증분이 달 주변에서 필요하다.

이제 지상에서 발사되어 100 km 고도의 달 궤도에 진입하는 데 필요한 속도 증분을 모두 따져보면, 지상에서 250 km 고도의 지구 저궤도(주차 궤도)까지 9.0~9.3 km/s, 지구 저궤도에서 달로 향하는 전이 궤도로 투입될 때 ~3.1 km/s, 달 근처에 가서 100 km 고도의 달 저궤도로 들어갈 때 ~0.8 km/s가 필요하여, 총 ~13 km/s의 속도 증분이 필요하다.[18]

한편 지구 저궤도에서 달로 향하는 전이 궤도로 투입되는 것을 달 전이 궤도 투입(trans-lunar injection, TLI)이라 부르며, 달 부근에서 달 궤도로 투입되는 것을 달 궤도 투입(lunar orbit insertion, LOI)이라 부른다.

---

17 100 km 또는 그 이하의 고도를 가지는 달 궤도를 '달 저궤도(low lunar orbit, LLO)'라 하는데, 달 저궤도는 100 km 고도를 의미하는 경우가 대부분이다.

18 주차 궤도는 발사장 위도와 같은 경사각을 가지는 궤도면에 놓이며, 이 궤도면은 일반적으로 달의 공전면과 다르므로 TLI 시에는 궤도면 전이 기동도 필요하다. 또한 LOI 시에도 원하는 LLO 경사각을 얻기 위한 기동이 필요하다. 이 두 기동을 위한 Δv는 여기에서 고려되지 않았다.

우주선의 LOI가 성공하기 위해서는 TLI가 일어나는 위치와 시점이 중요하다. 임의의 위치와 시점에서 TLI 기동을 하게 되면 성공적인 LOI를 위해 전이 중에 더 많은 Δv를 필요로 하게 되어 비효율적이다. 하지만 로켓의 발사는 기상이나 로켓 자체의 문제 등으로 발사 시간에 변동이 생길 수 있으며, 이 때문에 로켓이 지구 저궤도에 진입하자마자 곧바로 TLI 기동을 하도록 발사 시간을 정하는 것은 비효율적이다. 따라서 달 궤도로 향하는 로켓은 대개 지구 저궤도에 진입하여 잠시 주차(parking)를 한 후 가장 효율적인 위치와 시점에 TLI 기동을 수행하게 된다.

그림 7-6에서 우주선이 달 주변에서 역행운동 하는 것은 우주선이 달 공전궤도에 다다를 때 달보다 더 앞(달의 공전운동 방향)쪽에 놓이도록 TLI가 이루어졌기 때문이다. 달보다 뒤(달 공전운동 방향의 반대)쪽에 놓이도록 TLI가 이루어진다면 우주선은 달의 속도뿐 아니라 달의 위상(phase)[19]도 따라잡아야 하며, 따라서 더 큰 Δv를 필요로 하게 된다.

위상 전이

직접 전이에서는 한 번의 큰 TLI를 통해 우주선을 달 공전궤도까지 보내지만,[20] 위상 전이(phasing loop transfer)에서는 그림 7-7과 같이 달 공전 반경보다 가까운 원지점을 가지는 궤도에서 몇 차례 지구 주변 공전운동을 한 후 마지막 공전 때 원지점이 달 공전 반경에 이르도록 하는 전이이다.

최종 전이 비행을 위한 근지점 기동 전까지의 궤도를 위상 동조 궤도(phasing orbit)라 부르며, 위상 동조 궤도 중에 원지점

---

19 공전궤도 내에서의 위치.

20 달 공전궤도로 전이하는 동안 몇 번의 궤도 보정 기동을 할 수 있지만 이러한 기동들의 Δv는 대부분 매우 작다.

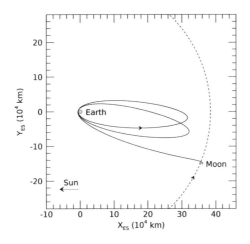

그림 7-7　지구 저궤도에서 달 궤도로의 위상 전이. 좌표계는 지구를 중심에 두고 지구의 공전을 따라 회전하고 있으며, 태양은 항상 왼쪽 먼 곳(-X_ES축)에 위치한다. 대시선은 달 공전궤도를 나타낸다. (Sungsoo S. Kim / CC BY-SA 4.0)

반경을 증가시키는 경우에도 근지점에서 기동을 수행한다(오베르트 효과 때문에).

　　달 탐사선 중 일본의 셀레네(SELENE), 중국의 창어(Chang'e), 인도의 찬드라얀(Chandrayaan), 미국의 라디(LADEE) 등이 위상 전이를 사용한 바 있으며, 우리나라의 다누리도 처음 계획은 위상 전이를 사용하는 것이었으나 후에 저에너지 전이 방식으로 바뀌었다.

　　위상 전이는 직접 전이에 비해 전이 시간이 몇 배 이상 더 걸리지만, 1) 우주선이 달로 전이하는 동안 자신의 궤도를 정확히 파악하고 수정하는 데 시간이 다소 걸릴 것으로 예상되는 경우, 2) 발사 이후 우주선이 안정화되는 데 시간이 다소 걸릴 것으로 예상되는 경우, 3) 넓은 발사 가능 시간대(launch window)가 필요한 경우, 4) TLI 기동의 오차가 다소 클 것으로 예상되는 경우 등에 유리하다.

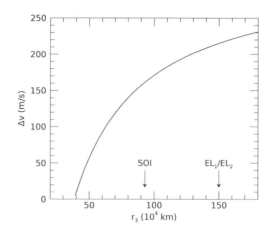

그림 7-8 이중타원 호만 전이 이용 시 일반 호만 전이(직접 전이)에 비해 얻는 Δv 이득. 지구-달 시스템의 영향권 반경(SOI)과 EL_1/EL_2 반경이 표시되어 있다. (Sungsoo S. Kim / CC BY-SA 4.0)

저에너지 전이

저에너지 전이는 호만 전이인 직접 전이보다 더 적은 에너지로 달로 전이하는 방식으로, 전이에 수개월의 시간이 걸린다. 저에너지 전이는 TLI 이후 LLO에 진입하는 데까지 필요한 Δv가 직접 전이나 위상 전이에 비해 적기 때문에 붙은 이름이며, WSB/BLT 궤도라고도 불린다.[21]

6.3절의 마지막 부분에서 이중타원 호만 전이가 $r_2/r_1 = 58.6$에 해당하는 달 공전궤도로의 전이에 적용될 수 있음이 잠시 언급되었다. 하지만 이중타원 호만 전이는 달 전이에 그대로 적용될 수는 없는데, 이는 이중타원 호만 전이를 통해 의미 있을 만한 크기의 Δv 이득을 얻으려면 경유 지점의 반경 r_3가 r_2에 비해 몇 배 이상 커야 하며(그림 7-8), 그러자면 r_3가 지구-달 시스템의 영향권(sphere of influence) 반경인 929,000 km 부근 또는 그 이상

---

21 WSB는 'Weak Stability Boundary(약 안정 경계)'를, BLT는 'Ballistic Lunar Transfer(탄도형 달 전이)'를 뜻한다.

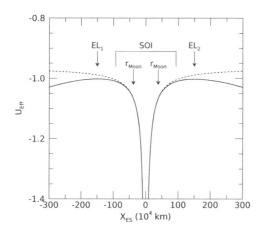

그림 7-9 X_{ES}축을 따라 그린 지구만에 의한 중력 퍼텐셜(점선)과 태양-지구에 의한 유효 퍼텐셜(실선) 프로파일. X_{ES}축은 지구 중심의 태양-지구 회전계에서 태양과 지구를 잇는 축이다. 태양-지구 시스템의 L_1/L_2(EL_1/EL_2), 지구-달 시스템의 영향권(SOI), 달의 공전궤도(r_{Moon})가 표시되어 있다. (Sungsoo S. Kim / CC BY-SA 4.0)

이 되어야 해서 태양에 의한 영향도 고려되어야 하기 때문이다.

지구-달 영향권 밖에서 태양이 미치는 영향은 크게 두 가지다. 첫째는 지구 중력만에 의한 퍼텐셜이 아닌, 태양 중력과 지구 공전까지 포함하는 유효 퍼텐셜(7-8식)이 적용되어야 한다는 점이다. 그림 7-9는 지구만에 의한 중력 퍼텐셜과 태양-지구에 의한 유효 퍼텐셜의 차이를 보여주는데, 지구-달 영향권 반경(r_{SOI}) 부근부터 두 퍼텐셜이 차이 나기 시작하며 특히 태양-지구 라그랑주 점 L_1과 L_2 인근까지 유효 퍼텐셜이 상당히 평탄함을 보여준다.

둘째는 EL_1과 EL_2를 지나가는 유효 퍼텐셜의 등고선 안쪽(EL_1-EL_2 분지; 그림 7-10a의 주황-빨강 영역)에서는 지구 중력 외에 대각선 방향으로의 힘이 추가적으로 존재한다는 점이다. 이 힘들은 지구에서 EL_2를 향하는 벡터로부터 반시계 방향순으로 사분면(四分面, quadrant)에 번호를 붙일 때 I, III 사분면에서는 지구

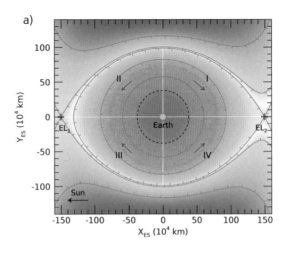

a)

그림 7-10 a) 태양-지구 시스템의 지구 주변 유효 퍼텐셜과 라그랑주 점들. 그림 7-3과 같은 그림으로 지구 주변을 더 확대하여 자세히 보여주며, EL_1-EL_2 분지 내 네 사분면의 명칭(I, II, III, IV)도 표시되어 있다. b) EL_1-EL_2 분지 내 II 사분면 한 지점에서의 유효 퍼텐셜 내리막 방향. (Sungsoo S. Kim / CC BY-SA 4.0)

자전 방향의 반대 방향을, II, IV 사분면에서는 지구 자전 방향과 같은 방향을 향한다(그림 7-10a의 파란 화살표). 이 힘은 태양에 의한 조석력(tidal force)으로, 달이 없고 태양에 의해서만 조수 간만이 생기는 경우 지구면에서 태양시가 9~15시 및 21~3시인 지역(그림 7-10a의 Y_{ES} = 0 축 부근)에서는 바닷물이 밀물이 되고 3~9시 및 15~21시인 지역(그림 7-10a의 X_{ES} = 0 축 부근)에서는 썰물이 되는 것과 같은 현상이다.

EL_1-EL_2 분지 내 조석력의 방향이 그림 7-10a의 파란 화살표들과 같은 이유는 분지 내 유효 퍼텐셜이 EL_1-EL_2 방향으로 타원처럼 늘여져 있기 때문이다. 지구로부터 EL_1 방향으로는 태양의 중력에 의해, EL_2 방향으로는 원심력에 의해 유효 퍼텐셜이 낮아지게 되고, 따라서 지구로부터 같은 유효 퍼텐셜 높이를 가지는 지점까지의 거리가 EL_1-EL_2 방향으로 더 멀리 위치하

게 되는 것이다. 그림 7-10b는 II 사분면 내 한 지점에서의 유효 퍼텐셜의 내리막 방향, 즉 유효 퍼텐셜의 기울기에 의한 힘의 방향이 지구를 향한 것보다 조금 더 EL_1 방향으로 향해 있음을 보여주며, 이 힘과 지구 중력의 차이가 바로 태양에 의한 조석력에 해당한다. 이와 같은 조석력 방향으로 인해 I, III 사분면에서 순행운동을 하는 물체는 감속을, II, IV 사분면에서 순행운동을 하는 물체는 가속을 받게 된다.

저에너지 전이는 이중타원 호만 전이의 이점뿐 아니라 태양 조석력에 의한 효과 두 가지도 더불어 이용한다. 하나는 그림 7-9에서 본 것과 같이 태양 조석력에 의해 지구-달 영향권 반경 부근과 바깥 지역의 유효 퍼텐셜이 낮아지므로 우주선을 지구로부터 EL_1-EL_2 분지의 가장자리 부근까지 보낼 때 약간의 Δv 이 득을 가지게 된다. 다른 하나는 II, IV 사분면에서의 순방향 가속을 통해 이중타원 호만 전이의 원지점(r_3)에서 필요한 Δv보다 작은 Δv로 근지점(r_2)을 달 공전 반경 부근으로 높이는 것이다.

그림 7-11은 지구 주차 궤도로부터 각 사분면 방향으로 투입된 저에너지 전이의 예로, 모두 원지점은 EL_1, EL_2 반경인 150만 km 부근이며 근지점은 달 공전 반경인 38만 km 부근이다. 네 전이 궤도 모두 전이를 시작할 때는 순행운동을 하지만 달-지구 영향권 반경 부근을 지나면서부터 전향력이 상대적으로 중요해져 역행운동을 하게 된다. 원지점 통과 후에는 계속되는 전향력으로 인해 결국 다시 순행운동을 하게 되며, 고도가 떨어지며 서서히 달 공전궤도로 접근한다.

태양의 영향이 없는 경우, 이중타원 호만 전이를 위해 지구 주차 궤도에서 추력을 얻은 우주선은 전향력이나 역행운동 없이 원지점에 다다르게 되고, 여기에서 두 번째 추력을 가해 달 공전

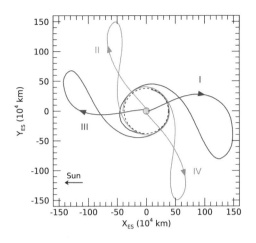

그림 7-11 지구 주차 궤도로부터 EL_1-EL_2 분지 내 4개의 사분면 방향으로 투입된 저에너지 전이의 예. [Sungsoo S. Kim / CC BY-SA 4.0 / 데이터 출처: N. L. Parrish et al. (2019), "Survey of Ballistic Lunar Transfers to Near Rectilinear Halo Orbit", AAS Astrodyn. Spec. Conf., p. 1003]

궤도로 향하게 될 것이다. 하지만 그림 7-11의 전이들은 II, IV 사분면에서의 순방향 가속에 힘입어 상대적으로 적은 원지점 부근에서의 추력만으로 근지점이 달 공전 반경으로 상승하게 되는 것이다.

I, III 사분면으로 투입하는 경우 가능한 한 Y_{ES}축에 가깝도록 투입되어 전향력에 의해 II, IV 사분면으로 들어가서 순방향 가속을 얻을 수 있도록 해야 한다. 태양 조석력에 의한 순방향 가속(II, IV 사분면)과 감속(I, III 사분면)은 +X_{ES}축으로부터 반시계 방향으로 잰 방위각이 0°, 90°, 180°, 270°일 때 사라지며(유효 퍼텐셜의 내리막 방향이 순행 방향과 일치하므로), 이 각들로부터 멀수록 커진다. 따라서 Y_{ES}축에 가깝도록 I, III 사분면으로 투입되는 경우 I, III 사분면 내에 있는 동안은 순방향 감속을 거의 받지 않는 것이다.

그림 7-12a는 2023년 8월 초 발사된 후 저에너지 전이를 거

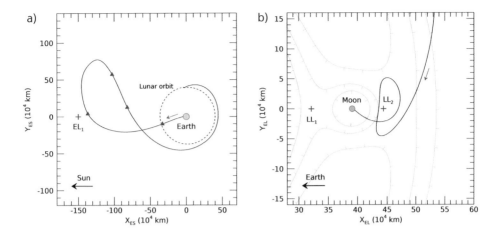

그림 7-12 2022년 8월 발사되었던 우리나라의 달 탐사선 다누리호가 택했던 저에너지 전이 궤도. a)는 지구 중심의 태양-지구 회전계이고 b)는 지구 중심의 지구-달 회전계다. X_{EL}축은 지구 중심의 지구-달 회전 좌표계에서 지구와 달을 잇는 축이고, Y_{EL}축은 이에 직각인 축이다. 빨간 세모는 다누리호가 전이 중에 가졌던 Δv 기동의 위치이고, 빨간 십자는 EL1과 LL1, LL2의 위치다. (Sungsoo S. Kim / CC BY-SA 4.0 / 다누리 데이터 출처: 한국항공우주연구원)

쳐 12월 중순 달에 포획된 우리나라의 첫 달 궤도선 다누리의 궤적이다. $-Y_{ES}$축에 가깝게 III 사분면으로 내보내진 후 II 사분면으로 들어가 순방향 가속을 얻어 달 공전궤도에 접근하는 것을 볼 수 있다. 달 공전궤도 접근 전까지 총 네 차례의 Δv 기동(빨간 세모)이 있었는데 이들의 총합은 ~9 m/s에 불과했으며, 이는 (태양의 영향이 없는) r_3 = 150만 km인 이중타원 호만 전이에서의 r_3 Δv인 280 m/s에 비해 한참 작은 값이다.

저에너지 전이의 효율성은 여기에서 그치지 않는다. 직접 전이나 위상 전이와 달리 저에너지 전이의 경우, 달 영향권으로의 진입은 지구에서 볼 때의 앞쪽이 아닌 뒤쪽에서 이루어진다. 그림 7-12a는 태양-지구 회전 좌표계에서 본 궤적인 반면 그림 7-12b는 지구-달 회전 좌표계에서 본 것이며, 다누리가 달의 뒤편인 LL2 주변을 통해 달 영향권(반경 66,200 km)으로 진입함을

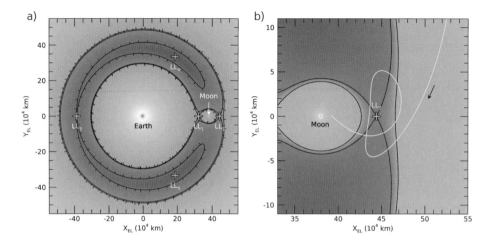

그림 7-13 a) 지구-달 시스템의 유효 퍼텐셜과 라그랑주 점들(LL_1~LL_5). b) a)와 같은 그림으로 달 주변을 확대한 것이며 다누리의 궤적이 표시되어 있다. a)와 b) 모두 달의 공전 각속도로 회전하는 좌표계다. (Sungsoo S. Kim / CC BY-SA 4.0 / 다누리 데이터 출처: 한국항공우주연구원)

보여준다.

다소 까다로운 천체역학 계산을 이용하면 우주선이 달의 뒤편으로 달에 접근하는 경우 앞편으로 접근할 때보다 더 작은 Δv로 달의 중력에 포획될 수 있음을 보일 수 있다. 구체적인 계산 과정을 여기에서 보이지는 않겠으나, 뒤편으로 접근하는 것이 더 효율적인 이유는 다음과 같다.

EL_1-EL_2 분지의 가장자리까지 갔다가 달 공전궤도 반경으로 접근하는 우주선의 속도는 달의 공전 속도보다 느리며,[22] 지구-달 회전 좌표계(그림 7-12b)에서 볼 때 우주선은 달의 공전 앞 방향에서 다가온다. 이렇게 LL_2를 향해 다가오는 우주선은 지구-달 시스템에 의한 유효 퍼텐셜 언덕을 올라가면서 달과의 상대속도가 약해지고(그림 7-13b), 동시에 전향력에 의해 달

---

22 태양의 영향이 없는 순수한 이중타원 호만 전이의 경우, 달 공전 반경에서 우주선의 속도는 달의 공전 속도보다 빨라야 한다.

공전 방향으로 선회하게 된다. 이 두 가지 모두 순방향 가속[23]에 해당하며 우주선이 달의 공전 속도를 따라잡는 데 도움을 주는 것이다.

이제까지의 내용을 정리를 하자면 저에너지 전이가 직접 전이보다 효율적인 이유는 다음과 같다.

저에너지 전이가 직접 전이보다 효율적인 이유.

- 전이 전후 궤도 반경의 비가 충분히 큰 전이의 경우 이중타원 호만 전이가 일반적인 호만 전이보다 더 효율적인데, 지구 저궤도에서 달 공전궤도로의 전이가 이에 해당한다.
- 이중타원 호만 전이를 이용하는 경우 우주선이 지구-달 영향권 바깥으로 나가야 하기 때문에 태양에 의한 조석력이 고려되어야 하며, 이 조석력은 우주선이 달 공전궤도에 접근하는 데 필요한 Δv를 줄여줄 수 있다.
- 우주선이 달의 뒤편으로 달에 접근하는 경우 경로를 잘 선택하면 앞편으로 접근하는 경우에 비해 상대적으로 작은 Δv로 달 중력에 포획될 수 있다.

직접 전이의 경우 지구 주차 궤도에서 우주 발사체(로켓)에 의해 전이 궤도로 투입된 후 달 저궤도(고도 ~100 km)에 진입할 때까지 ~800 m/s의 Δv가 필요한 데 비해 저에너지 전이의 경우 ~600 m/s까지로 줄일 수 있다. 이는 불과 ~200 m/s의 비용 절감으로 지구 표면에서 달 저궤도까지의 총 Δv인 ~13 km/s에 비해 매우 작은 양이지만, 로켓에서 분리된 후 우주선이 스스로 담당해야 하는 Δv만 따졌을 때는 ~25%의 절감에 해당한다. 우주선

---

23 달의 앞면으로 진입할 때 지구-달 회전 좌표계의 II 사분면에서 생기는 전향력은 순방향 가속이 아닌 감속을 야기하며, 또한 우주선이 II 사분면에 있을 때는 달까지의 거리가 다소 멀기도 하다.

이 달 궤도에서 상당 기간 임무를 수행해야 하는 궤도선인 경우, 저에너지 궤도를 이용해서 절감한 연료를 달 궤도에서의 고도를 유지하는 데 사용할 수 있으므로 궤도선으로서의 수명을 대폭 연장할 수 있게 된다.[24]

앞에서 저에너지 전이는 WSB/BLT 궤도로도 불린다고 언급했다. 먼저 WSB(약 안정 경계)는 다음에서 연유한다. 6.1절에서 논의되었듯이 2체 문제에서는 물체의 총 에너지가 0보다 작으냐 그렇지 않으냐에 의해 속박 여부가 결정된다. 하지만 저에너지 전이를 하는 우주선의 경우 태양-지구-달-우주선을 모두 고려해야 하는 4체 문제가 되며, 이 경우 우주선이 특정 천체, 즉 달에 속박되느냐 아니냐는 한두 물리량으로 간단히 결정되지 않는다.[25] 이 때문에 달에 느슨하게 속박되어 작은 궤도 요소 차이만으로도 속박과 비속박을 오갈 수 있는 궤도의 경계가 존재하게 되며, 이들은 안정되게 달에 속박되어 있지 않으므로 약 안정 경계 궤도라 불린다.

WSB 궤도는 그림 7-12b에서와 같이 달의 뒤편으로 진입하는 경로를 가지며, 150만 km 부근의 원지점을 거친 후 달 공전 반경으로 내려오는 우주선이 WSB 궤도로 진입할 수 있도록 원지점 부근에서 궤도 선회 시 궤도 보정이 필요하다. 즉 WSB는 우주선이 원지점에서 달 공전 반경으로 내려올 때 택해야 하는 궤도를 뜻한다.

한편 BLT(탄도형 달 전이)는 우주선이 달 부근에서 달에 포획되려 할 때 추력을 거의 가하지 않은 상태로 포획되는 것을 뜻한

---

24 달의 밀도 분포가 완벽한 구대칭이 아니므로 달 저궤도에 있는 우주선의 고도는 몇 주 만에 원래 고도에서 서서히 벗어나게 되며, 이를 보정하기 위해서는 주기적인 궤도 보정이 필요하기 때문이다.

25 이는 3체 이상의 모든 일반적인 문제에 해당한다.

다.[26] 위에서 논의되었듯이 우주선이 달의 앞면으로 진입할 때와 달리 뒷면으로 진입하는 경우 궤도를 적절히 선택하면 지구-달 유효 퍼텐셜에 의해 최소한의 추력으로 달에 포획될 수 있으며, BLT는 저에너지 전이의 마지막 구간(LL$_2$ 부근)에서 가져야 하는 궤도다.

결국 저에너지 전이는 1) 이중타원 호만 전이와 태양 조석력을 이용해 우주선의 근지점을 달 공전 반경으로 올리고, 2) 우주선이 달의 뒤쪽에서 달로 접근할 때 WSB/BLT 궤도로 들어갈 수 있도록 궤도를 조정한 후, 3) LL$_2$ 부근에서 지구의 조석력을 이용해 달에 포획되도록 하는 전이다.

달로의 저에너지 전이가 처음 사용된 것은 1990년에 발사된 일본의 첫 달 탐사 미션인 히텐(Hiten)이었다. 히텐은 원지점이 476,000 km인 타원궤도를 돌며 하고로모(Hagoromo)라는 조그마한 달 궤도선을 분리하여 달 궤도에 투입할 계획이었는데 하고로모의 통신 두절로 달 궤도 투입 성공 여부를 알 수가 없었다. 그 후 계획을 변경하여 저에너지 전이 궤도를 통해 히텐을 일시적으로 달에 포획되도록 하는 데 성공했으며, 이후 EL$_4$, EL$_5$ 지역을 지나도록 만들기도 했다.

달 궤도로의 저에너지 전이가 사용된 두 번째 미션은 2011년에 발사된 미국의 GRAIL(Gravity Recovery and Interior Laboratory)이었다. GRAIL은 2기의 탐사선으로 구성되었으며, 과학 목적을 위해 2기가 일정한 거리를 가지고 달 궤도에 투입되어야 했다. 이를 위해서는 저에너지 전이가 가장 적합하다고 판단되었던 것으로 보인다.

---

26 'ballistic'은 총이나 포의 탄환과 같이 한 번 쏘아진 후에는 별다른 추력 없이 관성에 의해서만 날아가는 것을 뜻하며, 우리말로는 '탄도 미사일'에서와 같이 '탄도'로 종종 번역된다.

우리나라의 다누리호도 저에너지 전이 방식을 이용했다.

그다음 저에너지 전이가 사용된 것은 바로 우리나라의 다누리였다. 다누리의 원래 계획된 전이 방식은 위상 전이였으나, 1) 다누리 제작 과정에서 다누리의 총 중량이 애초 계획(500 kg)보다 크게 증가(678 kg)하게 되었으며, 2) 달 전이 궤도 투입 이후 달 임무 궤도(고도 100 km)로의 투입과 달 임무 궤도에서의 고도 유지에 필요한 연료를 담는 연료통의 크기를 너무 일찍 확정하고 구매하는 바람에 1년이라는 임무 기간 동안 고도를 유지하기 어려운 상황에 처하게 되었다. 이에 다누리는 기존의 위상 전이 대신 저에너지 전이 방식을 택하기로 계획을 변경했으며, 이후 효율적인 저에너지 궤도 도출 및 실제 항행을 완벽하게 수행하는 데 성공했다.

화성이나 금성 같은 다른 행성으로의 전이도 여러 천체(지구, 태양, 목표 천체)가 고려되어야 하기 때문에 얼핏 복잡해 보이나 의외로 단순하게 근사될 수 있다. 이는 전체 여정 중 두 천체에 의한 중력을 동시에 고려해야 하는 기간이 상대적으로 매우 짧기 때문이다.

예를 들어 행성 A의 저궤도에서 출발하여 행성 B의 저궤도에 진입하는 전이의 경우, A의 영향권 내에 있을 때는 A에 의한 중력만, A의 영향권을 벗어나 B로 향하는 도중에는 태양 중력만, B의 영향권에 진입한 후에는 B에 의한 중력만 고려해도 충분히 좋은 근사가 된다.

이는 지구의 영향권 반경과 EL_1-EL_2 분지의 가장자리 사이에서 천천히 선회를 하는 저에너지 달 전이의 경우와 달리, 다른 행성으로의 전이 과정에서는 우주선이 출발 및 도착 행성의 영향권 반경 부근을 빠르게 통과하기 때문이다. 이러한 근사를 '원뿔 때움 근사(patched conic approximation)'라 부르는데, 이는 각 천체에 의한 중력장을 원뿔로 보고 태양 중력을 나타내는 커다란 원뿔 안에 출발 행성과 도착 행성의 중력을 나타내는 작은 원뿔들이 때워져[27] 있는 것으로 볼 수 있기 때문이다(그림 7-14).

다른 행성으로의 전이에서는 위치에 따라 가장 큰 중력을 미치는 천체만 고려해도 된다.

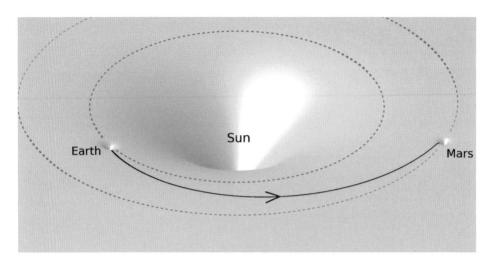

그림 7-14 지구에서 화성으로 전이하는 우주선이 거치는 중력 퍼텐셜들의 모양. 태양이 만드는 거대한 중력장 안에 지구와 화성에 의한 작은 중력장이 '때워져' 있는 것으로 근사될 수 있다. (Sungsoo S. Kim / CC BY-SA 4.0)

직접 전이

두 지구궤도 간의 전이 및 지구에서 달로의 직접 전이 경우와 마찬가지로, (제3의 천체를 이용하지 않는 경우) 가장 효율적인 두 행성 간의 직접 전이 방식은 호만 전이를 이용하는 것이다. 원뿔 때움 근사와 호만 전이를 이용하여 행성 A의 주차 궤도에서 행성 B의 주차 궤도로 직접 전이하는 과정을 순차적으로 설계해보자(두 주차 궤도 모두 원궤도를 가정한다).

1) 행성 간 호만 전이 속도 $v_{SOI(A),\odot}$와 $v_{SOI(B),\odot}$ 구하기

(6-10)식을 이용하여 A 공전궤도에서 B 공전궤도로 호만 전이 할 때 필요한 속도를 태양 중심 좌표계에서의 값으로 구한다. 첫 호만 전이 때의 속도 $v_{SOI(A),\odot}$는 A의 영향권

---

27 '때우다'는 '땜질하다'는 뜻으로, '해진 데를 때우다' 등으로 쓰인다.

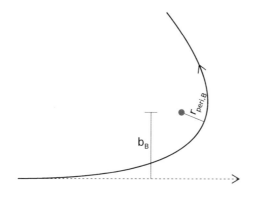

그림 7-15 행성의 영향권으로 진입하는 우주선이 가지는 궤도. 충돌 파라미터 b_B와 근점 $r_{peri,B}$가 표시되어 있다. (Sungsoo S. Kim / CC BY-SA 4.0)

SOI(A)를 빠져나오는 순간에 필요한 태양(⊙) 중심 좌표계에서의 속도이고, 두 번째 호만 전이 때의 속도 $v_{SOI(B),⊙}$는 B의 영향권 SOI(B)로 들어가는 순간에 가지는 태양 중심 좌표계에서의 속도다.[28]

2) 1)을 각 행성 중심 좌표계 속도 $v_{SOI(A),A}$와 $v_{SOI(B),B}$로 바꾸기

$v_{SOI(A),⊙}$와 $v_{SOI(B),⊙}$에서 각 행성의 공전 속도를 빼서 행성 중심 좌표계에서 본 행성 간 호만 전이 속도를 구한다. $v_{SOI(A),⊙}$에서 A의 공전 속도를 빼면 A 좌표계에서의 속도인 $v_{SOI(A),A}$가, $v_{SOI(B),⊙}$에서 B의 공전 속도를 빼면 B 좌표계에서의 속도인 $v_{SOI(B),B}$가 된다. 결국 $v_{SOI(A),A}$는 우주선이 A의 영향권을 빠져나오는 순간에 필요한 A에 상대적인 속도이고, $v_{SOI(B),B}$는 우주선이 B의 영향권으로 들어가는 순간에 가지는 B에 상대적인 속도다.

3) A의 주차 궤도에서 필요한 속도 $v_{park→SOI(A),A}$ 구하기

---

28 7장의 속도를 나타내는 변수에서 아래 첨자의 쉼표 뒤 기호는 좌표계를 뜻한다.

총 에너지에 관한 식인 (6-4)식을 이용하여 우주선이 A의 영향권을 빠져나가는 순간에 $v_{SOI(A),A}$의 속도를 가지기 위해 필요한 A 주차 궤도(예를 들어 200 km 고도의 원궤도)에서의 속도 $v_{park \to SOI(A),A}$를 구한다. 우주선이 주차 궤도에서 출발할 때 이 속도를 가져야 SOI(A)를 빠져나가는 순간에 $v_{SOI(A),A}$를 가지게 되고 그 후 결국 SOI(B)까지 도달할 수 있게 된다.

4) 목표하는 B 주차 궤도 반경에서 근점이 만들어지는 b_B 구하기

SOI(B)에 진입하는 우주선은 B 중심 좌표계에서 보았을 때 쌍곡선 궤도($\varepsilon > 1$, $e > 1$)를 가진다. 이는 SOI(B)로 진입하는 우주선 속도의 크기는 유지한 채 방향만 거꾸로 향하게 하면 자신이 왔던 길을 고스란히 되돌아가야 하며, B의 중력장으로부터 결국 벗어나기 때문이다.

다소 복잡한 유도 과정을 거치면 쌍곡선 궤도에 있는 우주선이 행성 B와 만날 때 가지게 되는 근점을

7-10

$$r_{peri,B} = \sqrt{b_B^2 + \left(\frac{GM_B}{v_{\infty,B}^2}\right)^2} - \frac{GM_B}{v_{\infty,B}^2}$$

와 같이 얻을 수 있는데, 여기서 b_B는 충돌 파라미터(impact parameter)이고 $v_{\infty,B}$는 B 좌표계에서 본, 무한대 거리에서의 우주선 속도다. 충돌 파라미터는 조우하는 두 물체가 중력적으로 상호작용 하지 않고 각자의 원래 속도를 유지한 채 그대로 서로를 지나칠 때 가지게 되는 최소 접근 거리다. 쌍곡선 궤도의 경우 행성의 영향권 반경과 같이 행성으로부터 충분히 먼 위치에서는 중력 퍼텐셜에 비해 운동에너지의 크기가 훨씬 더 크므로 $v_{SOI(B),B} \cong v_{\infty,B}$라고 볼 수 있으므로

$$r_{\mathrm{peri,B}} \cong \sqrt{b_{\mathrm{B}}^2 + \left(\frac{GM_{\mathrm{B}}}{v_{\mathrm{SOI(B),B}}^2}\right)^2} - \frac{GM_{\mathrm{B}}}{v_{\mathrm{SOI(B),B}}^2} \qquad \boxed{\text{7-11}}$$

와 같이 근사할 수 있다.

행성 간 전이 시 비행하는 거리에 비해 행성의 SOI 반경은 매우 작으므로, 우주선이 B 행성에 접근하는 동안 아주 작은 Δv를 통해 b_{B}를 조절하여 목표하는 주차 궤도 반경에서 우주선이 근점을 가지도록 만들 수 있다. (7-11)식을 b_{B}에 대해 정리하면 아래와 같다.

$$b_{\mathrm{B}} \cong \sqrt{r_{\mathrm{peri,B}}^2 + \frac{2 r_{\mathrm{peri,B}} GM_{\mathrm{B}}}{v_{\mathrm{SOI(B),B}}^2}} \qquad \boxed{\text{7-12}}$$

이제 1)~4)에서 구한 물리량들을 바탕으로 행성 간 전이 과정을 따라가보자. A의 주차 궤도에서 대기 중인 우주선의 공전 속도를 $v_{\mathrm{park(A),A}}$라 하면, 호만 전이를 시작하기 위해 필요한 첫 번째 기동에는 $\Delta v = v_{\mathrm{park \to SOI(A),A}} - v_{\mathrm{park(A),A}}$가 필요하다. 이 크기의 추력을 얻은 우주선은 SOI(A)를 빠져나가는 순간 $v_{\mathrm{SOI(A),\odot}}$를 가진 채로 태양 중력권 내에서 행성 간 전이를 시작한다. 단, 이 시점에 우주선의 속도 방향이 A의 공전 방향과 일치하게 만드는 타이밍에 우주선이 주차 궤도로부터 출발해야 한다.[29]

우주선이 행성 B에 근접하게 되면 목표하는 주차 궤도 반경에서 근점이 만들어지게 하는 b_{B}를 가지도록 궤도를 조정한다. 우주선이 SOI(B)를 진입할 때는 특별한 기동이 필요 없으며, 우주선이 근점에 다다르는 시점에 주차 궤도에 진입하도록 $\Delta v = v_{\mathrm{park(B),B}} - v_{\mathrm{peri(B),B}}$의 기동을 가해주면 된다. 결국 b_{B} 조정

---

29 논의의 단순화를 위해 A 주차 궤도가 A → B로의 행성 간 전이에 필요한 평면에 이미 놓여 있다고 가정하자.

을 위한 작은 기동이나 궤도 보정을 위한 작은 기동들을 제외하면 A 주차 궤도를 떠날 때 큰 기동 한 번, B 주차 궤도에 진입할 때 큰 기동 한 번만 필요한 것이다.

중력 지원 궤도

천체 근접 통과를 통해 가속이나 감속을 얻을 수 있다.

천체의 근처를 근접 통과(flyby)하면서 그 천체의 중력을 이용하여 우주선을 가속하거나 감속하는 궤도를 중력 지원 궤도(gravity assist trajectory)라 한다. 근접 통과 시 천체 공전 방향의 앞쪽(leading side)에 근점이 생기도록 통과하면 감속이 되며, 뒤쪽(trailing side)에 근점이 생기도록 통과하면 가속이 일어난다.

6.1절에서 언급된 2체 문제에 대한 해를 떠올려보면 중력 지원 궤도는 불가능할 듯해 보인다. (제한된 또는 일반적인) 2체 문제에서 물체들은 타원, 포물선, 쌍곡선 중 하나의 궤도를 가지게 되고, 이 궤도들은 두 물체가 서로 접근할 때와 멀어질 때 서로 대칭이어야 하기 때문이다. 즉 무한대의 거리에서 v_∞라는 상대속도를 가지고 접근하기 시작했으면 조우 뒤 무한대의 거리로 멀어졌을 때도 같은 v_∞의 상대속도를 가져야 하며, 각자 운동에 너지에 변화가 없어야 한다. 하지만 이는 두 천체의 질량중심계에서 바라본 것이므로 3체 이상의 계에는 적용되지 않는다.

중력 지원은 움직이고 있는 매우 무거운 기차와의 충돌로 보면 된다.

태양계 내에서 우주선이 태양 외의 천체를 근접 통과하는 경우에는 3체 문제가 된다. 예를 들어 지구를 떠난 우주선이 화성을 근접 통과하는 경우를 고려해보자. 우주선이 화성의 영향권에 들어가기 전까지는 태양의 중력장 내에서 2체 운동을 하는 것으로 볼 수 있지만 화성의 영향권 내에 들어간 이후에는 이야기가 달라진다. 화성-우주선 질량중심계에서 볼 때는 2체 문제로 기술될 수 있지만, 태양 중심계에서 볼 때는 3체 문제가 되는

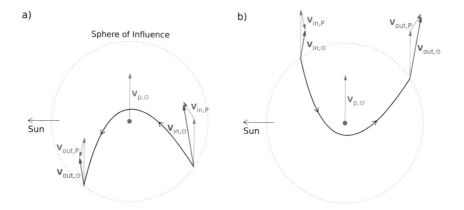

그림 7-16 a) 근점이 행성의 공전 방향 앞에 놓이도록 행성을 근접 통과하는 우주선의 궤적. b) 근점이 행성의 공전 방향 뒤에 놓이도록 행성을 근접 통과하는 우주선의 궤적. 초록색 벡터는 태양 중심계에서 본 행성의 속도 벡터, 파란색 벡터는 행성 중심계에서 본 우주선의 속도 벡터, 빨간색 벡터는 이 둘의 합으로, 태양 중심계에서 본 우주선의 속도 벡터다. 근접 통과를 통해 a)는 감속을, b)는 가속을 얻게 된다. (Sungsoo S. Kim / CC BY-SA 4.0)

것이다.

　　그림 7-16a는 행성 P를 근접 통과하는 우주선이 P의 공전 방향 앞쪽에 근점이 만들어지도록 통과하는 경우 가지는 속도 벡터들을 보여준다. 파란 벡터들은 우주선이 SOI 반경을 들어갈 때와 나올 때 가지는 행성 좌표계에서 본 속도($v_{in,P}$, $v_{out,P}$)이고, 빨간 벡터들은 태양 좌표계에서 본 속도($v_{in,\odot}$, $v_{out,\odot}$)다. 행성-우주선 2체 문제에서의 속도인 $v_{in,P}$와 $v_{out,P}$는 크기가 같지만, 태양 좌표계에서 본 행성의 속도 $v_{P,\odot}$가 포함된 $v_{in,\odot}$, $v_{out,\odot}$는 크기가 같지 않고 $|v_{in,\odot}| > |v_{out,\odot}|$임을 보여준다 이 두 속도 모두 같은 $v_{P,\odot}$가 더해진 것이지만 $v_{in,P}$와 $v_{out,P}$의 방향이 달라 벡터 합 결과의 크기가 다르게 된 것이다.

　　그림 7-16b는 우주선이 P의 공전 방향 뒤쪽에 근점이 만들어지도록 통과하는 경우 가지는 속도 벡터들을 보여주는데, 이 경우 그림 7-15a에서와 반대로 $|v_{in,\odot}| > |v_{out,\odot}|$임을 볼 수 있다.

이 현상들은 같은 선로 위에서 움직이는 두 기차의 예로 설명하면 이해하기 쉽다. 무거운 기차 P와 가벼운 기차 S가 같은 선로에 있고 S의 무게는 P에 비해 무시될 수 있을 만큼 작다고 하자. 두 기차 모두 같은 방향(앞 방향)으로 움직이는데, 두 기차의 속도가 달라서 충돌하게 되면 완전탄성충돌을 한다고 가정하자. P가 30 km/h의 속도로 움직이고 있고 그 앞에서 S가 25 km/h의 속도로 움직이는 경우, P의 관점에서 S는 충돌 전 5 km/h의 속도로 자신에게 앞에서 다가오며 충돌 후 5 km/h의 속도로 앞으로 멀어지는 것으로 볼 것이다. 이를 정지해 있는 관찰자가 볼 때 25 km/h로 움직이던 S가 충돌 후 30 + 5 = 35 km/h의 속도로 앞으로 튕겨 나가는 것으로 볼 것이므로, 결국 S는 10 km/h의 가속을 받은 것으로 보게 된다.

반대로 P가 30 km/h의 속도로 움직이고 있고 그 뒤에서 S가 35 km/h의 속도로 움직이는 경우, P의 관점에서 S는 충돌 전 5 km/h의 속도로 자신에게 뒤에서 다가오며 충돌 후 5 km/h의 속도로 뒤로 멀어지는 것으로 볼 것이다. 이를 정지해 있는 관찰자가 볼 때 35 km/h로 움직이던 S가 충돌 후 30 − 5 = 25 km/h의 속도로 뒤로 튕겨 나가는 것으로 볼 것이므로, 결국 S는 10 km/h의 감속을 받은 것으로 보게 된다.

우주선이 행성의 영향권에 들어갈 때와 나올 때 행성 좌표계에서 본 속도의 크기는 같으나 방향이 다른 것을 완전탄성충돌 하는 것으로 볼 수 있으며, 기차 P가 S를 뒤에서 충돌하는 것은 우주선의 근점이 행성의 공전 방향 뒤쪽에 만들어지는 경우(가속)로, 기차 S가 P를 뒤에서 충돌하는 것은 우주선의 근점이 행성의 공전 방향 앞쪽에 만들어지는 경우(감속)로 빗댈 수 있다.

화성보다 바깥에 있는 천체로 향하는 경우 가속을 얻는 중

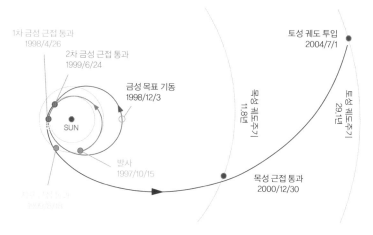

그림 7-17 1997년 발사된 토성 및 타이탄 탐사선 Cassini – Huygens의 비행 궤적. 중력 지원을 위해 총 5번의 행성 근접 통과를 수행했다. (NASA / Wikimedia Commons / Public Domain)

력 지원 궤도를 이용해야 하며, 금성보다 안쪽에 있는 천체, 즉 수성으로 향하는 경우 감속을 얻는 중력 지원 궤도를 이용해야 한다. 재미있는 것은 목성이나 그보다 더 멀리 있는 천체로 향하는 경우 지구보다 더 안쪽에 있는 금성과 지구의 중력 지원을 얻는 경우도 종종 있다는 것이다[예: 1997년 발사된 토성 및 타이탄 탐사선 Cassini – Huygens(그림 7-17)와 2023년 발사된 목성 위성 탐사선 JUICE].

7.5 지구 근접 천체로의 전이

지구 근접 천체(near-Earth object, NEO)는 근일점이 1.3 AU[30]보다 작은, 행성 이외의 태양계 내 천체로, 크게 지구 근접 소행성(near-Earth asteroid, NEA)과 지구 근접 혜성(near-Earth comet, NEC)[31]으로 나뉜다.

NEO들은 지구와 비슷한 공전 주기를 가지고 있어서 효율적인 전이 기회가 드물다.

NEO로의 전이는 다른 행성으로의 전이와 다른 특징을 가지는데, 그것은 이들이 지구의 공전주기와 비슷한 공전주기를 가진다는 사실이다. (6-8)식에서 보았듯이 공전주기 P는 장반경 a와 $P \propto a^{3/2}$의 관계를 가지므로 1.15 AU의 장반경을 가진 NEO의 공전주기는 지구와 23%의 차이를, 1.05 AU의 장반경을 가진 NEO의 공전주기는 지구와 7.6%의 차이만을 가진다. 그런데 이렇게 공전주기가 지구와 차이가 많이 나지 않는 천체일수록 그 천체로의 효율적인 전이 기회가 드물어지는데, 그 이유는 이렇다.

예를 들어 지구에서 화성으로 직접 전이(호만 전이) 방식으로 전이하는 경우, 호만 전이의 특성상 우주선이 지구를 떠날 때

---

30 AU는 천문단위(astronomical unit)로, 평균 태양–지구 간 거리(1억 4,960만 km)다.

31 혜성은 소행성과 비슷하나, 코마(coma)나 꼬리를 가지고 있는 것은 혜성으로 분류된다. 코마는 고체인 혜성 핵 주변에 존재하는 얼음과 먼지로 이루어진 뿌연 외곽부를 말한다.

의 지구 위치와 화성에 도착할 때의 화성 위치는 태양을 중심으로 서로 정반대 편에 있게 된다. 즉 도착 지점의 태양계 원반 내 위상(phase)은 출발 지점의 위상보다 180° 앞에 있는 것이다. 당연히 우주선의 출발은 출발 후 지구-화성 호만 전이에 걸리는 시간(0.71년, 6-14식) 뒤에 화성이 출발 지점의 반대편에 있게 되는 시점에 이루어져야 한다. 그런데 이런 기회는 2.14년(~26개월)에 한 번씩만 돌아온다. 이는 두 천체 간의 위상 차이가 $\Delta\phi$에서 출발하여 다시 $\Delta\phi$로 돌아오는 데까지 걸리는 시간인 회합주기(synodic period)가 지구-화성의 경우 2.14년이기 때문이다.

천체 A와 B 사이의 회합 주기 P_{syn}는

$$P_{syn} = \frac{1}{\left| \dfrac{1}{P_A} - \dfrac{1}{P_B} \right|}$$

7-13

로 주어지므로 두 천체 간의 공전주기 차이가 클수록 회합주기는 줄어들게 되어 지구와 목성의 회합주기는 1.09년에 지나지 않는다. 즉 행성으로의 효율적인 전이를 위한 최적 출발 시기만을 따졌을 때는 목성으로의 전이가 화성으로의 전이보다 덜 까다로운 것이다.

이와 반대로 천체 간의 공전주기 차이가 작을수록 회합주기가 늘어나게 되어 효율적인 전이 시점을 기다리는 데 걸리는 평균 시간이 더 늘어나게 된다. 위에서 언급된 장반경 1.15 AU의 천체는 지구와 5.3년의 회합주기를 가지고, 장반경 1.05 AU의 천체는 지구와 14.2년의 회합주기를 가지게 되는 것이다.

기나긴 회합주기를 기다리지 않고도 위상 차이가 많이 나는 NEO로 전이하기 위해서는 '위상 변화 기동(phasing maneuver)'이 필요하다. 이 기동은 전이의 시작과 끝에 각각 한 번의 순간적

위상 변화 기동은 한 공전 동안 일시적으로 장반경을 변경하여 위상을 바꾸는 기동이다.

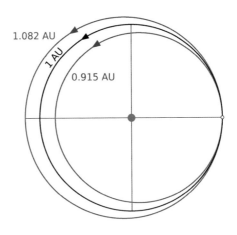

인 기동을 가한다는 점에서는 호만 전이와 같은데, 그림 7-18에서 볼 수 있듯 호만 전이와 달리 두 기동을 모두 같은 위치에서 가한다. 즉 우주선이 첫 번째 기동 후 태양 주변을 한 바퀴 다 돈 뒤 기동을 시작한 자리로 돌아와서 두 번째 기동을 수행하는 것이다.

이를 통해 공전 반경은 유지하면서 위상을 변경할 수 있는데, 첫 번째 기동에서 감속을 하면 (공전 방향으로) 앞서 있는 위상을 따라잡을 수 있고 가속을 하면 위상이 뒤로 후퇴하게 된다. 감속으로 시작한 경우 한 바퀴 공전 후에는 감속 때와 같은 크기의 가속으로 끝내야 하며, 가속으로 시작한 경우 가속 때와 같은 크기의 감속으로 끝내야 한다.

위상 전이는 비용이 많이 드는 기동이다.

표 7-2는 목표로 하는 위상 변화에 필요한 지구 공전궤도로부터의 Δv를 보여주는데, + 부호의 위상 변화는 앞서 있는 위상을 따라잡는 것이고 - 부호의 위상 변화는 뒤에 있는 위상으로 이동하는 것이다. 예를 들어 한 바퀴의 1/8(45°)만큼 앞서 있는

위상 변화	Δv (km/s)	주기 (yr)	위상 변화	Δv (km/s)	주기 (yr)
$+\frac{1}{8}$	−1.42, +1.42	0.875	$-\frac{1}{8}$	+1.10, −1.10	1.125
$+\frac{1}{4}$	−3.34, +3.34	0.750	$-\frac{1}{4}$	+1.99, −1.99	1.250
$+\frac{3}{8}$	−6.10, +6.10	0.625	$-\frac{3}{8}$	+2.72, −2.72	1.375
$+\frac{1}{2}$	−10.7, +10.7	0.500	$-\frac{1}{2}$	+3.34, −3.34	1.500
			$-\frac{5}{8}$	+3.87, −3.87	1.625
			$-\frac{3}{4}$	+4.33, −4.33	1.750
			$-\frac{7}{8}$	+4.72, −4.72	1.875

표 7–2 지구 공전 반경에서 원운동을 하고 있는 물체가 목표로 하는 위상 변화를 얻기 위해 필요한 Δv. 두 숫자 중 처음 것이 기동 시작 시의 Δv, 다음 것이 기동 종료 시의 Δv이다. + 위상은 앞서 있는 위상, − 위상은 뒤따라오는 위상이다.

위상을 따라잡기 위해서는 시작 기동 시 1.42 km/s의 감속과 마무리 기동 시 1.42 km/s의 가속이 필요하며, 1/8만큼 뒤에 있는 위상으로 이동하기 위해서는 1.10 km/s의 가속 기동으로 시작하여 1.10 km/s의 감속 기동을 끝내야 한다. 또한 1/4의 위상을 따라잡으려면 총 6.68 km/s의 기동이, 1/4의 위상을 늦추려면 총 3.98 km/s의 기동이 필요한 바, 위상 전이는 상당히 비용이 많이 드는 기동이다.

주목해야 할 점은 같은 크기의 위상 차이라도 위상을 따라잡는 기동에 비해 위상을 늦추는 기동에 Δv가 덜 필요하다는 사실이다. 예를 들어 1/4의 위상을 쫓아가는 경우 총 6.68 km/s가 필요한 데 비해 1/4의 위상을 늦추는 경우 총 3.98 km/s만 필요한 것이다. 이는 주기와 장반경이 $P \propto a^{3/2}$의 관계를 가지고 있어서 같은 크기의 Δa라 하더라도 +Δa가 야기하는 |ΔP|가 −Δa가 야기하는 |ΔP|보다 크기 때문이다($P \propto a^{3/2}$의 곡선 모양을 떠올

려보거나 $\partial|\partial P/\partial a|/\partial a > 0$임을 이용하면 이해하기 쉽다).[32]

표 7-2에서 볼 수 있는 재미있는 점은, 3/8의 위상을 쫓아가는 것보다 반대로 5/8의 위상을 늦추는 방향으로 같은 위상 변화를 가지는 편이 더 작은 Δv를 필요로 한다는 것이다. 하지만 후자는 전자에 비해 1년이나 더 긴 시간을 필요로 하는 것이 단점이다.

이 절에서는 위상 변화 기동에 대해서만 다루었지만, 일반적으로 NEO로의 전이는 궤도면 전이, 장반경 전이(근점·원점 전이), 장축단 회전, 위상 변화 등이 모두 필요하며, 최적의 궤적을 위해 필요한 기동 방법은 목표로 하는 NEO마다 다르다.

대개 NEO 탐사는 탐사선의 개발, 제작, 시험이 끝난 후 발사가 가능해질 시점에 지구에서 전이하기에 적절한 천체를 탐사 대상으로 선택하게 되므로, 커다란 위상 변화 등의 큰 기동이 필요한 NEO가 대상이 되는 경우는 거의 없다.

참고로 NASA Ames Research Center Trajectory Browser 사이트[33]에서는 입력된 출발일 범위와 전이 소요 시간 범위에 대해 알려진 모든 NEO까지 전이하는 데 필요한 Δv값을 제공해 준다.

실제 NEO로의 전이에서는 여러 가지 기동이 복합적으로 이루어진다.

---

32 (6-4)식과 (6-6)식을 합한 식으로부터 $\partial|\partial a/\partial v|/\partial v > 0$가 됨을 알 수 있다. 따라서 같은 크기의 Δv라 하더라도 $+\Delta v$가 야기하는 $|\Delta a|$가 $-\Delta v$가 야기하는 $|\Delta a|$보다 크다. 이것 또한 위상을 늦추는 기동이 앞당기는 기동에 비해 더 작은 Δv를 필요하게 하는 데 기여하지만, 그 효과는 $P \propto a^{3/2}$에 의한 것에 비해 상대적으로 작다.

33 http://trajbrowser.arc.nasa.gov

지구궤도에 진입하거나 행성 간 비행을 하는 경우 중력을 거의 느끼지 못하는 상태가 된다. 이 상황을 흔히들 무중력(zero-gravity)이라고 말하지만 정확히는 '무게가 없거나(weightless) 거의 없는' 상태가 된다.

미소중력

지구궤도에서 원궤도 운동을 하는 경우 중력과 원심력이 평형을 이루지만, 이도 사실은 거의 평형인 상태이지 완벽하게 평형이기는 힘들다. 우주 발사체가 위성이나 우주선을 목표하는 고도에 목표하는 속도로 정확히 투입하기는 매우 힘들기 때문이다. 또한 부피가 큰 물체의 경우 지구 중력에 의해 조석력도 느낄 수 있는 점[34] 등도 고려하면 궤도에 떠 있는 것이 완벽히 무중력이라 보기는 힘든 것이다. 행성 간 공간을 비행하고 있는 경우에도 태양과 주변 천체에 의한 중력이 매우 약하긴 하지만[35] 존재하므로 완전한 무중력상태는 아니다. 이러한 이유들 때문에 무중력 대신 미소중력(microgravity, micro-g)이란 표현이 더 적합하다.

---

34 사람이나 작은 우주선의 경우 조석력은 무시할 수 있을 정도로 작다.
35 지구 공전궤도 위치에서 태양에 의한 중력은 지구 표면 중력의 0.061%에 불과하다.

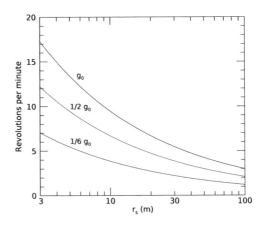

그림 7-19 회전 반경 r_s를 가진 우주선이 1 g_0, 1/2 g_0, 1/6 g_0의 인공중력을 만들어 내기 위해 필요한 분당 회전수.(Sungsoo S. Kim / CC BY-SA 4.0)

미소중력은 사람에게 어떤 영향을 미칠까? 미소중력에 장기간 놓이게 되면 피, 수분, 림프액 등의 체액이 상체로 쏠리고 근육과 뼈가 약해지며 심혈관 계통이 둔화될 뿐 아니라 빈혈, 무기력, 불안감 등도 유발한다. 음식이나 음료를 섭취할 때 부스러기나 액체 방울이 공중에 떠다니지 않도록 신경 써야 하고, 대소변을 볼 때도 특별한 장치가 필요하다. 몸을 씻는 것도 흐르는 물이 아닌 물에 적신 스펀지 등을 이용해야 하며 면도를 할 때도 수염 부스러기가 퍼지지 않도록 주의해야 한다.

이와 같이 장기간의 미소중력은 사람의 육체적 정신적 건강을 저하시키고 일상생활을 불편하게 만드므로, 장기간 궤도에 머무르거나 비행해야 하는 경우 인공중력을 발생시켜 이러한 문제들을 일부라도 줄이는 방안이 고려되어야 한다.

회전을 통한 인공중력
인공적으로 중력을 만드는 가장 현실적이고 간단한 방법은 우주선을 회전시켜 원심력이 생기도록 하는 것이다. 그러면 우주선 내의 사람이나 물건들은 회전축으로부터 먼 방향으로 힘을 느끼게 되며, 회전축을 바라보는 우주선 내의 평평한 구조물은 지구에 있는 건물의 바닥과 같은 역할을 하게 된다.[36] 이 인공중력의 크기는 우주선의 회전 각속도 ω_s와 회전축으로부터의 우주선 반경 r_s에 의해 결정되는데, 단위질량당 힘, 즉 가속도는 $\omega_s^2 r_s$이 된다.

우주선을 회전시켜 얻는 원심력으로 중력의 효과를 낼 수 있다.

그림 7-19는 회전 반경 r_s를 가진 우주선이 1 g_0, 1/2 g_0, 1/6 g_0의 인공중력을 만들어내기 위해 필요한 회전 각속도의 크기를 보여주는데, 예를 들어 10 m 반경의 우주선으로 지구 해수면 중력가속도인 1 g_0의 가속도를 얻으려면 분당 9.5회, 즉 6.3초에 한 번 회전해야 함을 알 수 있다. 하지만 지름이 20 m나 되는 구조물을 한 번에 우주로 올리는 것은 아직 불가능하다. 예를 들어 SpaceX의 Starship이 실을 수 있는 화물의 최대 높이는 22 m이지만 폭은 8 m에 그친다. 따라서 지름 20 m의 유인 우주선을 만들려면 구조물을 모듈화하여 국제우주정거장의 건설 때와 같이 여러 번에 나눠 궤도에 올린 후 궤도에서 조립해야 한다.

지름 8 m 우주선의 경우 1 g_0를 얻기 위해서는 15 rpm(revolutions per minute, 분당 회전수)이 필요한데, 이는 4초에 한 번 회전하는 것으로 지름 8 m의 물체가 가지는 각속도로는 상당히 큰 편이다(이는 선형 속도로 ~23 km/h에 해당한다). 이렇게 빠른 회전에서 그 안에 있는 사람은 불편함을 느끼지 않을까?

1990~2000년대에 이루어진 연구들에 의하면 사람은 ~5 rpm 이내의 회전까지는 편안함을 느끼며, 수일간의 적응 훈련을

---

36 회전축에서 멀리 있는 '바닥'일수록 인공중력의 크기가 커지므로, 사람들은 회전축으로부터 가장 먼 위치에서 주로 생활하게 될 것이다.

받으면 ~20 rpm까지도 큰 불편함 없이 적응할 수 있다고 한다. 하지만 이 연구들은 우주가 아닌 지상에서 이루어졌으며, 며칠 간에 걸친 회전 적응 훈련도 연속적이 아닌 간헐적으로 이루어 진 것이므로 실제 우주에서의 상황과는 상당히 다를 수 있다.

인공중력장에서의 생활

인공중력을 만들어내는 우주선 내의 사람은 실제로 어떤 상황에 놓이게 될까? 사람이 우주선의 '바닥'에 몸을 붙여 가만히 누워 있는 경우에는 실제 중력장에 있는 것과 차이를 느끼지 못할 것 이다. 우주선 밖의 풍경을 쳐다본다면 우주선의 회전이 빠른 경 우 멀미가 날 수도 있겠으나, 그것 외에는 우주선의 회전이 만들 어내는 원심력을 중력과 구분하는 것은 사실상 불가능하다.

하지만 사람이 바닥에 앉아 있거나 서 있다면 상황이 조금 달라진다. 원심력은 회전축으로부터의 거리에 비례하므로 발에 서 느끼는 원심력보다 머리에서 느끼는 원심력이 더 작을 것이 기 때문이다. 바닥에서 1 g_0의 가속도가 생기도록 회전하고 있 는 우주선을 생각해보자. 발에서 느끼는 자기 몸 전체에 의한 힘 (원심력)은 지구 표면에서 느끼는 힘(중력)보다는 조금 약할 것이 다. 왜냐하면 지구 표면에서는 몸의 모든 부분이 사실상 같은 크 기의 중력가속도를 느끼지만[37] 회전하는 우주선 내에서는 몸의 각 부분이 바닥으로부터 멀수록 더 작은 가속도를 느낄 것[38]이기 때문이다. 그런데 인공중력에 의한 머리에서의 가속도는 몸 전 체 중에서 가장 작을 것이므로, 우주선의 회전 반경이 작은 경우 목에 가해지는 머리의 무게가 지구에서보다 가볍다는 것을 느낄

---

37 지구 반지름에 비해 사람의 크기가 무시할 수 있을 만큼 작으므로.
38 우주선의 회전 반경에 비해 사람의 크기가 무시할 수 있을 만큼 작지 않으므로.

수 있을 것이다.

인공중력장에서 아래로 떨어지는 물체의 운동

회전하는 우주선 내에 있는 사람은 고정되어 있지 않은 물체의 움직임에 의해서도 자신이 인공중력장에 있다는 것을 알 수 있다. 예를 들어 사람이 물체를 손에 쥐고 있다가 바닥으로부터 어떤 높이에서 그 물체를 놓는 상황을 생각해보자. 물체가 손에서 벗어나는 순간 관성계에서 볼 때 직선운동을 할 것이고, 결국 바닥에 충돌하겠지만 충돌하는 위치는 물체가 놓인 높이에 따라 다르게 된다.

이 위치를 계산하기 위해 회전축으로부터의 거리를 r, 이 거리와 우주선 회전 반경의 비를 $\chi_r \equiv r/r_s$이라 하자(그림 7-20a). 손에서 놓인 물체 A는 $r\omega_s$의 속도로 관성계에서 움직일 것이고 바닥에 충돌할 때까지 움직인 관성계에서의 거리는 $\sqrt{r_s^2 - \chi_r^2 r_s^2} = r_s\sqrt{1 - \chi_r^2}$가 되므로, 충돌할 때까지 걸린 시간은 $\sqrt{1 - \chi_r^2}/(\chi_r\omega_s)$가 된다. 따라서 이 시간 동안 우주선이 관성계에서 회전한 각 θ_s는 (회전 주기) : (충돌까지 걸린 시간) $= 2\pi : \theta_s$의 관계로부터

$$\theta_s = 2\pi\frac{\sqrt{1 - \chi_r^2}/(\chi_r\omega_s)}{2\pi/\omega_s} = \frac{\sqrt{1 - \chi_r^2}}{\chi_r} \qquad \boxed{\text{7-14}}$$

가 된다. 한편 관성계에서 본 물체 A의 출발 지점과 충돌 지점 사이의 각거리 θ_A는 그림 7-20a로부터

$$\theta_A = \text{acos } \chi_r \qquad \boxed{\text{7-15}}$$

가 되어 항상 θ_s보다 작다(그림 7-20c). 즉 물체는 어떤 높이 $r_s(1 - \chi_r)$에서 놓이더라도 항상 우주선 회전 방향의 뒤쪽 바닥에 떨어지며, 더 높에서 놓일수록 더 뒤에 떨어진다. 이는 전향력 때

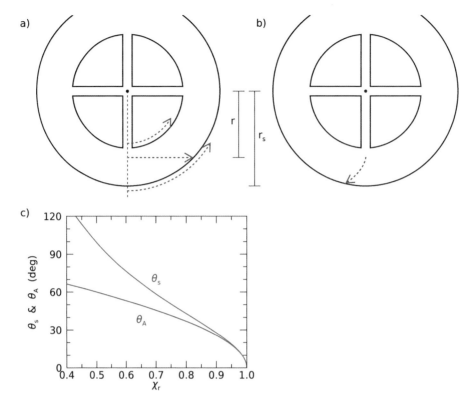

그림 7-20 회전 반경 r_s와 회전 각속도 ω_s를 가지고 회전하고 있는 우주선 안에 있는 물체가 회전축으로부터 거리 r에서 놓일 때 가지는 운동을 a) 관성계에서 본 모습과 b) 우주선의 각속도로 회전하는 계에서 본 모습. c) 물체가 바닥에 충돌할 때까지의 시간 동안 우주선이 회전한 각거리 θ_s(파란 선)와 관성계에서 본 물체의 출발 지점과 충돌 지점 사이의 각거리 θ_A(빨간 선)를 $x_r(\equiv r/r_s)$에 대해 그린 것. (Sungsoo S. Kim / CC BY-SA 4.0)

회전하는 우주선 내에서 움직이는 물체는 전향력의 영향을 받는다.

문으로, 그림 7-20b에서와 같이 반시계 방향으로 도는 회전계에서 움직이는 물체는 물체의 운동 방향에 대해 오른쪽으로 휘기 때문에 생기는 현상이다.

이 물체는 손에서 벗어난 순간부터 바닥을 향해 움직이는 동시에 회전 반대 방향으로 움직이게 되는데, 그렇다면 마찰이 없는 (바닥과 평행하게) 평평한 탁자 위에 놓인 구슬은 회전 반대 방향으로 구르게 될까? 구슬에 작용하는 원심력이 탁자에 힘을 가하지만 구슬은 탁자에 가로막혀 있으므로 바닥 방향으로는 움직이지 못한다. 하지만 손에서 놓인 물건처럼 회전 반대 방향으로 움직이는 성분도 가져야 하지 않을까? 답은 '그렇지 않다'이다. 왜냐하면 손에서 놓인 물체가 바닥으로 향하는 움직임 외에 회전 반대 방향으로 움직이는 성분도 가진 것은 전향력 때문으로, 전향력은 움직이는 물체에만 작용하기 때문이다. 따라서 탁자 위에 올려진 구슬은 탁자 표면에서 자유롭게 움직일 수 있다 해도 처음에 정지한 상태로 놓여 있다면 계속 정지해 있어야 한다.

이와 마찬가지 이유로 가만히 서 있는 사람에게는 앞뒤 방향이나 오른쪽-왼쪽 방향으로 몸이 기울어지는 현상이 생기지 않는다. 머리와 발에 작용하는 원심력의 크기가 다르고 머리와 발이 가지는 선형 속도도 다르지만, 일단 똑바로 서 있는 사람에게 전후좌우로 기울게 만드는 힘은 없는 것이다.

인공중력장에서 위로 던져진 물체의 운동

이번에는 반대로 바닥에 놓여 있는 물체를 수직 위 방향으로 던져 올리면 어떻게 될까? 이번에도 전향력 개념을 이용하면 이해하기 쉬워진다. 반시계 방향으로 회전하는 계에서 움직이는 물체는 운동 방향에 대해 오른쪽으로 휘어지므로 우주선 내에서 볼 때 물체는 상승함과 동시에 회전 방향으로 움직이게 되며(그림 7-21a), 일정 시간 후에 다시 바닥에 충돌하는데 출발한 지점보다 회전 방향 앞쪽에 떨어지게 된다.

이 위치를 계산하기 위해 바닥에서 위로 던져지는 속도를 v_v, 이 속도와 바닥의 선형 속도 사이의 비를 $\chi_v \equiv v_v/(r_s\omega_s)$이라 하자. 관성계에 볼 때 물체의 출발점과 도착점 사이의 각거리는

$$\theta_A = 2\,\mathrm{atan}(\chi_v)$$

7-16

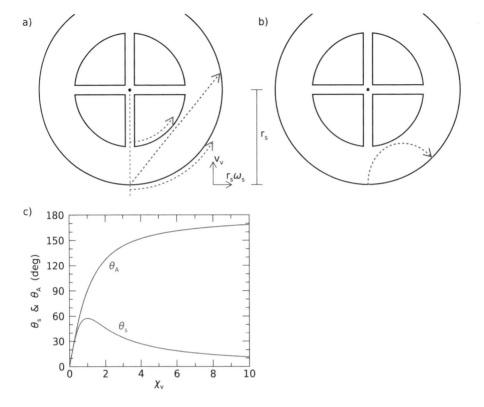

그림 7-21 회전 반경 r_s와 회전 각속도 ω_s를 가지고 회전하고 있는 우주선의 바닥에 있는 물체가 수직 위 방향으로 초기 속도 v_v를 가지고 던져졌을 때 가지는 운동을 a) 관성계에서 본 모습과 b) 우주선의 각속도로 회전하는 계에서 본 모습. c) 위로 던져졌던 물체가 바닥에 다시 떨어질 때까지의 시간 동안 우주선이 회전한 각거리 θ_s(파란 선)와 관성계에서 본 물체의 출발 지점과 충돌 지점 사이의 각거리 θ_A(빨간 선)를 $\chi_v[\equiv v_v/(r_s\omega_s)]$에 대해 그린 것.
(Sungsoo S. Kim / CC BY-SA 4.0)

가 되며 실제 거리는 $2r_s \cos(\pi/2 - \theta_A/2) = 2r_s \sin(\theta_A/2)$가 된다 (그림 7-21a). 이 거리를 물체가 $\sqrt{r_s^2\omega_s^2 + v_v^2}$의 속도로 움직이는 데 걸리는 시간은 $2r_s \sin(\theta_A/2)/\sqrt{r_s^2\omega_s^2 + v_v^2}$이며, 이 시간 동안 우주선이 회전한 각은

$$\boxed{\text{7-17}} \qquad \theta_s = \frac{2r_s \sin(\theta_A/2)}{\sqrt{r_s^2\omega_s^2 + v_v^2}}\,\omega_s = \frac{2\sin(\theta_A/2)}{\sqrt{1 + \chi_v^2}}$$

가 되어 θ_A가 항상 θ_s보다 크다(그림 7-21c). 즉 물체는 어떤 속도

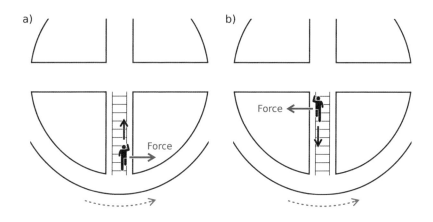

그림 7-22 회전하고 있는 우주선 내에서 a) 회전축을 향해 사다리를 타고 올라가는 사람은 회전 방향으로 몸이 밀리게 되고, b) 회전축으로부터 바닥을 향해 사다리를 타고 내려가는 사람은 회전 반대 방향으로 몸이 밀리게 된다. (Sungsoo S. Kim / CC BY-SA 4.0)

로 상승하더라도 바닥으로 다시 떨어질 때 출발한 곳보다 더 회전 방향 앞쪽에 닿게 되는 것이다.

사람이 위아래 방향으로 움직일 때

사람이 회전축을 향해 움직이거나 회전축으로부터 멀어질 때는 어떤 상황에 놓이게 될까? 즉 바닥으로부터 위로 '올라갈' 때와 회전축에서 멀어지는 방향으로 바닥을 향해 '내려올' 때는 어떤 힘이 작용할까? 이 경우도 전향력의 영향을 받는 경우이므로 회전축을 향해 올라가는 사람은 회전 방향으로 몸이 밀리게 되고 바닥을 향해 내려오는 사람은 회전 반대 방향으로 몸이 밀리게 된다(그림 7-22).

　이 현상은 우주 엘리베이터 탑승칸 내에 탄 사람이나 화물에도 일어나는 현상이다. 회전축(지구 중심)을 향해 움직이는 사람[39]은 우주 엘리베이터로 각운동량을 전달하고 있으므로 탑승칸의 동쪽(회전 방향 쪽) 내벽으로 밀리게 되고, 회전축에서 멀어

회전하는 우주선 내에서 움직이는 사람도 전향력의 영향을 받는다.

지는 사람[40]은 우주 엘리베이터로부터 각운동량을 전달받고 있으므로 탑승칸의 서쪽(회전 반대 방향 쪽) 내벽으로 밀리게 되기 때문이다.

---

39 회전하는 우주선에서 회전축을 향해 올라가는 경우에 해당하나, 우주 엘리베이터에서는 이것이 하강하는 경우다.
40 회전하는 우주선에서 회전축으로부터 내려오는 경우에 해당하나, 우주 엘리베이터에서는 이것이 상승하는 경우다.

3장에서 논의된 로켓엔진들은 화학 추진(chemical propulsion) 방식으로, 추진제가 가지고 있는 분자 내 공유결합 퍼텐셜에너지(화학에너지)의 연소 반응 전후 차이로부터 열에너지가 생성되고 이를 운동에너지로 전환하여 추력을 얻는 방식이었다. 이 방식은 추진제 자체가 에너지원이자 반작용 질량(reaction mass)이기도 하다. 즉 추진제로부터 에너지가 나올뿐더러 그 추진제를 로켓으로부터 바깥으로 내보내어 그 반작용으로 로켓이 움직이도록 하는 것이다.

화학 추진 방식에서는 추진제가 에너지원이자 반작용 질량이다.

하지만 추진제가 가지고 있는 화학에너지만으로 얻을 수 있는 분사 가스의 속도에는 한계가 있다. 예를 들어 메탄을 연료로 쓰는 로켓엔진의 경우 메탄 분자와 산소 분자가 반응하여 이산화탄소 분자와 물 분자가 생기며 약 800 kJ/mol의 에너지가 얻어진다(그림 3-7). 이 값을 메탄 분자 하나와 산소 분자 둘이 만나는 반응당 에너지로 환산하면 1.33×10^{-18} J이 되며, 이 에너지가 모두 운동에너지로 전환된다고 가정하면 4.5 km/s의 속도에 해당한다.[41] 이 값은 메탄 로켓엔진이 낼 수 있는 분사 가스의 이론

---

41 실제 엔진에서는 열에너지가 100% 모두 운동에너지로 바뀌지는 못하며, 따라서 4.5 km/s보다 작은 분사 속도를 가진다. 예를 들어 메탄을 연료로 쓰는 SpaceX의 Raptor 엔진의 경우 진공에서의 분사 속도는 3.5 km/s이다.

상 최대 속도이며 이보다 더 큰 분사 속도를 얻을 방법은 없다.

전기 추진 방식

전기 추진 방식에서는 에너지원과 반작용 질량이 분리되므로 더 높은 분사 가스 속도를 얻을 수 있다.

화학 추진 엔진의 경우와 달리 에너지원과 반작용 질량을 분리하면 더 빠른 분사 속도를 얻을 수 있는데, 가장 대표적인 방법이 전기 추진(electric propulsion) 방식이다. 이 방식은 추진제를 이온화한 후, 이온들을 전기장 또는 자기장을 통해 가속하여 추력을 얻는다. 이 방식의 장점은 화학 추진 방식에서보다 10배 또는 그 이상의 높은 분사 가스 속도를 얻을 수 있다는 점이다. 전기 추진 방식은 가속하는 방법에 따라 다시 정전기(electrostatic) 방식, 전열(electrothermal) 방식, 전자기(electromagnetic) 방식 등으로 나눌 수 있는데, 이들은 각각 전기장에 의한 쿨롱 힘, 자기장·전자기장에 의한 가열, 자기장에 의한 로렌츠 힘을 이용한다.

실제로 우주 미션에서 쓰인 적이 있는 전기 추진 로켓 중

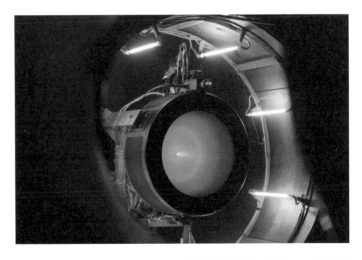

그림 7-23 NASA Glenn Research Center가 개발한 이온 추력기인 NEXT의 환경 시험 장면. (Courtesy NASA/JPS-Caltech)

가장 분사 속도가 높은 것은 NASA의 DART(Double Asteroid Redirection Test) 우주선에 탑재된 NEXT(NASA Evolutionary Xenon Thruster) 엔진으로, 제논을 추진제로 쓰며 최고 ~41 km/s의 분사 가스 속도(v_{exit})를 낼 수 있다. 이 엔진은 22 m^2 면적의 태양전지판으로부터 얻는 전력 중 3.5 kW를 공급받는데, 이 전력(일률)을 이용하여 추진제를 41 km/s의 속도로 가속해서 얻게 되는 추력은 얼마일까? 시간 Δt 동안 Δm_{prop}의 추진제를 v_{exit}까지 가속시키는 경우 필요한 일률은 $\dot{W} = \Delta m_{prop} v_{exit}^2/(2\Delta t)$이고 이를 통해 얻는 추력은 우변 둘째 항이 없는 (3-1)식과 같이 $F_{thrust} = \Delta m_{prop} v_{exit}/\Delta t$ 이므로, 일률과 추력 사이의 관계는

$$\dot{W} = \frac{1}{2} v_{exit} F_{thrust}$$

7-18

가 된다. 이 식에 3.5 kW와 41 km/s을 대입하면 0.17 N의 추력을 얻는데, 이 값은 SpaceX Raptor 엔진 하나가 내는 추력인 2.3×10^6 N에 비해 비교할 수 없을 정도로 작다.

이렇게 작은 추력의 엔진은 왜 필요하고 왜 사용할까? 그리고 (7-18)식은 주어진 일률(전력)에 대해 v_{exit}이 클수록 F_{thrust}가 작아짐을 뜻하는데, 이 식이 과연 맞는 것일까? 이에 대한 답을 하려면 로켓엔진의 역할은 Δv를 만들어내는 것으로, Δv를 얻는 데 관련되는 물리량은 추력(힘)이 아니라 가속도라는 사실을 상기해야 한다. 이를 잘 보여주는 식이 이상 로켓 방정식(3-7식)으로, 이 식은 진공에서 $\Delta v_{roc} = v_{exit} \ln(m_{roc,i}/m_{roc,f})$가 되는데 여기에 추력은 없고 v_{exit}과 가속 전후 질량비만 있을 뿐이다.

물론 추력이 약하면 목표 Δv를 얻을 때까지 길리는 시간이 길어지는데, 이것이 문제가 되는 때는 1) 행성이나 위성의 표면에서 이륙하여 궤도운동에 이르려는 경우, 2) 행성이나 위성의

궤도에서 표면으로 착륙하려는 경우, 3) 궤도나 천체 간의 전이를 빠른 시간 안에 하려는 경우다. 3.9절에서 보았듯 이런 경우에는, 즉 추력을 높여야 하는 경우에는 높은 v_{eff}뿐 아니라 높은 연소율($\dot{m}_{\text{prop}}$)도 함께 필요하다.

전기 추진 방식은 추력이 매우 작아 제한적 용도로만 사용된다.

따라서 전기 추진 방식은 화학 추진 방식을 통해 지구 표면으로부터 지구궤도에 일단 다다른 후 어떤 궤도나 천체까지 전이하려 할 때만 쓰일 수 있으며, 특히 전이하는 데 시간이 많이 걸리는 경우에 선택될 확률이 더 크다. 짧은 시간 안에 호만 전이에 필요한 충분한 Δv를 만들어낼 수 있는 화학 추진 방식과 달리, $\dot{m}_{\text{prop}}$이 매우 작은[42] 전기 추진 엔진은 짧은 시간에 충분히 큰 Δv를 만들어내지 못하므로 호만 전이 방법을 사용할 수 없다. 따라서 전이하는 동안 계속 상대적으로 약한 추력을 오랫동안 가해 필요한 Δv를 얻게 되며, 전이하는 데 시간이 오래 걸리는 수성[43]이나, 궤도면 전이, 장반경 전이, 장축단 회전, 위상 변화 등의 다양한 전이를 복합적으로 필요로 하는 소행성으로의 전이에 종종 사용된다.

전기 추진 방식은 모두 추진제를 이온화하여 사용하는데, 이는 전기장이나 자기장을 이용하여 추진제의 속도를 증가시키는 방식이기 때문이다. 그러면 추진제를 이온화하는 데 드는 에너지는 추진제를 v_{exit}까지 가속하는 데 필요한 에너지에 비해 얼마나 될까? 원자당 2.2×10^{-25} kg의 질량을 가지는 제논을 추진제로 쓰는 DART 우주선의 NEXT 엔진 경우, 제논 원자 하나를

---

42 $\dot{W} = \Delta m_{\text{prop}} v_{\text{exit}}^2/(2\Delta t)$으로부터 $\dot{W} \propto \dot{m}_{\text{prop}} v_{\text{exit}}^2$가 되므로, 주어진 전력으로부터 v_{exit}을 크게 할수록 $\dot{m}_{\text{prop}}$가 작아질 수밖에 없다.

43 목성이나 그보다 밖의 천체까지도 전이 시간이 많이 걸리지만 이 천체들의 경우 태양으로부터의 거리가 멀어서 태양전지를 통한 전력 생산이 상대적으로 비효율적이다.

41 km/s까지 가속하는 데는 1.8×10^{-16} J이 필요한 데 비해 제논 원자 하나를 1차 이온화하는 데는 1.9×10^{-18} J만이 필요하여 이온화에 소모되는 에너지가 상대적으로 매우 작음을 알 수 있다.

그동안 연구되고 개발된 전기 추진 엔진들은 대부분 제논이나 크립톤을 추진제로 썼는데, 이 둘은 모두 무거운 비활성 원소다.[44] 이들은 비활성 원소이기 때문에 화학적으로 안정될 뿐 아니라 큰 질량 덕에 밀도가 높아 우주선에 신기에도 유리하다.[45] 더 무거운 비활성 원소로 라돈이 있지만 라돈의 동위원소 중 가장 안정된 것인 ^{222}Rn조차 3.8일의 매우 짧은 반감기를 가지는 방사성물질이다.

핵 추진 방식

화학 추진 방식은 추진제 내의 분자 결합에너지를 이용하는 것이고 전기 추진 방식은 전기장·자기장과 이온 사이의 전자기적 상호작용을 이용한 것으로, 모두 전자기력에 기반을 둔다. 전자기력 외에 자연의 기본적인 힘은 중력, 강한 핵력, 약한 핵력인데, 이 중 중력은 행성이나 위성, 또는 큰 소행성 정도의 규모가 되어야 우주선을 추진할 수 있을 정도의 힘이 생기며,[46] 약한 핵력은 아직 인류가 에너지원으로 이용할 방법을 찾지 못했다. 그렇다면 남은 힘은 강한 핵력(강력)뿐인데, 핵분열 반응의 경우 이미 지난 수십년간 에너지원으로 사용되어왔으므로 우주선 엔진에 적용되기에 충분한 기술적 수준에 와 있다고 볼 수 있다.

핵 추진(nuclear thermal propulsion) 방식은 핵분열 장치를 이

---

44 비활성 원소에는 헬륨(원소번호 2), 네온(10), 아르곤(18), 크립톤(36), 제논(54), 라돈(86) 등이 있다.

45 추진제의 밀도가 높으면 추진제를 담는 탱크의 부피와 질량도 줄어든다.

46 7.4절의 중력 지원 궤도가 중력을 이용한 추진 방식에 해당하나, 보조적인 추력으로만 사용할 수 있다.

용해 열에너지를 생성하고, 이를 이용해 1) 추진제를 가열시킨 후 노즐을 통해 추진제의 열에너지를 운동에너지로 바꿔 추력을 얻거나, 2) 전기에너지를 생성한 후 추진제를 이온화하고 전기장·자기장을 통해 가속시켜 추력을 얻을 수 있다.

1)의 경우는 추진제로 수소가 가장 많이 고려되고 있는데, 이는 수소의 질량이 작아 열에너지가 운동에너지로 전환될 때 높은 v_{exit}를 얻을 수 있기 때문이다. 같은 수소를 추진제로 쓴다 해도 핵 추진의 경우가 화학 추진의 경우보다 3배 큰 v_{exit}, 즉 3배 큰 비추력(I_{sp})을 가지는데, 그 이유는 핵 추진의 경우 산화제인 산소가 필요 없어 추진제가 훨씬 더 가볍기 때문이다. 핵 추진의 경우 추진제는 수소 분자뿐으로 질량수가 2인 데 비해 화학 추진제의 경우 연소 반응 후 결과물인 물 분자의 질량수는 18이나 되어 두 추진 방식의 v_{exit} 비가 $\sqrt{(18/2)} = 3$이 되는 것이다.

핵분열을 통해 얻을 수 있는 열에너지(온도)는 연소 반응을 통해 얻을 수 있는 것보다 훨씬 더 클 수 있으나, 엔진 내벽이 견딜 수 있는 온도의 한계(~3,000 °C)로 인해 추진제가 가지게 되는 최대 온도, 즉 최대 열에너지는 두 추진 방식이 거의 비슷하다. 따라서 핵 추진 방식 1)의 가장 큰 이점은 화학 추진 방식보다 3배 이상 높은 v_{exit}이라 볼 수 있다.[47]

핵 추진 방식 2)는 핵분열을 통해 얻은 열에너지를 터빈 등을 통해 전기에너지로 바꾼 후 이를 이용해 이온을 가속시키는 방식으로, 전기 추진 방식 로켓의 에너지원을 태양전지판에서 핵분열 장치로 바꾼 셈이다. 우주선에 붙어 있는 현실적인 크기의 태양전지판으로는 10 kW 내외의 전력 생산이 가능하나, 우주

핵에너지로 추진제를 가열할 경우 산소가 필요 없어 화학 추진 방식보다 비추력이 3배 이상 좋다.

---

47 하지만 핵 추진 방식에서 핵분열을 위해 필요한 각종 장치들의 크기와 질량이 너무 크면 화학 추진 방식보다 덜 효율적일 수 있다.

용 소형 원자로를 이용해서는 100 kW급이나 그 이상의 전력 생산이 가능할 것으로 예상된다.

핵분열을 통해 얻은 에너지를 어떤 방식을 통해 추력으로 전환하든 간에 가장 중요한 문제는 방사능 피폭이나 핵 반응로 폭발 등의 핵 안전성 문제일 것이다. 앞으로도 한동안은 지구에서 발사되거나 지구로 귀환하는 로켓이나 우주선에서 핵분열 추진 방식이 사용되는 일은 없을 것으로 보이며, 사용된다면 아마도 지구, 화성, 소행성 등 간의 빠른 전이에 제한적으로 적용될 것이다.

빛을 이용한 추진

태양광과 거대한 돛을 이용하여 추력을 얻는 방식을 솔라 세일 (solar sail)이라 부른다. 범선의 돛에 부딪힌 바람이 돛에 힘을 전달하고 그 힘으로 범선이 움직이는 것과 같은 원리다.

바람이 돛에 직접적으로 전달하는 물리량은 운동량의 변

그림 7-24 일본의 솔라 세일 우주선인 IKAROS가 우주에서 항행하는 모습의 상상도. (Andrzej Mirecki / Wikimedia Commons / CC BY-SA 3.0 / GNU-FDL)

화량인 충격량이다. 돛에 부딪힌 후 바람의 속도가 0이 된다면 전달된 운동량(충격량)은 바람의 운동량과 같게 되고, 바람이 돛에 미치는 압력은 단위유효면적[48]당 단위시간당 돛에 전달되는 충격량이므로 결국 '이 압력 × 유효 면적'만큼의 힘이 배에 가해진다.

솔라 세일의 경우에는 태양 빛이 바람의 역할을 한다. 빛은 질량이 없지만 운동량을 가지고 있기에 자신이 충돌하는 대상에 운동량을 전달할 수 있다. 하지만 빛이 가진 운동량은 hv/c로[49] 에너지 hv에 비해 너무 작아서[50] 빛은 질량을 가진 물체에 큰 압력을 가하지 못한다.[51] 이 때문에 솔라 세일은 상당히 큰 돛을 필요로 하며, 질량이 작은 우주선을 오랜 기간에 걸쳐 천천히 가속해도 되는 우주 미션에만 사용될 수 있다.

이제까지의 우주탐사 미션 중에 솔라 세일이 지구 중력장 밖에서 성공적으로 사용된 예는 2010년에 발사된 일본의 IKAROS(그림 7-24)뿐이다. 이 우주선의 주목적은 금성으로 전이 비행을 하는 동안 솔라 세일에 의해 비행 궤적에 예상한 만큼의 변화가 일어나는지를 검증하는 것이었는데, 7개월간에 걸쳐 수행된 이 주 임무는 성공적이었던 것으로 판단되었다. IKAROS의 돛은 $14 \times 14 \ m^2$의 면적을 가지고 있었으며 ~0.001 N의 힘[52]이 솔라 세일에 가해질 것으로 예상했는데, 우주선 궤도 변화의 측정을 통해 계산된 실제 힘도 이 값에 매우 가까웠다.

솔라 세일은 매우 큰 돛을 필요로 하며, 아직 실용성은 떨어진다.

48 돛의 면적을 A_{sail}, 돛의 수직 방향과 돛에 봤을 때 바람이 불어오는 방향 사이의 각을 θ라 할 때 돛의 유효면적은 $A_{sail} \cos \theta$가 된다.
49 v는 진동수, h는 플랑크상수, c는 빛의 속도다.
50 빛의 속도 c는 매우 큰 상수이므로.
51 별의 내부, 특히 무거운 별의 내부에서는 빛에 의한 압력이 중요해진다.
52 이 값은 DART 우주선의 전기 추진 엔진인 NEXT가 내는 추력의 1/100도 안 되는 상당히 작은 값이다.

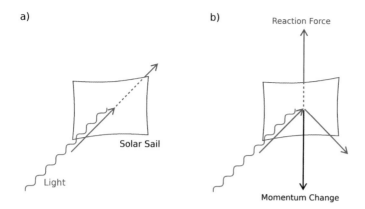

a)

b)

Reaction Force

Solar Sail

Light

Momentum Change

그림 7-25 솔라 세일의 돛이 받는 추력(F_{thrust})의 방향. a) 빛이 돛에서 완전탄성충돌을 하는 경우(100% 반사), b) 빛이 돛에서 완전비탄성충돌을 하는 경우(100% 흡수). (Sungsoo S. Kim / CC BY-SA 4.0)

　　태양 빛에 의해 솔라 세일의 돛이 받는 추력의 방향은 태양 빛이 돛에서 어떻게 반사되는가에 따라 다르다. 그림 7-25a는 빛이 돛에서 완전탄성충돌을 하는 경우(100% 반사),[53] 그림 7-25b는 빛이 완전비탄성충돌을 하는 경우(100% 흡수)로, 100% 반사의 경우는 돛이 자신의 수직 방향으로 추력을 받지만 100% 흡수의 경우는 돛이 빛의 입사 방향으로 추력을 받는다.[54] 앞에서 언급되었듯이 빛이 돛에 전달하는 것은 충격량이며, 100% 반사하는 경우 충격량의 방향은 돛의 수직 방향이 되기 때문이다.

　　솔라 세일에 부딪히는 태양 빛의 방향은 항상 태양의 반대 방향을 향하므로 솔라 세일 우주선은 지구에서 출발하여 지구보다 더 먼 지역으로 갈 때만 쓰일 수 있을 것 같지만, 놀랍게도 그렇지 않다. 지구에서 출발하여 지구보다 더 안쪽에 있는 지역으로 향할 때도 솔라 세일에 의한 추력이 도움을 줄 수 있는 것이

솔라 세일을 통해 태양으로 접근하는 궤도도 가질 수 있다.

---

53 입사된 빛의 각도와 반사된 빛의 각도가 거울의 경우처럼 같다고 가정.

54 실제 돛은 이 두 경우의 중간 어딘가에 해당할 것이다.

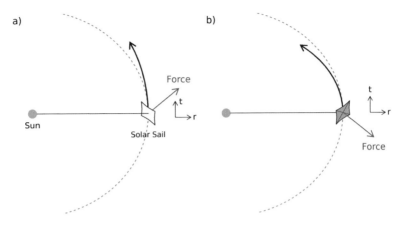

그림 7-26 솔라 세일에 의한 추력이 a) +t 방향을 향하면 태양으로부터 멀어지는 궤적을, b) -t 방향을 향하면 태양에 가까워지는 궤적을 가지게 된다. t 성분은 태양 중심 원궤도의 접선(tangential) 방향 성분이고, r 성분은 태양으로부터의 방사상(radial) 방향 성분이다. (Sungsoo S. Kim / CC BY-SA 4.0)

다. 그림 7-26에서 볼 수 있다시피 순행하고 있는 우주선이 t 방향의 운동 성분만 가지고 있을 경우, 추력이 +t 방향을 향하면 태양으로부터 더 멀어지는 궤적을, 추력이 -t 방향을 향하면 태양에 가까워지는 궤적을 가지게 된다.

솔라 세일이 만드는 Δv의 방향이 우주선 궤적에 미치는 영향을 알아보기 위해 (6-4)식의 우변 첫 항에 Δv가 끼치는 영향부터 보자. 현재 우주선 속도의 t 및 r 방향 성분을 v_t와 v_r로, 솔라 세일 추력에 의한 Δv의 t 및 r 방향 성분을 Δv_t와 Δv_r라 하면, 솔라 세일의 추력과 같이 Δv가 작은 경우 (6-4)식의 우변 첫 항의 변화량은

$$
\begin{aligned}
\Delta\left(\frac{1}{2}v^2\right) &= \frac{1}{2}\left[(v+\Delta v)^2 - v^2\right] \\
&= \frac{1}{2}\left[(v_t+\Delta v_t)^2 + (v_r+\Delta v_r)^2 - v_t^2 - v_r^2\right] \\
&= \frac{1}{2}\left[2v_t\Delta v_t + 2v_r\Delta v_r + \Delta v_t^2 + \Delta v_r^2\right] \\
&\approx v_t\Delta v_t + v_r\Delta v_r
\end{aligned}
$$

`7-19`

와 같이 근사된다. 이 식은 결국 Δv에 의해 야기되는 비 총에너지의 변화량 $\Delta \varepsilon$이며, (6-6)식에 의해 $\Delta \varepsilon$가 양수(음수)이면 장반경의 변화량 Δa도 양수(음수)가 된다.

따라서 순행($v_t > 1$)하고 있는 우주선이 t 방향의 운동 성분만 가지고 있는($v_r = 0$) 경우, Δv_t가 양수이면 (7-19)식과 Δa도 양수가 되어 우주선이 태양으로부터 더 멀어지는 궤적을, Δv_t가 음수이면 태양에 더 가까워지는 궤적을 가지게 되는 것이다. 같은 우주선에 $\Delta v_r > 0$, $\Delta v_t = 0$이 가해지는 경우에는 (7-19)식으로부터 우주선이 태양으로부터 멀어져야 함을 알 수 있다.

(7-19)식을 모든 방향의 v에 대해 일반화하면, $\boldsymbol{v} \cdot \Delta \boldsymbol{v} > 0$인 경우 장반경이 늘어나는 궤적을, $\boldsymbol{v} \cdot \Delta \boldsymbol{v} < 0$인 경우 장반경이 줄어드는 궤적을 가지게 된다는 것을 뜻한다.

태양이 태양계 내 행성과 위성에 끊임없이 막대한 양의 빛 에너지를 공급하고 있지만 태양 빛이 물체와 부딪혀 전달하는 충격량은 매우 작다. 이는 위에서 언급했던 바와 같이 빛은 자신이 가지고 있는 에너지에 비해 운동량이 상대적으로 매우 작기 때문인데, 이 때문에 빛을 로켓 추진의 '반작용 질량'으로 쓰는 것도 효율적이지 못하다.

물론 빛은 질량이 없지만 단위시간 동안 일정량의 운동량을 가진 빛 다발을 계속 한 방향으로 내보내면 추력을 얻게 된다. 예를 들어 우주선 내에서 핵분열 발전을 통해 전력을 생산한 후, 이를 이용해 레이저를 만들어 한 방향으로 쏘면 추력을 얻을 수 있다. 이 경우 로켓이 얻게 되는 추력은 다음과 같다. 생산되는 전력을 W라 하고, 이 전력으로 Δt의 시간마다 $\Delta(h\nu)$의 에너지를 가진 빛 다발을 내보낸다면 $W = \Delta(h\nu)/\Delta t$의 관계를 가진다. 그런데 힘은 운동량의 시간에 대한 미분이므로 추력은

빛을 반작용 질량 삼아 추진하는 것은 사실상 불가능하다.

$F_\text{thrust} = \Delta(hv/c)/\Delta t$가 되어 이 두 식을 합하면

7-20
$$\dot{W} = c\, F_\text{thrust}$$

의 관계를 얻는다. 이를 (7-18)식과 비교해보면 빛을 반작용 질량으로 이용할 때 얻는 추력이 얼마나 약한지를 알 수 있다.

- 행성의 영향권은 태양과 행성의 중력에 의한 상대적 섭동이 같아지는 반경으로 정의된다. 지구-달 시스템의 영향권 반경은 약 93만 km이다.
- 유효 퍼텐셜은 공전하는 두 천체에 의한 중력 퍼텐셜에 원심력에 의한 퍼텐셜을 더한 것이며, 라그랑주 점은 유효 퍼텐셜이 평평한 지점들이다.
- L_1과 L_2는 두 천체 중 질량이 작은 천체 주위에 생기며, 이 점들을 지나는 유효 퍼텐셜 등고선은 작은 천체를 둘러싸는 유효 퍼텐셜 분지의 가장자리가 된다. 이 분지 안에서 밖으로 나가거나 밖에서 안으로 들어올 때는 L_1이나 L_2를 거치는 것이 에너지 측면에서 효율적이다.
- 놀랍게도 물체를 지상으로부터 GEO 궤도에 투입시키는 데 필요한 Δv와 달 공전궤도에 투입시키는 데 필요한 Δv는 거의 비슷하다.
- 달로의 직접 전이는 호만 전이와 유사하며, 가장 빠르게 달로 가는 전이다.
- 달로의 저에너지 전이는 이중타원 호만 전이와 유사하며, 달 공전궤도로 접근할 때는 태양의 섭동을, 달 중력장에 포획될 때는 지구의 섭동을 이용한다. 달 전이궤도로의 투입 후 드는 Δv 비용은 직접 전이보다 ~25%가량 덜 든다. 우리나라의 다누리호도 저에너지 전이 방식을 이용했다.
- 다른 행성으로의 전이도 호만 전이가 가장 효율적이다. 위치에 따라 우주선에 가장 큰 중력을 미치는 천체 하나만 고려하는 근사가 가능한데, 이를 '원뿔 때움 근사'라 부른다.
- 천체를 근접 통과하면서 가속이나 감속을 얻을 수 있는데, 이러한 궤도를 '중력 지원 궤도'라 부른다.
- NEO들은 지구와 비슷한 공전주기를 가지고 있어서 효율적인 전이 기회가 드물다. 하지만 수많은 NEO 중 작은 Δv로 갈 수 있는 NEO를 선택해 탐사하면 된다.

- 위상 변화 기동은 한 공전 동안 일시적으로 장반경을 변경하여 위상을 바꾸는 기동이며, 상대적으로 비용이 많이 든다.
- 우주선을 회전시켜 얻는 원심력으로 중력의 효과를 낼 수 있다. 회전하는 우주선 내에서 움직이는 모든 것은 전향력의 영향을 받는다.
- 화학 추진 방식에서는 추진제가 에너지원이자 반작용 질량이지만 전기 추진 방식에서는 이 둘이 분리되어 더 빠른 분사 가스 속도를 얻을 수 있는데, 대신 추력은 매우 약하다.
- 핵에너지로 추진제를 가열할 경우 산소가 필요 없어 화학 추진 방식보다 비추력이 3배까지 좋아질 수 있다.
- 솔라 세일은 매우 큰 돛을 필요로 하며, 아직 실용성은 떨어진다. 놀랍게도 솔라 세일을 통해 태양으로부터 멀어지는 궤도뿐 아니라 태양으로 접근하는 궤도도 얻을 수 있다.

부록

Physical
Understanding
of
Space
Exploration

15세기에 시작된 대항해시대[1]는 그 후 수 세기 동안 지구상 대부분 지역의 사람들에게 다양한 면에서 커다란 변화를 가져다주었다. 그 대항해시대가 21세기에 들어와 새로운 '바다'에서 다시 시작되고 있다. 바로 태양계 내의 행성 간 공간이라는 바다다.

지구를 떠나 달이나 화성으로 향하는 우주선에 탑승해 있는 상황을 상상해보자. 평생에 걸쳐 이때만큼 문명으로부터 고립되어 있고 큰 위험에 노출되어 있으며 구조 가능성이 낮은 순간이 있을까? 대항해시대에 대서양을 건너는 데 쓰였던 대형 범선인 갤리언(galleon)선(船)과 지구에서 달로 향하는 유인 우주선은 비슷한 운명에 놓여 있지 않을까? 두 배[2]가 각자의 까마득한 망망대해를 건너려는 목적이 최근 들어 비슷해지고 있다.

대항해시대는 신대륙과 구대륙 사이의 콜럼버스 교환(Columbian exchange),[3] 동아시아와 서유럽 간의 직교역, 유럽 국가들에 의한 세계 여러 지역의 식민지화, 제국주의의 출현, 노예무역, 북아메리카 원주민 인구의 급감, 대규모 라틴아메리카 혼혈 인종의 형성, 과학 및 자본주의의 발달 등을 야기한 바, 인류 역사상 그 어느 때보다 가장 지역적으로 넓고 영향력이 큰 파급 효과를 만들어냈다. 대항해시대의 직접적인 여파가 최종적으로 일단락된 것은 1970년대경이라고 볼 수 있는데, 이즈음이 되어서야 대부분의 식민지에서 지배 세력이 물러났기 때문이다.[4]

---

1 영어로는 'Age of Discovery' 또는 'Age of Exploration'이라고 불린다. 이 중 발견(discovery)이란 단어는 유럽인들의 시각만 고려한 것이므로 최근에는 잘 쓰이지 않는다. '대항해시대'라는 표현은 일본에서 먼저 쓰기 시작한 것이며, 최근 우리나라 교과서에서는 '신항로 개척' 또는 '신항로 발견' 등이 쓰이고 있다. 이 책에서는 우주탐사와의 비교에 더 적합한 단어인 대항해시대를 쓰고자 한다.

2 우주선의 '선' 자도 배를 뜻한다. 아마도 엮어 단어 'spaceship'에서 기인한 한자어이기 때문인 것이다.

3 15세기 말부터 시작되어 수 세기 동안 지속된 신대륙과 구대륙 사이의 동식물, 금·은 등의 귀금속, 질병, 인구의 이동을 뜻한다.

4 제2차 세계 대전의 결과로 우리나라를 비롯한 여러 나라가 1945년경 식민 상태에서 해방되었지만, 제2차 세계 대전의 패전국이 아닌 나라에 지배를 받은 지역들은 해방까지 그 뒤로 수십 년이 더 걸렸다. 베트남은 수년에 걸친 전쟁 끝에 1954년에 공식적으로 프랑스로부터 독립을 얻었고, 모로코는 최종적으로 1969년에 스페인으로부터, 모잠비크, 앙골라 등은 1975년에야 포르투갈로부터 독립했다.

또한 대항해시대로 인한 영향은 알게 모르게 우리 삶 깊이 뻗쳐 있는데, 직접적인 영향으로는 주식회사를 비롯한 자본주의의 탄생, 진화론을 위시한 과학의 발전, 여전히 많은 이에게 위로가 되어주는 담배, 우리 음식에 빠질 수 없는 고추, 동아시아뿐 아니라 많은 구대륙 지역의 기근을 상당 부분 해결해준 감자, 고구마 등의 구황작물, 이탈리아에서 수천 년 동안 먹어왔을 것 같은 토마토 등 다양한 농작물의 전래가 그것이다. 그 외 간접적인 영향으로는 식민지와 제국주의의 팽창 덕에 세계 표준이 되어버린 서유럽 국가들의 언어와 문화를 비롯해 정치, 경제, 사회, 교육 시스템 등을 들 수 있다.

그런데 이러한 대변혁의 시대가 다시 온다면, 그것도 코앞에 다가왔다면, 우리는 어떻게 대처해야 할까? 이 책이 해답을 주지는 못하겠지만 앞으로 다가올 우주탐사 시대에 일어날 일들의 파급력에 대해 보다 많은 사람에게 조금이라도 더 일찍 알리고, 우주탐사에 대한 관심을 우리 다음 세대에게 불러일으키는 것이 《우주탐사 매뉴얼》의 목적이다.

중세 유럽의 교역

유럽인들은 오래전부터 다양한 경로를 통해 인도, 중국, 동남아시아 지역의 물품들을 수입해왔으며 비단, 향료와 향신료,[5] 약초, 약재, 아편 등이 주 교역물이었다. 대표적인 무역로로는 육상 실크로드와 해상 실크로드가 있었는데, 육로 중 주 경로는 중국으로부터 시작하여 티베트고원의 북쪽과 서아시아를 거쳐 동유럽까지 이어졌으며, 해로는 중국, 동남아시아, 인도, 아라비아반도의 인근해를 따라 형성되었다.

기원전부터 존재한 실크로드를 통해 서아시아에 도달한 교역품은 오늘날의 이스탄불[6]을 거치거나 지중해에서의 해상무역을 통해 유럽으로 전해졌다. 이 중 지중해 무역은 8세기에 들어서면서 오늘날 이탈리아 지역의 베네치아 공화국이 장악하기 시작했으며, 12세기에는 인근의 제네바 공화국[7]도 독점적 지중해 무역에 가세했다.

---

5   향료(incense)는 향(냄새 중 기분 좋은 것) 또는 냄새를 일으키는 물질을 통칭하며, 향신료(spice)는 향료 중 향과 매운맛이 있는 식재료를 뜻한다. 실크로드로 교역된 주 향신료는 후추, 생강, 계피, 육두구(nutmeg) 등이다.

중동을 통한 지중해로의 운송은 아랍 상인[8]들이 맡았으며, 이들을 통해 지중해로 운반된 교역품 역시 이탈리아 지역의 도시국가들에 의해 유럽으로 전해졌다. 이와 같이 8세기 이후 동양으로부터 전해지는 교역품의 유럽 내 무역의 대부분이 이탈리아 지역 도시국가에 의해 장악되었고, 이들은 수 세기에 걸쳐 막대한 부를 축적했다.

육상 실크로드를 통한 교역이 가장 활발했던 때는 몽골제국이 극동아시아에서 동유럽까지 정복했던 시기인 13세기였는데, 14세기 들어 일어난 몽골제국의 쇠퇴와 함께 육상 실크로드가 지나가는 지역들이 분할되기 시작했다. 이에 따라 육상 실크로드의 편익과 역할도 점차 줄어들게 되었다.

또한 14세기 중반에는 유럽에 흑사병이 창궐했으며, 동로마제국(비잔티움 제국)이 차지하고 있던 콘스탄티노폴리스(오늘날의 이스탄불)를 15세기 중반에 오스만제국이 정복한 후 유럽으로 향하는 무역에 관세를 크게 올리면서 새로운 무역로에 대한 필요가 유럽에서 점차 커지게 되었다.

원양항해술의 발전

대항해시대가 시작되기 전 원양항해에 필요한 여러 가지 기술과 도구들이 유럽에 전해졌다. 대표적인 것으로 나침반, 천체 항해술, 조선 및 직조 기술, 역풍 항해술 등이 있었다. 나침반은 기원전 중국에서 발명되어 11세기부터 방향을 찾는 데 사용되었으며, 12세기 말 아랍을 통해 유럽에 전파되었다. 천체의 고도나 각거리를 재는 용도로 중세 아랍에서 발달한 성반(星盤, astrolabe)은 11세기에 포르투갈에서 만들어진 기록이 있다.

근해를 오가는 배의 돛이나 삭구[9]는 아마나 목면으로 만들어졌는데 이는 원양항해

---

6   유럽과 아시아 대륙이 보스포루스(Bosporus)해협을 두고 만나는 곳.
7   제네바 공화국도 오늘날 이탈리아 지역에 위치했으며, 베네치아와 제네바 공화국은 모두 도시국가였다. 이탈리아 지역에 있던 여러 세력이 합쳐져서 처음으로 통일된 왕국의 형태를 띤 것은 1861년으로, 오늘날 이탈리아의 형성은 200년도 채 되지 않는다.
8   이들이 아랍의 사막 지역을 지날 때는 도적으로부터 상품과 자신들을 보호하기 위해 무리를 지어 이동했으며, 이러한 상인 집단을 대상(隊商)이라 부른다. 대상은 페르시아어로는 카라반이며, 영어로는 캐러밴(caravan)이다.
9   배에서 쓰는 밧줄이나 쇠사슬 등에 대한 통칭.

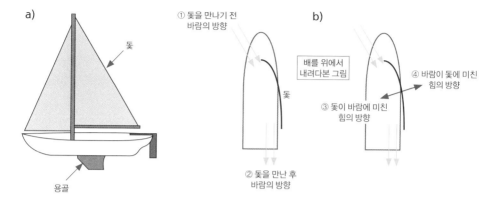

그림 부록-1 a) 범선의 돛과 배 아랫부분에 붙어 있는 용골. b) 역풍 항해를 하는 범선 돛의 모양으로, 돛 근처에서 바람의 방향 ①, ②와 돛이 바람에게 미친 힘의 방향 ③, 바람이 돛에 미친 힘의 방향 ④를 보여준다.

에 적합하지 않았다. 이베리아반도[10]의 유럽인은 무어인[11]으로부터 대마 펄프로 튼튼한 직물(삼베)을 만드는 기술을 습득했으며, 이를 이용해 원양 범선을 위한 돛과 삭구를 제작했다.

　원양항해에서 가장 중요한 기술은 역풍 항해일 것이다. 근해에서는 역풍이 불어 더 이상 나아가지 못하는 경우 어떻게든 육지로 대피할 수 있지만, 먼바다에서의 역풍은 배에 실린 식수와 식량이 떨어지기 전에 육지에 다다르지 못할 수도 있음을 의미하기 때문이다.

　역풍 항해를 위해서는 용골(keel)[12]과 유연한 돛이 필요한데(그림 부록-1a), 이러한 배는 말레이제도[13]에서 처음 만들어진 것으로 추정된다.[14] 유럽에서는 포르투갈이 아랍을

10　스페인과 포르투갈을 포함하는 반도.

11　이슬람계인으로서 이베리아반도와 북아프리카에 살았던 사람들을 지칭하는 용어로 쓰였으며, 그들은 아랍계와 베르베르족의 후손이다.

12　배 아랫부분에 배의 중심축을 따라 지느러미같이 바깥으로 돌출된 부분.

13　인도차이나반도와 호주 사이의 섬들을 지칭하며, 인도네시아, 파푸아뉴기니, 필리핀, 동말레이시아, 브루나이 등을 포함한다.

14　말레이제도는 수많은 크고 작은 섬으로 이루어져 있으며, 교역을 위해 험한 바다를 건너야 할 필요성이 전 세계에서 가장 큰 지역일 것이다. 따라서 이 지역에서 역풍 항해가 가능한 상선이 처음 만들어진 것은 놀라운 일이 아니다.

통해 가장 먼저 받아들여 캐러벨(caravel)선과 캐럭(carrack)선[15]으로 개조, 발전시켰다.

용골과 유연한 돛이 역풍 항해를 가능하게 하는 이유는 다음과 같다. 먼저 배가 바람을 안고 사선으로 움직이도록 만들어야 하는데, 배가 자체 동력을 가지고 있지 않은 경우에는 순풍 항해를 하다가 빠르게 90° 이상 선회하면 된다. 일단 배가 바람을 안고 사선으로 움직이게 되면 돛의 앞부분에서는 돛의 방향이 바람 방향과 같게, 뒷부분에서는 배의 진행 방향과 같도록 돛의 모양과 위치를 조정한다(그림 부록-1b). 이렇게 되면 ① 방향으로 움직이던 바람이 돛에 의해 ② 방향으로 바뀌게 되어 결과적으로 돛은 ③ 방향의 힘[16]을 바람에 가하는 결과를 낳으며, 이는 작용-반작용 법칙에 의해 바람이 ③의 반대 방향인 ④ 방향으로 돛에 힘을 가하는 것이 된다.

④ 방향의 힘은 배 진행 방향 성분과 이에 수직인 성분으로 나뉠 수 있는데, 배 아래에 붙어 있는 용골이 후자에 의한 움직임, 즉 옆으로 밀리는 움직임을 막아주어서 배는 진행 방향의 힘만 바람으로부터 얻게 되는 것이다.

이러한 역풍 항해는 바람의 방향이 배 진행 방향에서 ~45° 이상 벌어져 있을 때만 가능하며,[17] 이보다 작은 각으로 (바람을 더 많이 안고) 역풍 항해를 하려면 바람 방향의 왼쪽·오른쪽으로 번갈아 가며 지그재그 형태로 진행하면 된다.

15세기의 포르투갈

15세기의 포르투갈을 이해하기 위해서는 역사를 조금 더 거슬러 올라가 이슬람교의 발생과 전파부터 알아야 한다. 이슬람교는 7세기 초 아라비아반도의 메카와 메디나에서 시작되어 북아프리카와 서아시아 지역까지 빠르게 전파되었으며, 8세기 초에는 지브롤터해협[18]을 건너 가톨릭 왕국들이 지배하던 이베리아 지역까지 그 영역이 확장되었다.

---

15 상선으로 주로 쓰인 캐럭선은 후에 상선과 군함으로 모두 쓰인 갤리언선으로 발전되었다.

16 속도의 변화는 가속도에 의한 것이므로.

17 바람과 돛의 마찰, 배와 바다와의 마찰 등 때문이다.

18 아프리카 서북단과 이베리아 남단 사이의 좁은 해협. 지중해가 북대서양을 만나는 곳이다.

초기 이슬람의 빠른 확장은 자연스러운 종교의 전파가 아닌, 이슬람 제국의 영토 정복에 의한 것이었다. 8세기 초 이베리아반도를 지배하던 서고트(Visigoths) 왕국이 이슬람 제국의 침략에 의해 멸망한 뒤 가톨릭 세력들은 이베리아반도의 북쪽 좁은 지역으로 내몰렸고, 그곳에서 가톨릭 왕국을 세웠다. 이들은 유럽 본토 가톨릭 왕국들의 도움을 받아 수 세기에 걸쳐 가톨릭의 '재정복 운동(레콩키스타)'을 벌였고, 13세기 중반에는 포르투갈 지역에서, 15세기 말에는 스페인 지역에서까지 이슬람 세력을 완전히 몰아내는 데 성공했다.

이슬람 세력이 이베리아 남부 지역에 아직 남아 있던 14세기, 포르투갈은 잉글랜드와 교역 편의를 위한 약정을 맺는 등 해상무역에 관심을 가지기 시작했다. 하지만 아프리카 북단과 이베리아 남부의 이슬람 세력이 뛰어난 항해술을 가지고 있던 데 비해 포르투갈의 항해 능력은 그렇지 못했다.

이러한 열세를 타개하고자 포르투갈은 1317년, 당시 최고의 해양 도시국가였던 제노바의 해상(海商) 페산냐(Manuel Pessanha)를 파격적인 조건에 포르투갈 최초의 해군 제독으로 고용하여 제노바의 우수한 항해·조선 기술을 수입하고 무슬림[19] 해적을 물리치게 했다.

14세기 중반부터 오스만제국이 발칸반도까지 세력을 뻗치자 제노바와 피렌체 등의 해양 도시국가는 북아프리카와 대서양 연안의 나라들[20]을 대체 교역지로 삼기 시작했고, 이 새로운 무역로의 요충지에 위치하고 있던 포르투갈은 해양 무역 강국으로 부상할 기회를 자연스레 가지게 되었다.

14세기 말 내전 끝에 포르투갈 왕위에 오른 주앙 1세는 48년간 왕좌에 있으면서 포르투갈이 해양 대국으로 성장할 기반을 닦았다. 주앙 1세는 포르투갈이 성장하기 위해서는 해양으로 진출해야 한다고 판단했는데, 이는 포르투갈이 제노바와 피렌체의 새로

---

19 이슬람을 믿는 사람. 즉 이슬람교도.
20 포르투갈, 잉글랜드, 프랑스, 플란데런(오늘날 벨기에 연안에 위치했던 나라) 등.

운 주요 해양 교역국이 되었기 때문이기도 하지만, 당시 자신들에게 적대적이었던 카스티야[21]에 의해 유럽 본토로부터 지리적으로 고립되어 있었기 때문이기도 하다.

15세기 초 포르투갈의 해양 진출을 본격적으로 이끈 것은 주앙 1세의 아들 중 한 명인 엔히크(Henrique) 왕자[22]였다. 그는 포르투갈 최남단 지역의 총독으로 있으면서 탐사대를 지속적으로 파견하여 대서양의 섬들을 발견하고 아프리카 서해안을 따라 항해로를 개척하게 했다.

포르투갈은 1415년 지브롤터해협 건너편에 있는 북아프리카 무슬림들의 주요 교역항인 세우타(Ceuta)[23]를 점령했고, 이를 계기로 엔히크 왕자의 본격적인 탐사가 시작되었다. 그의 탐사대는 1418년 리스본에서 서남쪽으로 약 1,000 km 떨어진 곳에 있는 마데이라제도를 발견했고, 1427년 리스본에서 서쪽으로 약 1,500 km 떨어진 아조레스제도도 발견했다.

계속 쌓인 항해 능력을 토대로 1434년에는 아프리카 서해안의 북위 26°에 위치한 보자도르(Bojador)곶을 지난 후 귀환하는 데 성공했다. 이는 당시 매우 의미 깊은 일대 사건이었는데, 그 전까지 유럽 배들 중에 보자도르곶을 지난 후 다시 돌아온 배가 없었기 때문이다.[24]

이전에 보자도르곶을 지난 배들이 귀환하지 못했던 이유는 보자도르곶이 위치한 곳에서부터 남쪽으로 계절에 관계없이 강한 북동풍이 불었으며, 해류도 이와 같은 방향인 북동에서 남서 방향으로 움직였기 때문이다. 이는 지구 자전에 의한 전향력 때문에 1) 북반구(남반구)에 있는 대양에서는 시계(반시계) 방향으로 주된 해류가 형성되고, 2) 위도 −30°~+30° 지역에는 무역풍(trade winds)[25]이 형성되기 때문이다. 그 후 포르투갈의

---

21 카스티야 연합 왕국은 레콩키스타가 완성된 후 스페인왕국을 형성한다.

22 우리나라에서는 '해양 왕 엔히크'로 불리기도 하지만, 그가 왕위에 오른 적은 없었다. 영어로는 'Prince Henry the Navigator'로 알려져 있다.

23 현재는 면적 18.5 km²의 매우 작은 스페인 고립 영토로, 모로코와 국경이 맞닿아 있다. 포르투갈은 1668년 세우타의 소유권을 스페인에 넘겼다.

24 이 때문에 일부 유럽 사람들은 보자도르곶 너머(남쪽)의 바다에 괴물이 살고 있다고 믿었다.

탐사대는 아프리카 서해안을 따라 계속 남진하여 1488년에는 아프리카의 최남단인 희망봉에 다다랐으며, 그 후 10년 만인 1498년에는 결국 인도까지 항해하는 데 성공했다.

　엔히크 왕자가 탐사대를 계속 남쪽으로 보낸 데는 여러 가지 이유가 있었다. 우선 사하라사막 남쪽에서 얻어진 금과 노예는 수 세기에 걸쳐 무슬림들이 낙타를 이용해 사하라사막을 건너 아프리카 북단으로 독점 운반했는데, 엔히크 왕자는 바다를 통해 직접 사하라 이남으로 가서 이 교역품들을 실어 오고자 했다. 또한 전설 속의 기독교 동맹국인 사제왕 요한(Prester John)의 왕국이 사하라 이남에 있을 것으로 믿고 이를 찾고자 했다. 그리고 아마도 가장 중요했을 이유는 바다를 통해 인도로 가는 길을 찾아내어 향신료 등의 무역을 통해 막대한 이윤을 얻고자 하는 것이었다.

　14~15세기의 포르투갈은 여러 가지 면에서 대항해시대의 포문을 열기에 알맞은 시기적, 지리적 위치에 있었다. 이베리아반도는 8세기부터 수 세기에 걸쳐 이슬람 세력의 지배를 받고 있었으므로 이들을 통해 나침반, 천체 항해술, 조선 및 직조 기술, 역풍 항해술 등을 전수받기에 유리한 입장에 있었다. 또한 이베리아 남단과 아프리카 북부 이슬람 세력의 존재는 포르투갈이 해양 강국으로 성장하도록 자극제 역할을 했으며, 이탈리아 해양 도시국가들의 새로운 교역 파트너로 포르투갈이 때마침 부상하고 있었던 것이다.

Volta do mar

유럽의 배들이 보자도르곶을 지난 후 귀환하는 것이 어려웠던 이유는 바람과 해류가 귀환하는 쪽에 모두 반대 방향이었기 때문이다. 바람을 거스르는 것은 역풍 항해술을 통해 어느 정도 극복할 수 있었지만 해류까지 역류인 경우 바람과 해류를 모두 이겨내는 것은 범선으로서는 불가능에 가까웠다. 보자도르곶을 통과하기 전부터 포르투갈 사람들이 익히고 있었던 항해술이 있었는데, 그것은 바로 'Volta do mar(볼타 두 마르)'라는 방법으로,

---

25　지구 대기의 해들리 순환(Hadley cell)에 의해 위도 −30°~+30° 지역의 낮은 고도(바다나 육지)에서는 대기가 북에서 남으로 이동하게 되는데, 전향력에 의해 동에서 서로 움직이는 성분이 이에 가해진다. 위도 −30°~+30° 지역 중 적도에서 먼 곳에서는 주로 북동풍이, 적도에 가까운 곳에서는 주로 동풍이 형성되며, 이러한 바람을 무역풍이라 부른다.

이 포르투갈어는 '바다의 선회' 또는 '바다로부터의 귀환'으로 번역될 수 있다.

볼타 두 마르의 핵심은 해류가 역류인 경우 그 해류를 피해 멀리 돌아가거나, 가능한 경우에는 먼 곳에 있는 대양 환류[26]까지 이용하는 것이다. 무역풍은 위도 −30°~+30°인 지역에 광범위하게 나타나는 현상이므로 피하기가 힘들지만 역풍은 돛과 용골을 이용하여 어느 정도 이겨낼 수 있다. 하지만 대양 규모에서 일어나는 시계 방향 또는 반시계 방향의 해류인 환류는 주로 대륙의 연안을 따라 형성되는 것이므로, 역류인 환류를 만나는 경우 더 먼 바다로 돌아가면 역류가 약해지거나 순류를 만나기까지 할 수 있는 것이다.

포르투갈 탐사대들은 15세기 초부터 볼타 두 마르 방법을 알아내어 아프리카 서북부 연안에서 포르투갈로 귀환할 때 사용했으며,[27] 1418년 마데이라제도를 발견했을 때도 이미 이 방법을 이용하여 먼바다로 나가고 있었다.

볼타 두 마르 방법이 북반구에서는 귀환할 때 쓰였지만 남반구에서는 남진할 때 이용되었다. 남반구에서는 전향력의 방향이 바뀌어서 아프리카 해안을 따라 남진할 때 역류를 만나게 된다. 이 때문에 인도로 향하는 배들은 적도를 지난 후 남대서양에서는 아프리카에서 멀리 떨어져 남아메리카 가까이까지 우회하여 운항했고, 인도에서 돌아오는 배들은 반대로 남대서양에서는 아프리카에 가까운, 북대서양에서는 아프리카에서 멀리 떨어진 항로를 택했다.

대기와 해류의 전 지구적인 순환을 알지 못했던 15세기에 볼타 두 마르는 목숨을 건 도박이자 모험이었을 것이다. 먼바다에 무엇이 기다리고 있을지, 멀리까지 나갔다가 다시 돌아올 수는 있는 것인지 등을 전혀 모르는 채로 그러한 시도를 했고 또 성공했다는 것은 실로 대단한 업적이다.

---

26 대양에서 순환하는 해류(ocean gyre).

27 아프리카 서북부 근해에서 서북쪽으로 향하다 위도 30°를 넘으면 두 번째 해들리 순환 영역에 들어가게 되어 바람이 남서에서 북동 방향으로 분다. 게다가 리스본이 있는 위도까지 올라가면 북대서양의 환류를 만나 해류가 이베리아반도 쪽으로 향하게 된다.

이 부록의 주요 참고 서적 중 한 권인《학교에서 가르쳐주지 않는 세계사: 일본, 유럽을 만나다》(신상목, 뿌리와이파리, 2019)의 한 문장인 "Volta do mar는 현대인의 달 착륙과 다를 바 없는 위대한 도전이자 모험이었고, 대항해시대를 여는 결정적 계기가 되었다"는 내가 대항해시대를 공부하면서 느꼈던 점을 그대로 표현한다.

대항해시대와 달·화성 탐사 시대의 유사성을 지적하는 이들이 이제는 적지 않지만, 이들은 대부분 유럽, 미국, 중국 등에 집중되어 있는 듯하다. 우리나라에서는 이러한 인식이 아직 널리 퍼져 있지는 않으며, 이는 아마도 우리가 대항해시대의 풍파를 직접 맞지 않았기 때문이라 추측된다.

16세기의 스페인

이탈리아 출신의 콜럼버스는 15세기 말 이미 해양 강국이 되어 있던 포르투갈을 찾아가 서쪽으로의 인도 항로 개척을 위한 지원을 두 번 요청했으나 모두 거절당했다. 그가 원양항해에 있어 당대 최고의 능력을 가진 나라인 포르투갈을 먼저 찾아간 것은 당연한 일이었다.

그의 첫 요청(1484년) 때 포르투갈이 거절한 이유는 콜럼버스가 주장한 대서양을 통한 일본까지의 거리를 확인해본 포르투갈 학자들이 콜럼버스의 계산보다 4배는 더 멀다는 점을 지적했기 때문이다.[28] 두 번째 요청(1488년)을 거절한 것은 그때가 포르투갈의 탐사대가 아프리카 최남단의 희망봉을 막 찍고 돌아온 직후로, 포르투갈은 더 이상 서쪽으로의 항로에 관심이 없어졌기 때문이다.

이후 콜럼버스는 스페인 지역 카스티야왕국의 이사벨 1세에게 같은 요청을 했으며, 스페인 역시 콜럼버스가 추정한 거리가 자신들의 계산에 비해 터무니없이 짧다는 이유로 요청을 거절했다. 하지만 스페인은 콜럼버스가 다른 나라의 지원을 받지 못하게 하기

---

28 실제로 포르투갈 학자들의 계산이 더 정확했다. 당시 유럽인들은 인도보다 동쪽에 중국과 일본이 자리하고 있음을 알았고, 유럽에서 서쪽으로 항해하여 인도로 가려면 일본에 먼저 도달해야 한다는 것도 알고 있었다. 콜럼버스가 일본까지의 거리를 짧게 계산한 것은 지구의 크기를 잘못 계산한 것이 아니라, 유럽에서 동쪽으로 잰 일본까지의 거리를 너무 크게 잡았기 때문이다.

위해 그에게 생활비를 지원하며 스페인 내에 몇 년간 머무르게 만들었다.

스페인에 발이 묶여 있던 콜럼버스는 자신의 동생을 영국으로 보내 지원을 해줄 수 있을지 알아보고자 했으나, 동생은 영국으로 향하던 중 해적을 만나 한동안 붙잡혀 있었고, 풀려나서 영국에 도착했을 때는 이미 스페인이 콜럼버스와 항해 지원에 대해 다시 논의하기 시작한 즈음이었다.

논의가 재개된 뒤에도 이사벨 여왕의 측근 중 일부는 지원을 반대했으나, 콜럼버스가 스페인에서 지원을 못 받으면 다른 나라들을 다시 설득하려 할 것이니 차라리 지원해 주자는 의견이 결국 받아들여지게 된다. 그 뒤는 잘 알려진 바와 같다. 1492년 콜럼버스는 배 세 척을 이끌고 스페인을 떠나 70여 일 만에 중앙아메리카의 바하마 제도에 도착하는 데 성공했다.

첫 번째 원정을 마치고 볼타 두 마르를 통해, 즉 동쪽으로 향하는 북대서양 환류를 타고 스페인으로 돌아오던 콜럼버스는 도착 직전에 풍랑을 만나 뜻하지 않게 포르투갈의 리스본에 임시로 정박하게 되었고, 포르투갈은 콜럼버스가 스페인의 지원을 받아 새로운 땅을 발견했다는 사실을 알게 되었다. 이에 포르투갈 왕은 1479년과 1481년 스페인과 포르투갈 사이에 맺은 조약을 근거로 콜럼버스가 발견한 모든 땅은 포르투갈에 속한다는 문서를 스페인에 보내 강하게 항의했다. 그 조약에는 카나리제도[29]보다 남쪽에서 새로 발견되는 땅은 포르투갈 것이라는 조항이 있었기 때문이다.

포르투갈과 스페인 사이에 벌어진 아메리카 대륙의 소유권에 대한 분쟁은 1493년에 만들어진 교황의 칙서에 의해 일단락되는 듯했다. 칙서는 서경 약 38° 서쪽에서 새로 발견되는 영토는 스페인 것이라고 명시했으나, 그보다 동쪽에서 발견되는 영토의 포르투갈 소유권에 대한 언급은 없었다. 인도에 대한 소유권을 절실히 원했던 포르투갈에는 이 칙서가 부족했고, 포르투갈은 스페인과 직접 협상을 하기 시작했다. 결국 두 나라는

---

29 아프리카 북서 해안 인근의 섬들로, 15세기 초 스페인이 식민지로 만든 곳이다. 카나리제도는 보자도르곶보다 북쪽에 위치하기 때문에 14세기부터 마요르카, 포르투갈, 제네바 등의 선박들이 수차례 방문했다. 카나리제도는 15세기 아프리카 서해안의 섬들 중 유일하게 스페인령이었다.

협상 끝에 소유권의 경계가 되는 경도를 서쪽으로 더 옮겨서 서경 약 46°로 하고, 이보다 동쪽에서 발견되는 영토는 포르투갈의 것으로 하는 데 1494년에 합의했다. 이를 조약이 맺어진 도시의 이름을 따서 토르데시야스조약(treaty of Tordesillas)이라 부른다. 이를 통해 포르투갈은 인도를 향해 갈 때 필요한 남대서양 서부 항로를 보호받게 되었고, 더 나아가 남아메리카의 동쪽 지역, 즉 브라질에 대한 소유권까지 얻게 되었다.[30]

스페인은 아메리카 대륙을 차지하여 많은 양의 금과 은을 얻는 데 그치지 않고 태평양을 동에서 서로 건너 동남아시아의 섬들을 넘보았다. 그리고 역시 인도를 지나 동남아시아, 중국, 일본 등으로 세력을 확장하고 있던 포르투갈과 1520년, 오늘날 인도네시아에 속하는 말루쿠(Maluku)제도에서 만나 분쟁이 발생했다. 두 세력 모두 지구 반 바퀴를 돌아 지구 반대편에서 맞닥뜨리게 되었으며, 앞서 맺었던 토르데시야스조약의 불완전함이 30년도 되지 않아 드러난 것이다. 수년 간의 협상 끝에 1529년 두 나라는 동경 약 142°를 지구 반대편의 영토 경계로 삼기로 조약을 맺었으며, 이 조약을 사라고사(Zaragoza) 조약이라 부른다.[31]

한편 1498년 인도까지 가는 데 성공한 포르투갈은 동남아시아를 거쳐 1513년 중국의 마카오에 닿았고, 그 후 인도, 동남아시아, 중국, 일본 등과 직교역을 하며 커다란 수익을 올렸다. 포르투갈이 일본에 전해준 조총은 그 뒤 일본 내에서 개량·발전되어 1592년에 시작된 임진왜란에서 쓰이기도 했다.

사실 콜럼버스의 아메리카 발견은 유럽인으로서 처음이 아니었다. 9세기부터 스칸디나비아반도의 노르드인들은 대서양을 건너 아이슬란드와 그린란드에 정착지를 만들기 시작했고, 11세기 초에는 북아메리카의 북동쪽 끝에 위치한 오늘날의 뉴펀들랜드에 임시 정착지까지 만들었던 것이다. 이 정착지는 배를 수선하는 용도로 추정되며, 길어야

---

30 포르투갈인들은 인도로 가는 길에 남대서양에서는 볼타 두 마르 방법을 이용하여 서쪽으로 멀리 돌아갔는데, 이때 서쪽 너머에 대륙(남아메리카)이 존재한다는 것을 알게 되었던 듯하다.

31 이는 잘 지켜지지 않았고, 스페인은 조약이 체결된 지 30년도 지나지 않아 동경 142°보다 한참 서쪽에 있는 필리핀을 식민지로 만들었다. 이는 향신료가 풍부했던 말루쿠제도와 달리 필리핀제도에는 향신료가 흔하지 않아 포르투갈이 필리핀에 큰 관심이 없을 것으로 추측했기 때문이다.

100여 년간만 쓰였던 것으로 보인다.

아무튼 콜럼버스가 유럽인으로 아메리카 대륙을 다시 발견한 것은 엔히크 왕자의 탐사대들이 아프리카 서해안을 따라 남진하기 시작한 지 80여 년이 지난 후였으니, 콜럼버스가 대항해시대의 문을 연 주인공은 분명 아니다. 하지만 스페인은 콜럼버스의 다소 무모해 보이는 투자 제안 하나가 가져다줄 막대한 수익의 가능성을 제대로 알아차렸던 것이고, 그 뒤 스페인 왕가와 귀족은 수 세기 동안 어마어마한 부를 누리게 되었다.

후발 주자들과 자본주의

이탈리아, 포르투갈, 스페인 외에도 서유럽 나라들 중 프랑스, 네덜란드, 영국 등은 지리적인 이유로 오랜 해양 활동 경험을 가졌으며 이들의 민간선은 무장되어 있었다.[32] 영국과 프랑스는 1497년을 시작으로 100여 년간 여러 차례 북아메리카에 탐사대를 보냈는데, 주된 이유는 역시 인도로 가는 항로를 찾기 위해서였다. 이들은 스페인이 이미 장악하고 있던 대서양 중위도 항로를 피해 대서양 환류보다 북쪽의 고위도 항로[33]를 이용했는데, 이 나라들이 위치한 높은 위도에서는 더 합리적인 항로이기도 했다.

대항해시대의 후발 주자들 중 가장 먼저 본격적인 대항해 경주에 합류한 것은 네덜란드였다. 네덜란드는 오랜 기간 동안 다른 나라 또는 제국의 통치를 받다가 16세기 중반부터 자신을 지배하던 스페인에 반란을 일으켜 17세기 중반, 완전히 독립하게 된다. 그러던 중 1602년과 1621년에 동인도회사[34]와 서인도회사를 세워 동방 항로에 있는 아프리카, 인도, 인도네시아, 말레이시아, 태국, 베트남, 대만, 일본 등과 활발한 교역을 했고, 서방 항로에 있는 카리브 제도, 브라질, 북아메리카 등과도 무역을 했다.

네덜란드는 단기간에 세계적인 교역 제국을 건설하고 한때 유럽에서 가장 부유한

---

32 그 당시 해적에 의한 피습이 흔했기 때문이다.

33 노르드인들이 9세기부터 아이슬란드와 그린란드로 갈 때 이용했던 그 항로다.

34 2년 먼저인 1600년에 설립된 영국의 동인도회사와 다른 회사. 네덜란드의 동인도회사는 영국의 동인도회사 설립에 자극을 받아 만들어진 것이다.

나라가 되었다. 그 이유는 네덜란드 선원들이 16세기부터 포르투갈 상선에서 많은 경험을 쌓았기 때문이기도 하지만 네덜란드가 스페인보다 더 쉽게 무장 상선 파견을 위한 자금을 조달할 수 있었기 때문이다. 무장 상선을 보내기 위해서는 큰돈을 들여 배를 만들고 군인과 선원을 고용하고 무기와 식량 등의 물자도 구입해야 했는데, 신용을 중시했던 네덜란드는 당시 급성장하던 유럽 금융 제도로부터 신뢰를 얻고 있었기 때문이다.

네덜란드 제국을 세운 건 국가가 아니라 상인들이었고 이들은 탐사대와 무장 상선 사업에 투자하기 위해 돈을 빌리거나 주식을 발행하기도 했다. 네덜란드의 동인도회사가 바로 세계 최초의 민간 주식회사[35]였다. 즉, 새로운 세계에 대한 탐사를 통해 엄청난 부를 축적하는 데 필사적이었던 유럽인들에 의해 자본주의의 한 중요한 도구가 탄생했던 것이다. 17세기가 끝나면서 네덜란드는 교역 강국으로서의 지위를 서서히 내려놓게 되었다. 이는 네덜란드가 당시 상황에 안주하기도 했고, 또 영국과의 전쟁에 너무 많은 비용을 지출한 때문이기도 했다.

네덜란드가 빠져나간 공백을 놓고 프랑스와 영국이 경쟁을 벌였는데, 처음에는 인구, 자금, 군사력 등에서 우세한 프랑스가 유리해 보였으나 금융 제도의 신뢰를 얻는 데 성공한 영국이 결국 이 경쟁에서 승리했다. 네덜란드와 같이 영국의 탐사도 민간 주식회사들에 의해 설립·운영되었는데, 이 회사들은 런던 주식거래소에 기반을 두었다.

제국주의와 과학

서유럽 열강이 신세계를 탐사 및 정복하고 제국을 세우는 동안 성장했던 건 자본주의만이 아니었는데, 다른 하나는 바로 과학이었다. 그들은 새로운 것을 발견하고 이해하고 활용하는 것이 부를 축적하고 영토를 늘리고 제국을 건설하는 데 매우 중요하다는 것을 신세계 탐사의 과정 중에 자연스레 체득하게 된 것이다.

영국은 인도를 정복하고 통치하는 과정에서 고고학자, 인류학자, 지리학자, 동물학

---

35 소수의 왕족, 귀족만이 출자해서 이윤을 나누는 것이 아닌, 민간에 주식을 공개(public offer)하는 첫 번째 사례였다.

자를 동행시켜 인도인들보다 인도에 대해 더 많은 연구를 수행하게 했다. 또 인도에 부임하는 영국 장교들은 인도 캘커타대학[36]에서 길게는 3년간 공부해야 했는데, 교과 과정에는 인도의 언어, 문화, 법도 포함되어 있었다.

1780년대 인도에 보내진 한 영국인 판사는 파견된 지 2년도 지나지 않아 고대 인도어인 산스크리트어를 연구한 서적을 출간했는데 이는 비교언어학의 출발점이 되는 책이었으며, 그는 인도유럽어족을 발견한 최초의 인물이 되었다. 또한 1830년대 페르시아에 파견된 한 영국인 장교는 현지 안내인이 보여준 설형문자 비문[37]을 보고 부단한 노력 끝에 고대 설형문자 체계를 해석하는 데 성공했다.

런던왕립학회는 태양까지의 거리를 알아내기 위해 1769년의 금성 식(蝕, eclipse)을 관측하기로 했고, 이를 위해 과학자들을 캐나다와 캘리포니아뿐만 아니라 막대한 돈을 들여 타히티까지 보내기로 결정했다. 단 한 차례의 천문 관측만을 위해 탐사대를 보낸다는 건 비효율적이므로, 천문학자 외에 다양한 분야를 전공하는 과학자 8명이 동행했다. 항해는 1768년부터 1771년까지 이루어졌으며, 막대한 양의 천문학, 지리학, 기상학, 식물학, 동물학, 인류학 자료를 싣고 귀국했다.

진화론에 가장 큰 기여를 한 찰스 다윈의 주요 발견들도 19세기 초 해도(海圖) 작성이 주목적인 영국의 탐사선에 박물학자로 탑승하여 5년간 남아메리카, 호주, 인도양, 아프리카 등을 탐사하면서 얻었다.

오늘날 과학 연구가 가장 활발히 일어나는 세계 유수 대학의 상당수가 한때 대영제국의 일원(영국, 미국, 호주, 캐나다 등)이었다는 것은 우연이 아니다. 이들은 새로운 것에 대한 선점적 이해와 활용이 한 나라의 장기적 부와 생존을 결정짓는 주요 요소라는 사실을 수 세기에 걸쳐 깨달은 것이다.

---

36 영국이 인도 콜카타에 세운 대학. 캘커타는 인도 동부에 위치한 도시의 이름이며, 2001년 도시 이름을 콜카타로 변경했다.

37 고대 페르시아어, 엘람어, 바빌로니아어로 작성됨.

대항해 물결의 끝자락, 극동

대항해시대에 동아시아의 나라들은 무얼 하고 있었을까? 포르투갈과 스페인이 15세기에 습득했던 대항해 능력이 그 당시 중국에도 있었을까? 답은 '일부 그렇다'이다.

명나라는 1405년부터 1433년까지 일곱 차례에 걸쳐 대규모 원정대를 동남아시아, 인도양, 아랍 그리고 동아프리카 지역의 여러 나라에 파견했는데, 원정대의 책임자가 정화(鄭和)[38] 제독이었기에 이를 '정화의 대원정'이라 부른다. 규모가 큰 원정의 경우 동원된 인원이 2만 7,000명에 달했고 선박은 60여 척에서 250여 척에 이르렀다는 기록이 있다.[39] 원정의 목적은 명나라의 위세를 다른 나라에 알리고 그들로 하여금 명나라에 조공을 바치게 하는 것으로 추정되나, 명확하지는 않다.

이 원정대가 시사하는 바는 두 가지다. 하나는 명나라가 15세기 초에 이미 대규모 선단을 제작하고 운용하는 능력을 가지고 있었다는 것이다.[40] 비록 원정대가 갔던 루트에는 강한 해류가 존재하지 않았고[41] 또 이미 알려진 해상 교역로를 따라간 것이긴 하지만, 15세기 초에 수천에서 수만 명의 인원과 그들에게 필요한 물자를 수십에서 수백 척의 배에 싣고 그 먼 거리를 운항한다는 것은 분명 대단한 일이었다.

다른 하나는 그러한 대규모 원정의 주된 목적이 다소 불분명하기는 하지만 최소한 교역으로부터의 수익이나 노예의 획득, 식민지 개척, 특히 순수한 탐사[42]는 분명 아니었다는 점이다. 명나라 황제에게는 명나라가 위대한 나라이고 다른 나라보다 더 높은 지위에 있음을 알리는 일이 실질적인 부의 증대(자본주의)나 새로운 지식의 습득(과학)보다 더 중요했던 것이다.

15세기 중국의 사상이 그 당시 동아시아 모든 나라의 사상과 완전히 같다고 볼 수

---

38 중국 표준 발음은 '정허'에 가깝다.

39 기록마다 동원된 선박의 수가 다르며, 그나마 일곱 차례의 원정 중 일부에 대한 기록만 남아 있다.

40 포르투갈은 이 시점에 아프리카 북서 해안을 따라 남진하는 능력을 습득하고 있었을 뿐이다.

41 대양의 환류는 전향력 방향의 차이 때문에 북반구와 남반구에서 따로 형성되는데, 인도양의 적도 이북은 크기도 작을 뿐 아니라 그나마 인도에 의해 동서로 양분되어 있어서 강한 환류가 형성되지 않는다.

42 탐사가 주목적이었다면 그 정도로 대규모의 원정대가 필요하지 않았을 것이다.

는 없다. 하지만 동양과 서양의 기질을 비교할 때는 명나라의 기질이 일반적인 동아시아의 그것을 대표한다고 볼 수 있을 듯하다. 포르투갈은 80여 년에 걸쳐 인도로 가는 해로를 개척했고, 스페인은 인도로의 서쪽 항해가 불가능할 것임을 알면서도 콜럼버스에게 투자를 했다. 다양한 형태[43]의 나라들이 끊임없이 경쟁하면서 발전해야 했던 유럽으로서는 새로운 부, 새로운 땅, 새로운 지식에 대한 갈망은 아마도 필연적이었을 것이다. 그에 비해 정치적, 사회적으로 안정되어 있었던 동아시아에서는 새로운 것보다는 과거로부터 내려온 것들을 지킴으로써 생기는 권위가 더 중요했고, 따라서 미지에 대한 탐사는 우선순위에서 한참 밀려 있었을 것이다.

정화의 마지막 대원정이 있은 지 70년이 지난 1513년, 포르투갈의 탐사대가 중국에 닿았다. 이후 수십 년간 두 나라 사이에 전투를 포함한 대립이 있었지만 결국 1557년 포르투갈은 마카오를 영구 임대하는 데 성공하여 본격적인 교역을 시작했다. 17세기 중반 중국은 외국과의 교역을 일부 항구로 국한했다가 18세기 후반부터 19세기 전반까지는 광저우 한 곳으로 제한했다. 이러한 제한은 중국이 1842년 영국과의 1차 아편전쟁에서 진 후 상당 부분 완화되었다.

아편전쟁의 발발 원인은 극단적인 비대칭 무역이었다. 영국에서는 중국의 차, 비단, 도자기에 대한 수요가 매우 컸으나 중국은 영국에서 수입할 것이 딱히 없었다. 영국은 이들 교역품의 대가로 은밖에 내줄 것이 없었는데, 너무 많은 양의 은이 유출되자 영국은 인도에서 구한 아편을 중국 내에서 몰래 팔아 무역 불균형을 해소하려 했다. 자연스레 중국에 아편 중독자가 급증했고 중국과 영국의 관계가 틀어져 결국 전쟁에 이르게 된 것이다.

이는 동양과 서양의 교역물 수요에 대한 차이를 극단적으로 잘 보여주는 예다. 비단 영국뿐만 아니라 서유럽에서는 아시아 물품에 대한 커다란 수요가 있었지만 아시아는 서유럽으로부터 필요한 것이 금·은 등의 전 지구적 화폐 외에는 거의 없었다. 이는 아시

---

43 왕국, 공국, 도시국가 등.

아가 더 다양한 식재료와 원자재 그리고 더 뛰어난 상품 제조 능력을 보유했기 때문일 수도 있지만, 서유럽인들이 아시아인들보다 더 다양한 물품과 식재료에 대한 갈망을 가지고 있기 때문일 수도 있다. 후자는 어쩌면 그들의 탐사·정복 본능과도 관련 있는지 모르겠다.

한편 1543년 중국과 일본을 오가던 중국계 왜구의 배 한 척이 풍랑을 만나 일본 규슈 남쪽의 한 섬에 도착하게 되는데, 여기에는 일단의 포르투갈인도 타고 있었다. 이것이 유럽과 일본의 첫 만남이었고, 이후 포르투갈 상선들은 규슈 지역에서 활발한 교역 활동을 벌였다. 아시아의 다른 나라들과 달리 일본은 포르투갈과의 교역을 환영했는데, 이는 당시 중국이 일본과의 교역을 금지하고 있던 터라 포르투갈 상인들을 통한 삼각무역이 매우 반가웠기 때문이다.

일본과 스페인의 첫 조우 역시 풍랑 때문이었다. 1565년 스페인이 필리핀을 식민지화하기 시작한 후 필리핀에서 뉴 스페인(New Spain)"으로 향하는 스페인 배들이 많아졌는데, 이들은 동쪽으로 흐르는 북태평양 환류를 타기 위해 필리핀 북부의 동해안에서 시작되는 쿠로시오해류를 이용했다. 쿠로시오해류는 대만의 동쪽과 일본의 남쪽을 지나 태평양으로 흘러가는데 쿠로시오해류를 타고 가다가 일본 근처에서 풍랑을 만나 조난을 당하거나 대피하는 배와 선원들이 일본에 종종 상륙했던 것이다.

1610년, 일본이 자국 근해에서 난파당한 선장과 선원을 뉴 스페인으로 돌려보내면서 22명의 일본 통상 사절도 함께 보내기로 했다. 이러한 목적을 가진 배 한 척이 일본을 떠나 뉴 스페인에 도달했다. 이는 한 영국인 항해가의 감독 아래 일본 내에서 쇼군을 위해 만들어진 배였다.

일본은 더 나아가 1613년에는 스페인인 2명의 도움을 받아 배수량 500톤, 길이 55 m에 달하는 갤리언선을 직접 제작하여 조정의 특사를 뉴 스페인과 유럽에 보내기까지 했다. 이 배에는 특사 외에 20여 명의 사무라이, 120여 명의 상인·선원·하인, 40여 명의 포

---

44 오늘날의 멕시코와 미국 캘리포니아주.

르투갈·스페인인이 탑승했고, 특사의 임무는 스페인 본국과 통상 조약을 맺는 것과 로마에서 교황을 알현하는 것이었다. 뉴 스페인의 몇 곳을 방문한 후 특사와 소수의 일행은 배를 갈아타고 유럽으로 건너가 스페인, 프랑스, 로마 등을 방문했으며, 귀환길에는 다시 뉴 스페인, 필리핀을 거쳐 1620년이 되어서야 일본에 도착했다.

그렇다면 조선은 이 당시 어떤 상황이었을까? 중국은 오랫동안 자신의 크기에 비해 매우 제한된 규모의 교역만 서구를 비롯한 타국에 허용한 것과 달리 일본은 국제무역에 상당히 유연한 자세를 가지고 있었다. 이에 비해 조선은 여러 가지 면에서 특이한 상황에 있었다. 우선 중국은 자신에 대한 서양 열강의 접촉을 제한했기 때문에 서구의 입장에서 더 멀리 있는 조선에 대한 접촉은 자연스레 더 제한적일 수밖에 없었다. 포르투갈과 스페인이 일본에 당도하긴 했지만 이는 풍랑을 만난 탓에 어쩔 수 없이 시작된 접촉이었다. 포르투갈과 스페인의 경우 모두 쿠로시오해류와 관련이 있었지만 조선은 풍랑에 의해 우연히 접촉하기에도 상대적으로 어려운 지리적 조건을 가지고 있다. 쿠로시오해류와 거센 바람을 만나 조난당하는 배들은 대부분 조선이 아닌 일본으로 밀려갔던 것이다. 물론 하멜(Hendrik Hamel)과 같이 한반도 인근에서 표류하다가 제주도나 남해안에서 구조되는 이들이 가끔 있긴 했지만, 그들은 대개 조선 내에 오랫동안 억류되었기 때문에 조선의 국제 무대 데뷔에는 영향력이 없었다.

이유가 무엇이든 간에 조선은 아마도 16~19세기에 걸쳐 전 세계적으로 불어닥친 대항해의 풍파에서 가장 영향을 적게 받은 문명국이었을 것이다. 로마제국과 인근 지역의 문화 및 제도가 어우러져 발달해서 오늘날 유럽 전체의 근간이 되었듯이, 동아시아에서는 중국과 인근 국가들의 문화와 체제가 융합되어 오늘날 동양의 모습을 갖추었다. 서양과 동양의 두 다른 철학이 오랜 기간 동안 충돌할 일이 없다가 16세기 이후 직접적으로 만나게 되었는데, 조선은 용하게도 (어쩌면 아쉽게도) 그러한 운명의 풍파를 피해왔던 것이다.

그 결과 조선은 대항해시대의 전 지구적 변화에 대한 체감의 정도가 그 당시 문명국

중 가장 낮았을뿐더러, 우리나라는 지금까지도 세계정세나 인류 전체의 장기적 운명에 대해 선진국 중 상대적으로 관심이 가장 적은 나라인 듯하다.

21세기는 태양계를 무대로 하는 제2의 대항해시대가 될 것이다. 15세기의 바다는 20세기의 우주 공간에 해당하며, 16세기의 신대륙은 21세기의 달, 화성, 소행성에 해당하게 될 것이다. 우리는 제2의 대항해시대인 우주탐사 시대를 맞이할 정신적, 지식적 무장이 충분히 되어 있는 상태일까?

참고 문헌

PART 02   비행기로 올라가기

- R. H. Barnard and D. R. Philpott, *Aircraft Flight: A Description of The Physical Principles of Aircraft Flight*, 4th ed., Pearson Education Limited.
- Charles E. Dole, James E. Lewis, Joseph R. Badick and Brian A. Johnson, *Flight Theory and Aerodynamics: A Practical Guide for Operational Safety*, 3rd ed., Wiley
- E. L. Houghton, P. W. Carpenter, Steven H. Collicott and daniel T. Valentine, *Aerodynamics for Engineering Students*, 6th ed., Elsevier.

PART 03   로켓으로 올라가기

- Raymond Chang, *Chemistry*, 10th ed. McGraw Hill
- Craig A. Kluever, *Space Flight Dynamics*, Wiley
- Travis S. Taylor, *Introduction to Rocket Science and Engineering*, 2nd ed., C Press
- Ulrich Walter, *Astronautics: The Physics of Space Flight*, 3rd ed., Springer

PART 04   우주 엘리베이터로 올라가기

- P. K. Aravind, 2007, "The Physics of the Space Elevator", *American Journal of Physics*, 75, 125
- Bradley C. Edwards, 2003, The Space Elevator, NIAC Phase II Final Report
- J. L. Meriam, L. G. Kraige and J. N. Bolton, *Engineering Mechanics: Dynamics*, 8th ed., Wiley
- Huisheng Peng, Daoyong Chen, Jian-Yu Huang, et al., 2008, "Strong and Ductile Colossal Carbon Tubes with Walls of Rectangular Macropores", *Physical Review Letters*, 101, 145501

PART 05   지구궤도에 진입하기

- Howard D. Curtis, *Orbital Mechanics for Engineering Students*, Elsevier
- Craig A. Kluever, *Space Flight Dynamics*, Wiley
- Travis S. Taylor, *Introduction for Rocket Science and Engineering*, 2nd ed., C Press
- Ulrich Walter, *Astronautics: The Physics of Space Flight*, 3rd ed., Springer

PART 06 궤도 바꾸기

- Howard D. Curtis, *Orbital Mechanics for Engineering Students*, Elsevier
- Craig A. Kluever, *Space Flight Dynamics*, Wiley
- Jerry Jon Sellers, Williams J. Astore, Robert B. Giffen and Wiley J. Larson, *Understanding Space: An Introduction to Astronautics*, Revised 2nd ed., McGraw Hill
- Ulrich Walter, *Astronautics: The Physics of Space Flight*, 3rd ed., Springer

PART 07 다른 천체로 가기

- Howard D. Curtis, *Orbital Mechanics for Engineering Students*, Elsevier
- W. S. Koon, M. W. Lo, J. E. Marsden and S. D. Ross, 2001, "Low Energy Transfer to the Moon", *Celestial Mechanics and Dynamical Astronomy*, 81, 63
- Jeffrey S. Parker and Rodney L. Anderson, 2013, "Targeting Low-Energy Transfers to Low Lunar Orbit", *Acta Astronautica*, 84, 1
- Jerry Jon Sellers, Williams J. Astore, Robert B. Giffen and Wiley J. Larson, *Understanding Space: An Introduction to Astronautics*, Revised 2nd ed., McGraw Hill
- Ulrich Walter, *Astronautics: The Physics of Space Flight*, 3rd ed., Springer

부록 제2의 대항해, 우주탐사

- 송동훈, 《대항해시대의 탄생》, 시공사, 2019
- 신상목, 《학교에서 가르쳐주지 않는 세계사: 일본, 유럽을 만나다》, 뿌리와이파리, 2017
- 유발 하라리, 조현욱, 《사피엔스》, 김영사, 2015
- 재레드 다이아몬드, 김진준, 《총 균 쇠》, 문학사상, 2013

우주탐사 매뉴얼

초판 1쇄 인쇄 2023년 7월 7일
초판 1쇄 발행 2023년 7월 14일

지은이 김성수
펴낸이 이승현

출판2 본부장 박태근
지적인 독자 팀장 송두나
편집 김예지
디자인 이세호

펴낸곳 ㈜위즈덤하우스   **출판등록** 2000년 5월 23일 제13-1071호
주소 서울특별시 마포구 양화로 19 합정오피스빌딩 17층
전화 02) 2179-5600   **홈페이지** www.wisdomhouse.co.kr

ISBN 979-11-6812-667-1 93420